高等职业教育新业态新职业新岗位系列教材

S7-1200 PLC 应用技术

李方园　主　编

李　超　罗洪广　班　晴　副主编

電子工業出版社

Publishing House of Electronics Industry

北京•BEIJING

内 容 简 介

本书以“立德树人、项目设计、任务驱动”为出发点，引入了 6 个项目，共 15 个任务，具体内容包括 S7-1200 PLC 控制三相异步电动机、S7-1200 PLC 控制输送带物料分拣、触摸屏控制机电设备、S7-1200 PLC 控制 G120 变频器、S7-1200 PLC 控制步进电机和伺服电机、PLC 控制系统综合应用。本书所有项目和任务都源于工程实际，按照从易到难、从单一到综合的原则进行编排，符合学生的认知特点和学习规律。

本书可作为高职高专院校自动化类、电子信息类等专业的教材，也可作为教育部第四批立项的 1+X 证书标准——《可编程控制系统集成及应用职业技能等级标准》（中级）的配套教材。

图书在版编目（CIP）数据

S7-1200 PLC 应用技术 / 李方园主编. 一北京：电子工业出版社，2023.8

ISBN 978-7-121-46200-9

Ⅰ. ①S… Ⅱ. ①李… Ⅲ. ①PLC 技术一教材 Ⅳ. ①TM571.6

中国国家版本馆 CIP 数据核字（2023）第 158568 号

责任编辑：王昭松
印　　刷：三河市鑫金马印装有限公司
装　　订：三河市鑫金马印装有限公司
出版发行：电子工业出版社
　　　　　北京市海淀区万寿路 173 信箱　　　　邮编：100036
开　　本：787×1092　1/16　印张：15.75　字数：413 千字
版　　次：2023 年 8 月第 1 版
印　　次：2023 年 8 月第 1 次印刷
定　　价：55.00 元

凡所购买电子工业出版社图书有缺损问题，请向购买书店调换。若书店售缺，请与本社发行部联系，联系及邮购电话：（010）88254888，88258888。

质量投诉请发邮件至 zlts@phei.com.cn，盗版侵权举报请发邮件至 dbqq@phei.com.cn。

本书咨询联系方式：（010）88254015，wangzs@phei.com.cn，QQ83169290。

PREFACE 前言

网络化、数字化、智能化的工业制造策略和模式早已成为共识，面对数字化的浪潮，各行各业纷纷转型升级，工业制造领域凭借其得天独厚的数据规模优势，成为数字化转型的先行者。根据我国制造业的发展蓝图，未来十年，新一代智能制造技术和数字化应用水平将走在世界前列，制造业总体水平达到世界先进水平，我国也向制造强国目标稳步迈进。作为智能制造的核心，工业自动化，特别是可编程控制系统（PLC 系统）将进入快车道，社会上对于从事 PLC 系统集成、产品开发、工程项目实施等岗位工作的高技能人才需求量剧增。S7-1200 PLC 作为符合 IEC 61131 标准的控制器，是西门子推出的新一代智能控制 PLC，通过先进编程理念的博途环境，可以更好地表达使用者的自动控制思想与方法。

为适应制造业发展对新技术技能人才提出的要求，教育部第四批立项的 1+X 证书标准——《可编程控制系统集成及应用职业技能等级标准》（中级）已经成为目前国内职业院校自动化类相关专业课证融通人才培养中的其中一“证”。本书可作为该标准的配套教材。本书采用项目教学、任务驱动的方式组织相关内容，并以工作手册为编写体例；所有项目和任务都源于工程实际，按照从易到难、从单一到综合的原则进行编排，符合学生的认知特点和学习规律。

本书分为 6 个项目，共 15 个任务。项目 1 包括 PLC 控制三相异步电动机正反转运行、PLC 控制电动机星/三角启动和电动机循环计数控制 3 个任务，主要介绍 PLC 逻辑控制的知识，使学生掌握如何通过与、或、非、取反、置位、复位、边沿检测等指令组合构成常见的电气控制逻辑，实现对三相异步电动机的控制；项目 2 包括使用步序控制实现输送带物料分拣、使用函数 FC 实现输送带物料分拣和使用函数块 FB 实现输送带物料分拣 3 个任务，使学生更好地理解 PLC 的复杂编程应用；项目 3 包括触摸屏控制水泵降压启动、触摸屏实现流体搅拌模式控制和喷泉控制的联合仿真 3 个任务，使学生了解触摸屏和仿真技术在机电设备控制中的应用；项目 4 包括 PLC 端子控制 G120 变频器、PLC 通信控制 G120 变频器 2 个任务，充分展示了 PLC 在需要精确速度控制的电动机应用中发挥的巨大作用；项目 5 包括步进电机控制工作台多点定位、V90 伺服控制滑台定位运行 2 个任务，使学生掌握 PLC 控制步进电机与伺服电机实现定位控制的应用，重点阐述步进电机、伺服电机及其控制基础，以及通过配置轴工艺对象实现回零、速度控制、相对移动或绝对移动等；项目 6 包括电动机变频与工频切换系统、远程提升机控制系统 2 个任务，主要介绍 PLC、触摸屏、变频器、步进电机与伺服电机等多个自动化产品的综合应用。

本书由浙江工商职业技术学院李方园任主编，郑州电力职业技术学院李超、班晴和浙江工商职业技术学院罗洪广任副主编。其中，李方园编写项目 1、项目 3 和项目 5，李超编写项目 2，罗洪广编写项目 4，班晴编写项目 6。全书由李方园负责统稿。

本书在编写过程中，得到了浙江瑞亚能源科技有限公司、西门子工厂自动化工程有限公司相关工程技术人员的帮助，他们提供了相当多的典型案例和实践经验，在此一并致谢。

由于编者水平有限，书中若有疏漏和不妥之处，敬请广大读者提出宝贵意见，以利于本书在今后做进一步完善。

编　　者

CONTENTS 目录

项目 1

S7-1200 PLC 控制三相异步电动机

项目导读

PLC 是一种采用“顺序扫描、不断循环”方式进行工作的智能控制装置，是传统制造业进行数字化转型的关键技术。PLC 最常见的元器件包括输入位元件、输出位元件、内部辅助位元件、定时器和计数器，它们之间通过与、或、非、取反、置位、复位、边沿检测等梯形图逻辑功能组合可以构成常见的电气逻辑，并实现对三相异步电动机的控制。本项目通过 PLC 控制三相异步电动机正反转运行、PLC 控制电动机星/三角启动和电动机循环计数控制 3 个任务使学生熟练掌握 PLC 逻辑控制的知识与技能。

知识目标：

了解 PLC 的基本构成、定义和元件符号。
熟悉 S7-1200 PLC 系统 CPU 与外部连接方式。
掌握 S7-1200 PLC 计数器和定时器的指令。
掌握自锁、互锁、定时器和计数器等梯形图编程方法。

能力目标：

能绘制 S7-1200 PLC 的计数、定时或电动机控制线路图。
能根据图纸进行 S7-1200 PLC 的控制系统安装接线。
能使用博途软件进行 S7-1200 PLC 的硬件组态和梯形图编辑。
能使用博途软件进行程序下载、监视与调试。

素养目标：

具有成为制造业数字化转型中高技能人才的紧迫感和责任心。
对从事智能制造相关技术技能岗位充满热情，有较强的求知欲。
保持对新知识、新技术的好奇心，勇攀高峰。

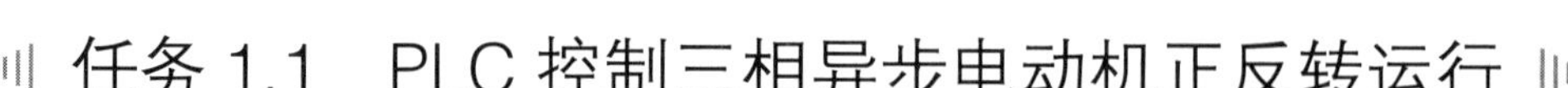

任务 1.1　PLC 控制三相异步电动机正反转运行

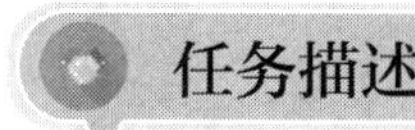

任务描述

用 S7-1200 CPU1215C DC/DC/DC PLC 来控制三相异步电动机正反转运行，如图 1-1 所示，任务要求如下。

（1）按下按钮 A，电动机正转，按下按钮 C，电动机停止运行；按下按钮 B，电动机反转，按下按钮 C，电动机停止运行。

（2）要求能实现电动机热继电器保护，并进行指示。

（3）正确绘制 PLC 控制电气接线图，并完成线路装接后上电。

（4）用编程软件进行 PLC 硬件配置和软件编程，并下载程序到实体 PLC，经调试后实现三相异步电动机正反转运行。

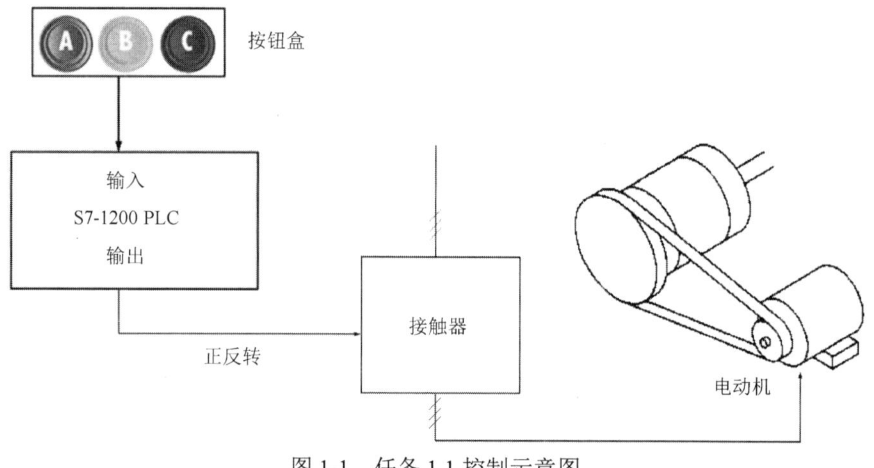

图 1-1　任务 1.1 控制示意图

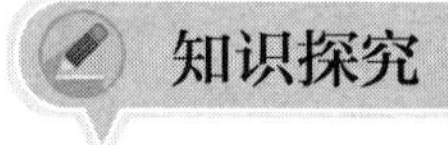

知识探究

扫一扫

看微课

1.1.1　PLC 的基本构成

1．PLC 的概念

PLC 是 Programmable Logic Controller 的简称，又称可编程逻辑控制器。国际电工委员会（IEC）对 PLC 作了如下的定义：“PLC 是一种数字运算操作的电子系统，专为在工业环境下应用而设计。它可采用可编程存储器，在其内部存储执行逻辑运算、顺序控制、定时、计数和算术运算等操作的命令，并通过数字式、模拟式的输入和输出，控制各种类型的机械和生产过程。”

图 1-2 所示为通用 PLC 的组成结构，包括电源、CPU、存储器、通信接口、输入和输出

部分。PLC 的输入部分可以接按钮、开关和传感器；PLC 的输出部分可以接接触器、电磁阀、指示灯和其他设备；PLC 的通信接口可以接计算机，用于软件编程、组态和监视。

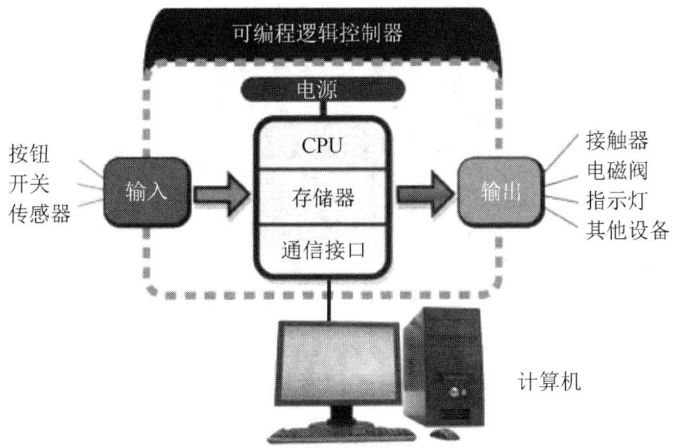

图 1-2　通用 PLC 的组成结构

2．S7-1200 PLC 的基本构成

PLC 的生产厂家非常多，本书介绍的是 S7-1200 PLC，它设计紧凑、组态灵活且具有功能强大的指令集。该 PLC 具有通用 PLC 的组成结构，但又具有自身特色，具体包括 CPU、电源（24V/5V）、输入模块（数字信号/模拟信号）、输出模块（数字信号/模拟信号）、存储区（ROM/RAM）、以太网卡（Ethernet card）等，西门子编程软件（博途软件）可以通过以太网卡在应用端对 PLC 进行编程，用于上传或下载，具体如图 1-3 所示。

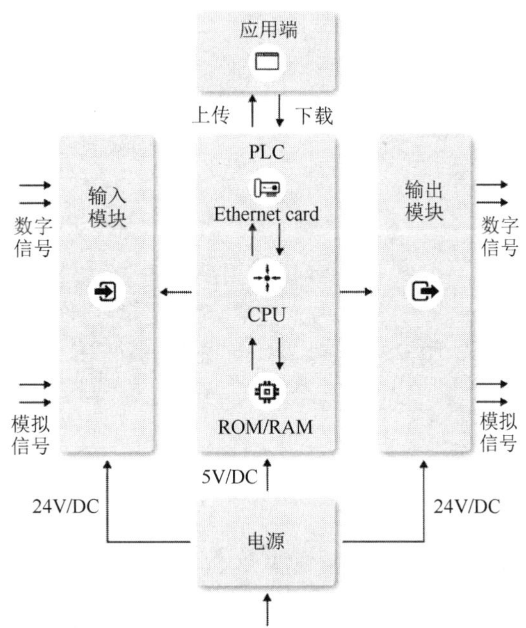

图 1-3　S7-1200 PLC 的基本构成

图 1-4 所示为 S7-1200 的外观，其输入部分在上端，输出部分在下端。

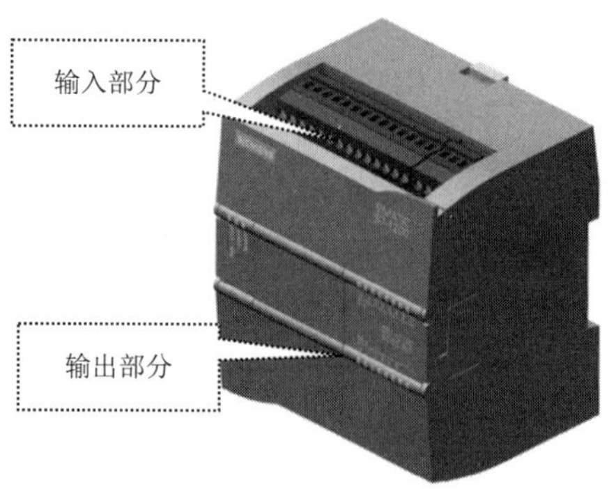

图 1-4　S7-1200 的外观

在 PLC 中，一个输入位元件接一个按钮或传感器等检测型号，一个输出位元件接一个接触器等设备，因此为了匹配不同控制系统对不同输入/输出点数的需要，西门子公司推出了一系列 S7-1200 PLC 主控模块，并以 CPU 为前缀，如 CPU1211C、CPU1212C、CPU1212FC、CPU1214C、CPU1214FC、CPU1215C、CPU1215FC、CPU1217C 等。

这里需要引起注意：单纯的 CPU 是指计算机通常意义上的中央处理器；CPU 模块则特指 S7-1200 PLC 的主控模块。

图 1-5 所示为 S7-1200 CPU 模块后缀说明，包括 AC/DC/Rly、DC/DC/Rly、DC/DC/DC 三种。

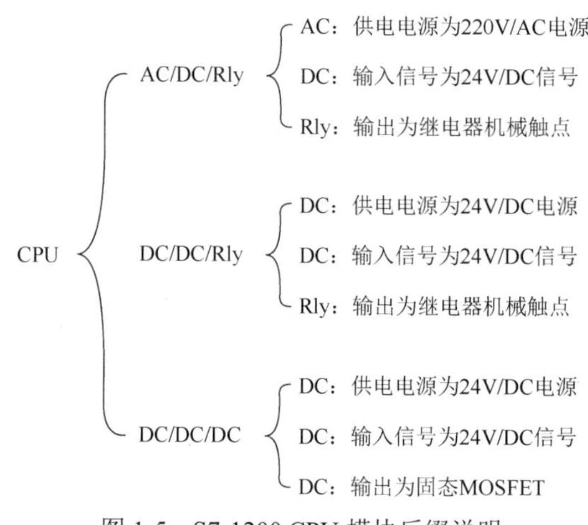

图 1-5　S7-1200 CPU 模块后缀说明

1.1.2　PLC 梯形图编程基础

扫一扫

看微课

1．梯形图编程与位元件

PLC 最常用的编程语言是梯形图，它是最接近继电器、线圈等电气元件实体的符号编程方法，如┤├表示常开触点、┤/├表示常闭触点、(　)表示输出线圈。图 1-6 所示为从自锁电路到 PLC 梯形图的转化示意图。显然，对熟悉电气技术的人员来说，梯形图编程简单明了。

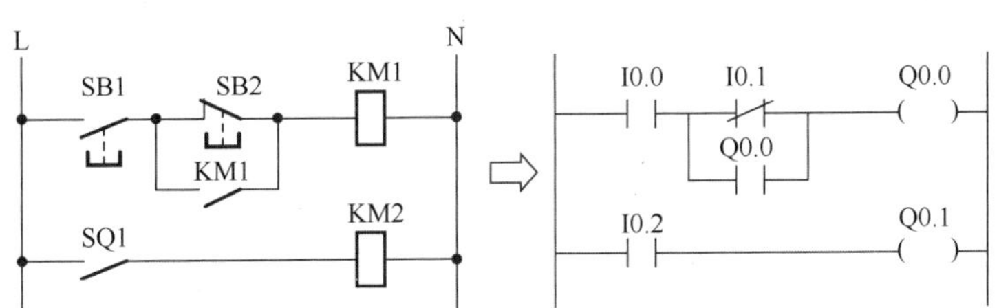

图 1-6　从自锁电路到 PLC 梯形图的转化示意图

表 1-1 所示为自锁电路位元件定义。以图 1-6 右侧梯形图为例，左边是电源线，先经过常开触点 I0.0，再经过常闭触点 I0.1，最后输出线圈 Q0.0 为 ON。此时，输出线圈 Q0.0 的触点也接通，即使常开触点 I0.0 复原，输出线圈 Q0.0 仍旧为 ON；当常开触点 I0.1 动作时，常闭触点 I0.1 断开，输出线圈 Q0.0 为 OFF。

表 1-1　自锁电路位元件定义

输入符号	位元件	功能	输出符号	位元件	功能
SB1	I0.0	启动按钮	KM1	Q0.0	接触器
SB2	I0.1	停止按钮	KM2	Q0.1	接触器
SQ1	I0.2	限位开关			

需要注意的是，停止按钮 SB2 的接线方式跟梯形图的常开或常闭表达容易产生歧义。当 SB2 触点为常开时，梯形图中表达式为常闭，即图 1-6 的梯形图表达式是正确的；当 SB2 触点为常闭时，梯形图中表达式为常开，即图 1-6 的梯形图表达式是错误的，需要更改为如图 1-7 所示的梯形图。

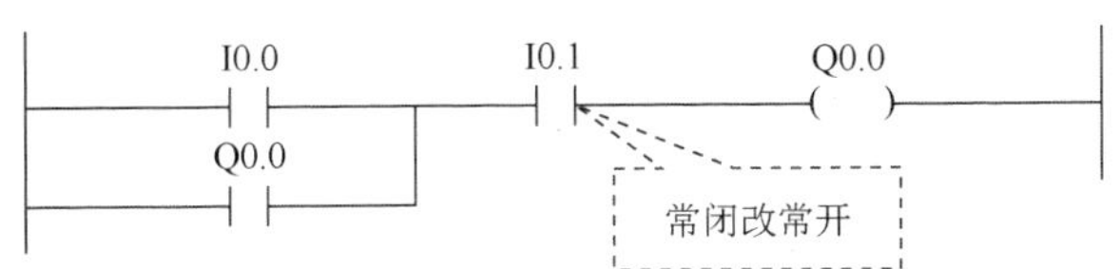

图 1-7　停止按钮 SB2 触点为常闭时的梯形图

2．常见三种位元件的种类、功能与符号

PLC 常见的三种位元件是输入位元件、输出位元件和内部辅助位元件，在相关书籍中，也会采用继电器一词来代替位元件，即输入继电器、输出继电器和内部辅助继电器。根据 IEC 61131-3 标准，PLC 位元件以百分数符号“%”开始，随后是位置前缀符号；如果有位（bit）的分级，则用整数表示分级，并用小数点符号“.”分隔。

1）输入位元件

输入设备包括开关、按钮、传感设备、限位开关、接近传感器、光电传感器、状态传感器、真空开关、温度开关、液位开关、压力开关等，它可以用输入位元件 I 来表示，即 PLC 与外部输入点对应的内部存储器储存基本单元。它由外部送来的输入信号驱动，输入为 0 或 1，用程序设计的方法不能改变输入位元件的状态，即不能对输入位元件对应的基本单元改写。例如，%I0.0,%I0.1,…,%I0.7,%I1.0,%I1.1,…，符号以 I 表示，顺序以八进制编号。输入位元件的触点（常开或常闭触点）可无限制地多次使用。

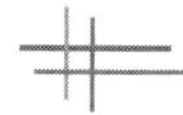

2）输出位元件

输出设备包括阀门、电机接触器、警报器、中间继电器、指示灯等，可以用输出位元件 Q 来表示，即 PLC 与外部输出点对应的内部存储器储存基本单元，输出为 0 或 1。例如，%Q0.0,%Q0.1,…,%Q0.7,%Q1.0,%Q1.1,…，符号以 Q 表示，顺序以八进制编号。输出位元件的触点像输入位元件的触点一样可无限制地多次使用。

3）内部辅助位元件

内部辅助位元件与 PLC 外部没有直接联系，是 PLC 内部的一种辅助继电器，其功能与电气控制电路中的中间继电器一样，也对应 PLC 内存的一个基本单元，可由输入位元件、输出位元件触点及其他内部装置的触点驱动，其触点也可以无限制地多次使用。例如，%M0.0,%M0.1,…,%M0.7,%M1.0,%M1.1,…，符号以 M 表示，顺序以八进制编号。

需要注意的是，在本书后续说明中，一般把“%”省略以示简洁。用户在梯形图编程中，编程软件会自动予以补全“%”。

3. 字节、字和双字的寻址方式

8 位二进制数组成 1 个字节（Byte），如图 1-8（a）所示的%MB10 是由%M10.0 到%M10.7 共 8 位的状态构成的，其中第 2 位字符 B 是字节的首字母。2 个字节可以构成 1 个字，即%MW10 是由%M11.0 到%M10.7 共 16 位的状态构成的，其中第 2 位字符 W 是字的首字母。2 个字可以构成 1 个双字，即%MD10 是由%M13.0 到%M10.7 共 32 位的状态构成的，其中第 2 位字符 D 是双字的首字母。按照西门子的命名规范，以起始字节的地址为字、双字的地址，起始字节为最高位的字节，这一点尤其需要注意，因为不同的处理器的规则是不同的。图 1-8（b）的最高字节是%MB10，因此%MW10=H0102，而不是 H0201；同理，%MD10= H01020304，而不是 H04030201。

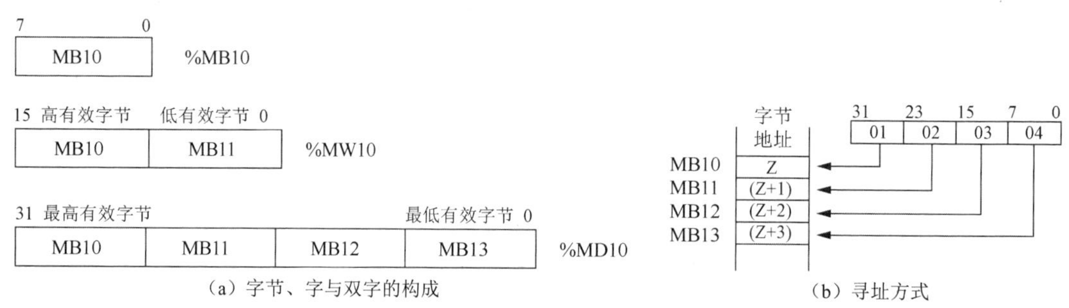

图 1-8 字节、字和双字的寻址方式示例

1.1.3 位逻辑指令

扫一扫 看微课

1. 位逻辑符号与功能

位逻辑又称布尔逻辑。每个布尔值（Bool）就是指一个假或真状态，通常用 0 或 1 来表示假或真。PLC 中所有的位逻辑操作是按照一定的控制要求进行逻辑组合的，可构成与、或、非、置位、复位及其组合。表 1-2 所示为常见的触点和线圈位逻辑符号与功能，包括常开触点、常闭触点、上升沿、下降沿、输出线圈、取反线圈、置位、复位等。

表 1-2　常见的触点和线圈位逻辑符号与功能

类型	LAD	说明
触点指令	─┤├─	常开触点
	─┤/├─	常闭触点
	─┤NOT├─	信号流反向
	─┤P├─	扫描操作数信号的上升沿
	─┤N├─	扫描操作数信号的下降沿
	P_TRIG	扫描信号的上升沿
	N_TRIG	扫描信号的下降沿
	R_TRIG	扫描信号的上升沿，并带有背景数据块
	F_TRIG	扫描信号的下降沿，并带有背景数据块
线圈指令	──(　)──	结果输出/赋值
	──(/)──	取反线圈
	──(R)	复位
	──(S)	置位
	SET_BF	将一个区域的位信号置位
	RESET_BF	将一个区域的位信号复位
	RS	复位置位触发器
	SR	置位复位触发器
	──(P)──	上升沿检测并置位线圈一个周期
	──(N)──	下降沿检测并置位线圈一个周期

2. “与”逻辑

“与”逻辑是指只有当两个操作数都是“1”时，结果才是“1”。“与”逻辑操作属于短路操作，即如果第一个操作数能够决定结果，那么就不会对第二个操作数求值；如果第一个操作数是“0”，那么无论第二个操作数是什么值，结果都不可能是“1”，相当于短路了右边。图 1-9 所示为“与”逻辑及表征逻辑事件输入和输出之间全部可能状态的表格（真值表）。

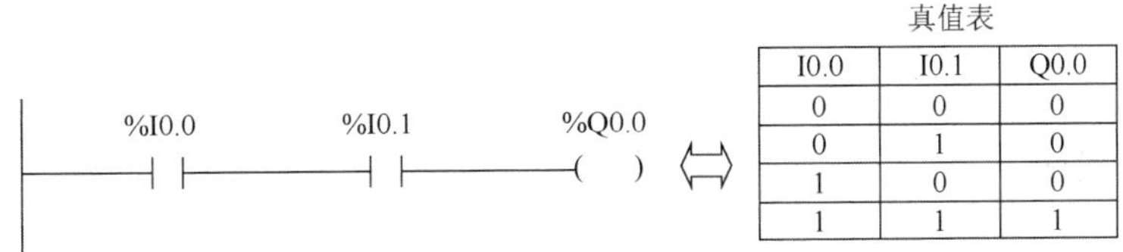

I0.0	I0.1	Q0.0
0	0	0
0	1	0
1	0	0
1	1	1

图 1-9　“与”逻辑及其真值表

3. “或”逻辑

“或”逻辑是指如果一个操作数或多个操作数为“1”，那么“或”运算符返回布尔值“1”；只有当全部操作数为“0”时，结果才是“0”。图 1-10 所示为“或”逻辑及其真值表。

4. “非”逻辑

“非”逻辑，即逻辑取反。图 1-11 所示为“非”逻辑及其真值表。

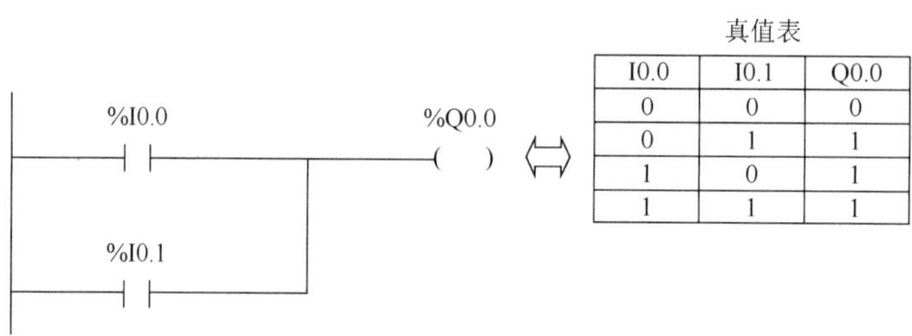

I0.0	I0.1	Q0.0
0	0	0
0	1	1
1	0	1
1	1	1

图 1-10 “或”逻辑及其真值表

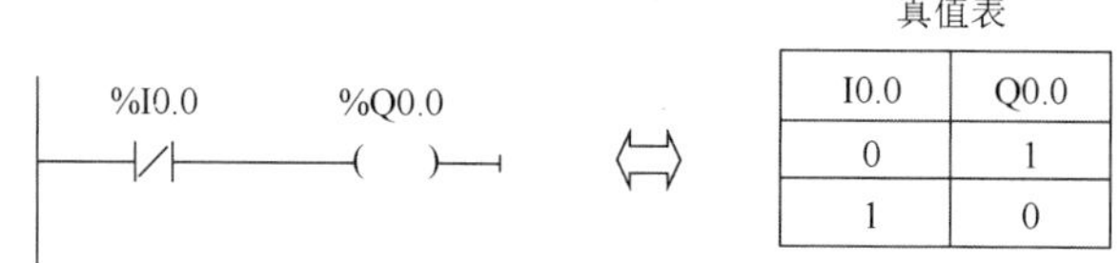

I0.0	Q0.0
0	1
1	0

图 1-11 “非”逻辑及其真值表

5. 取反线圈

取反线圈是指输出为“1”时断开，输出为“0”时接通。图 1-12 所示为输出线圈与取反线圈对比，从梯形图中可以看出，两种线圈除了输出刚好相反，其余都相同；从真值表中可以看出二者的区别。

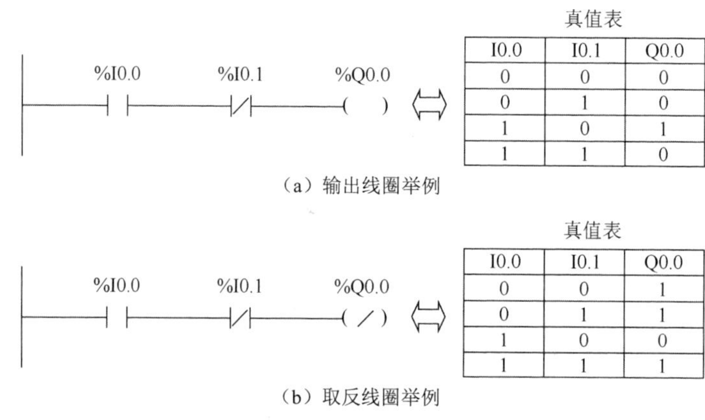

I0.0	I0.1	Q0.0
0	0	0
0	1	0
1	0	1
1	1	0

（a）输出线圈举例

I0.0	I0.1	Q0.0
0	0	1
0	1	1
1	0	0
1	1	1

（b）取反线圈举例

图 1-12 输出线圈与取反线圈对比

6.“异或”逻辑

“异或”逻辑是指如果 a、b 两个值不相同，那么结果为“1”；如果 a、b 两个值相同，那么结果为“0”。“异或”也叫半加运算，其运算法则相当于不带进位的二进制加法。图 1-13 所示为“异或”逻辑及其真值表。

7. 置位与复位

在功能上，置位就是使线圈为 1，复位就是使线圈为 0。（R）为复位输出，即输出为“0”；（S）为置位输出，即输出为“1”；RESET_BF 为复位域指令，将从指定地址开始的连续若干地址复位（变为 0 状态并保持）；SET_BF 为置位域指令，将从指定地址开始的连续若干地址置位（变为 1 状态并保持）。

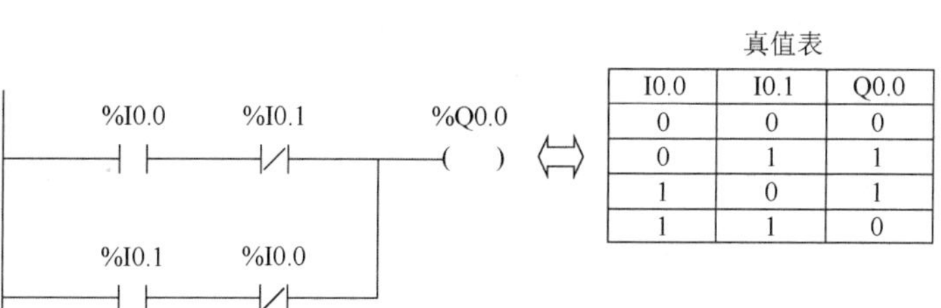

I0.0	I0.1	Q0.0
0	0	0
0	1	1
1	0	1
1	1	0

图 1-13　“异或”逻辑及其真值表

除了以上 4 个置位与复位指令，S7-1200 还提供了两个双稳态触发器（见图 1-14），即 SR（置位复位）触发器和 RS（复位置位）触发器，优先级是带后缀“1”，如 R1 为复位优先、S1 为置位优先。

（1）SR 触发器的逻辑。$S=0$，$R=0$ 时，Q 保持不变（0 或 1）；$S=0$，$R=1$ 时，$Q=0$；$S=1$，$R=0$ 时，$Q=1$；$S=1$，$R=1$ 时，$Q=0$。

（2）RS 触发器的逻辑。$S=0$，$R=0$ 时，Q 保持不变（0 或 1）；$S=0$，$R=1$ 时，$Q=0$；$S=1$，$R=0$ 时，$Q=1$；$S=1$，$R=1$ 时，$Q=1$。

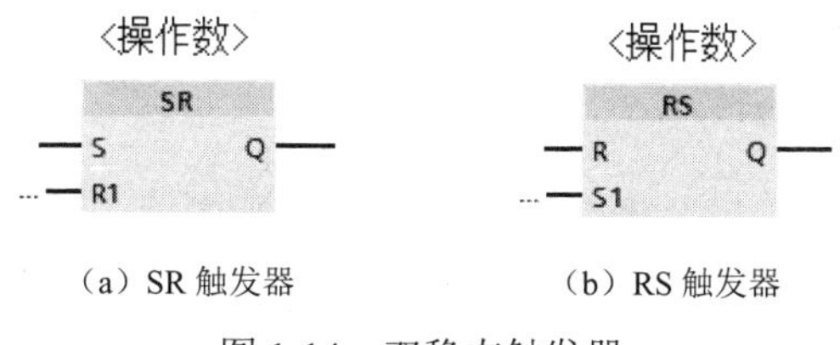

（a）SR 触发器　（b）RS 触发器

图 1-14　双稳态触发器

扫一扫

看微课

1.1.4　PLC I/O 分配

从三相异步电动机正反转控制电路出发，停止按钮、正转按钮、反转按钮和热继电器故障信号作为 PLC 的输入，故障指示灯、正转继电器和反转继电器作为 PLC 的输出，其 I/O 分配如表 1-3 所示。用来确定用户的输入为 4 个点，输出为 3 个点，选用 CPU1215C DC/DC/DC 符合点数要求。

表 1-3　三相异步电动机正反转控制电路的 I/O 分配

输入	功能	输出	功能
I0.0	SB1/停止按钮 C（常闭）	Q0.0	HL1/故障指示灯
I0.1	SB2/正转按钮 A（常开）	Q0.1	KA1/正转继电器
I0.2	SB3/反转按钮 B（常开）	Q0.2	KA2/反转继电器
I0.3	FR/热继电器故障（常闭）		

在表 1-3 中的按钮等信号加上常闭（NC）、常开（NO），这是因为按钮、热继电器等元件同时具有常闭、常开触点，用户可以根据实际情况来选择。除了紧急情况，部分元件必须用

常闭触点，一般情况下的元件输入都可以选择常开触点和常闭触点中的一个，这一点在后续任务的输入信号中有所体现，如停止按钮可以接常闭触点，也可以接常开触点，与之相应的程序中的触点也要做相应更改。

1.1.5 PLC 接线原理图与实物连接

图 1-15 所示为 PLC 接线原理图，CPU1215C DC/DC/DC 的进线电源部分为 24V/DC，输入部分可以采取公共点 1M 接 0V（M 端子）的漏型接法，输出部分采用 24V/DC 指示灯。由于常用的电动机接触器线圈是交流 220V，因此需要用中间继电器进行信号转换，如正转继电器 KA1 和反转继电器 KA2，分别用来控制正转接触器 KM1 和反转接触器 KM2。

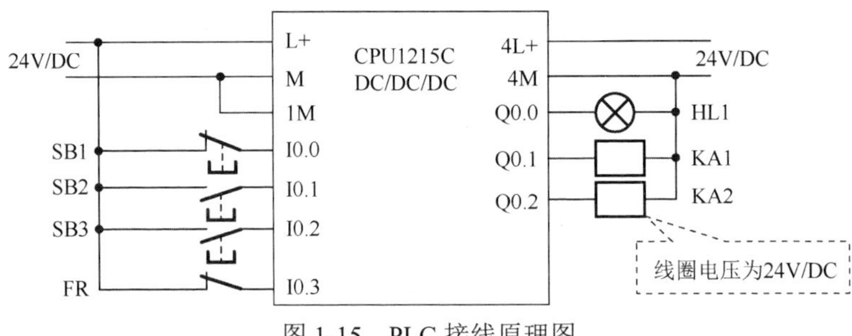

图 1-15　PLC 接线原理图

PLC 实物连接如图 1-16 所示。需要注意的是，停止按钮 SB1 和热继电器 FR 接的都是常闭触点。

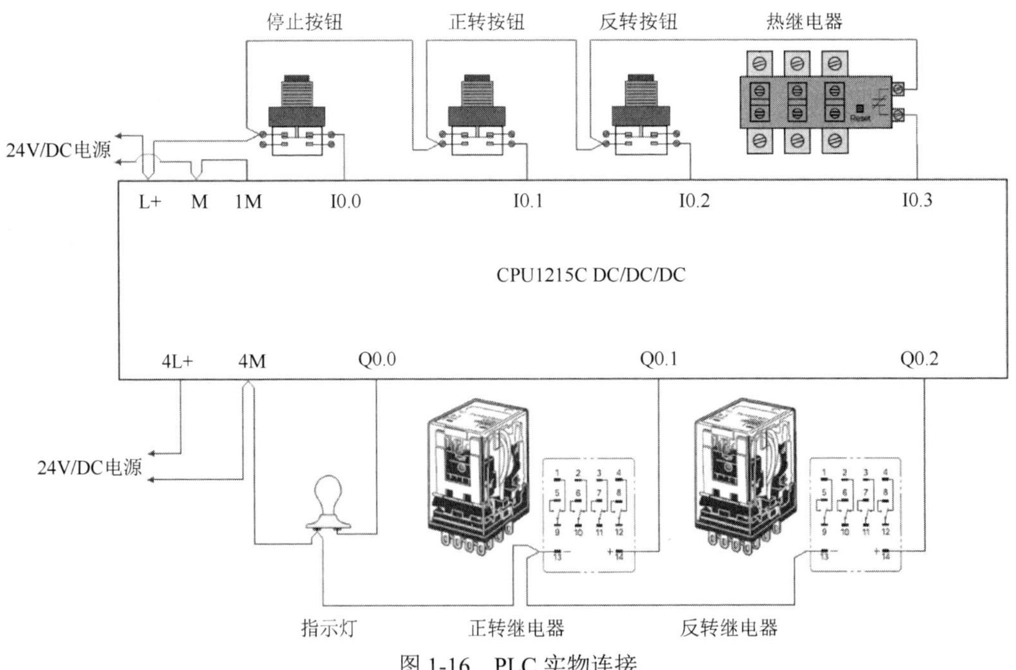

图 1-16　PLC 实物连接

图 1-17 所示为主电路图，其中 KM1 和 KM2 进行电气互锁。

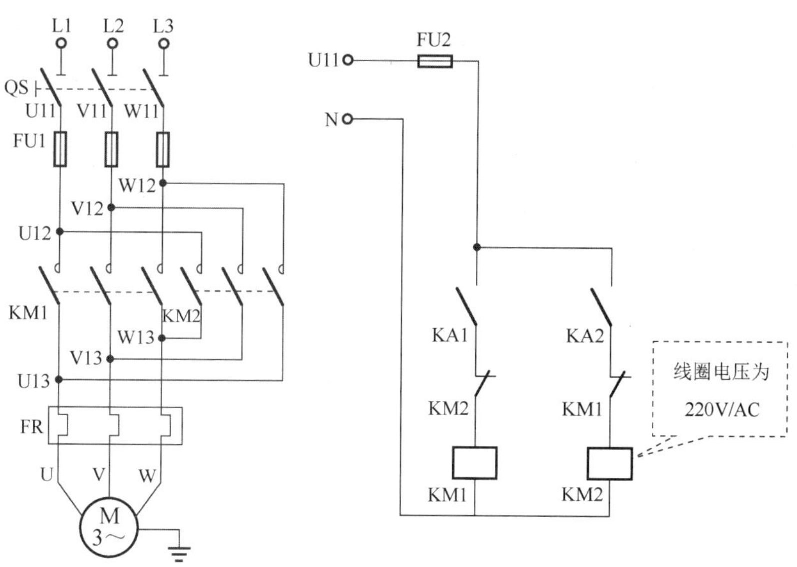

图 1-17 主电路图

1.1.6 编程环境下新建 PLC 项目

自西门子公司在 2009 年发布第一款 SIMATIC STEP7 V10.5（STEP 7 Basic）以来，已经发布的版本有 V10.5、V11、V12、V13、V14、V15、V16、V17 等，支持 S7-1200/1500 系列 PLC。

PLC 项目新建是从博途图标TIA PORTAL处双击打开，本书程序以 V17 版本为编程环境，可以应用在大部分版本中。

1. 创建新项目

进入博途软件后，执行“启动→创建新项目”命令，输入项目名称（如本任务中的“任务 1.1”），选择文件路径，单击“创建”按钮。这里会提示当前的版本为 V17，同时可以输入作者和注释，如图 1-18 所示。

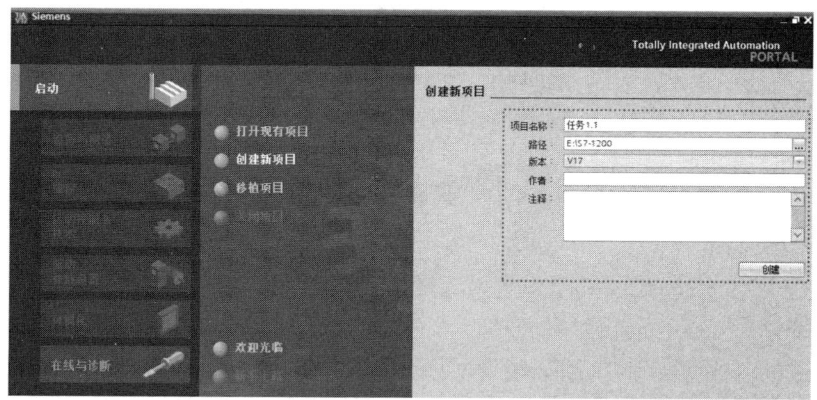

图 1-18 创建新项目

创建完新项目后，就会看到包含创建完整项目所需的“组态设备”“创建 PLC 程序”“组态工艺对象”“参数设置驱动”“组态 HMI 画面”“打开项目视图”步骤的“新手上路”提示（见图 1-19），这里选择“组态设备”。

图 1-20 所示为“添加新设备”对话框，根据任务需要添加相应的控制器、HMI、PC 系统或驱动，本任务比较简单，只有控制器，因此执行“控制器”→“SIMATIC S7-1200”→“CPU”→“CPU 1215C DC/DC/DC”→“6ES7 215-1AG40-0XB0”命令，并根据实际的 CPU 版本进行选择，如 V4.5。需要注意的是，实际任务中用到的 CPU 版本会比较低，因此需要对版本进行相应选择（见图 1-21）。

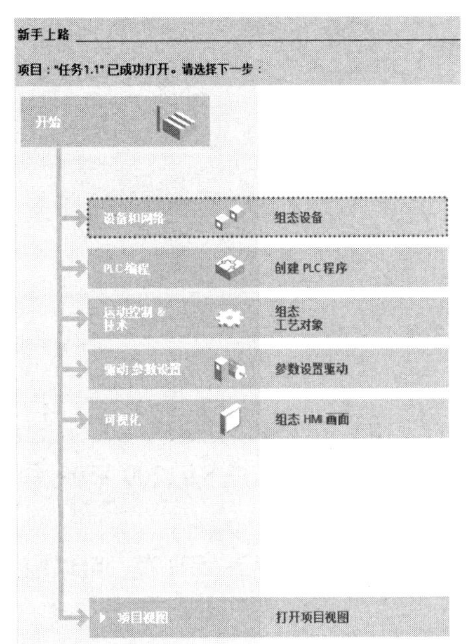

图 1-19 “新手上路”提示

图 1-20 “添加新设备”对话框

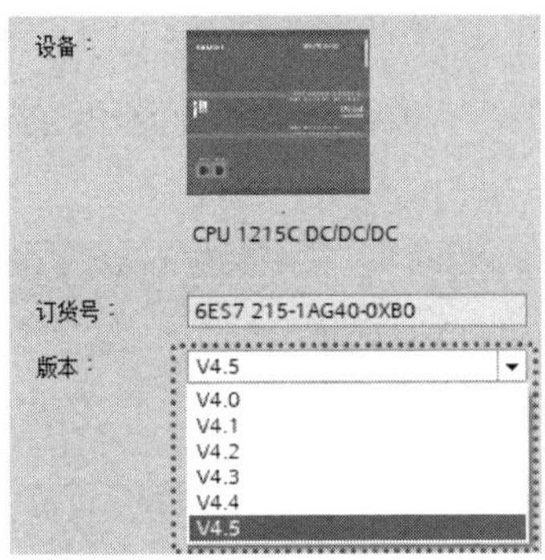

图 1-21 CPU 版本选择

添加 CPU 后，就是 PLC 安全设置（见图 1-22），包括保护机密的 PLC 数据、PG/PC 和 HMI 的通信模式、PLC 访问保护和概览。

完成 PLC 安全设置之后，就会出现如图 1-23 所示的完整设备视图，包括菜单栏、符号栏、项目树、详细视图、设备视图、网络视图、拓扑视图、硬件目录对话框、属性对话框等。

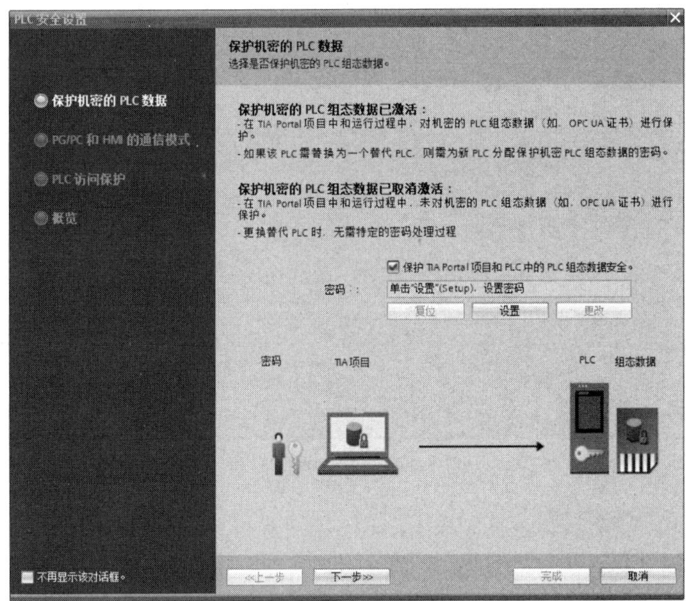

图 1-22　PLC 安全设置

图 1-23　完整设备视图

2. 硬件配置

相比于其他旧版本的 PLC，S7-1200 需要进行硬件配置，可以按以下两种途径进行设置：第一种是执行“项目树”→“任务 1.1”→“PLC_1[CPU1215C DC/DC/DC]”命令后右击，在弹出的快捷菜单中选择“属性”选项；第二种是在设备视图中，右击 CPU 模块，在弹出的快捷菜单中选择“属性”选项。

S7-1200 硬件配置主要是该任务中 CPU 的 PROFINET 接口、I/O 地址、脉冲功能、通信设置等属性设置。图 1-24 所示为完成通信所需的 PROFINET、IP 地址和子网掩码，这里选择默认 IP 地址为 192.168.0.1，子网掩码为 255.255.255.0。

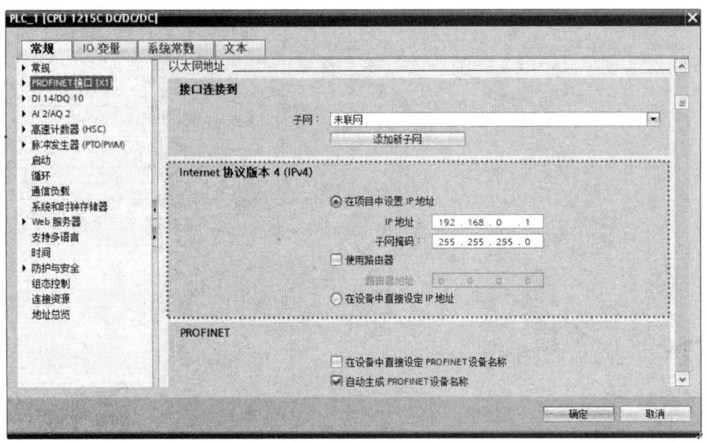

图 1-24　CPU 属性设置

S7-1200 提供了 I/O 地址的功能，如图 1-25 所示，可以对 I/O 地址进行起始地址的自由选择，0～1022 均可以（因为输入地址最多到 I1023.7，而本机输入点数占了 2 个字节，因此到 1022 为止）。

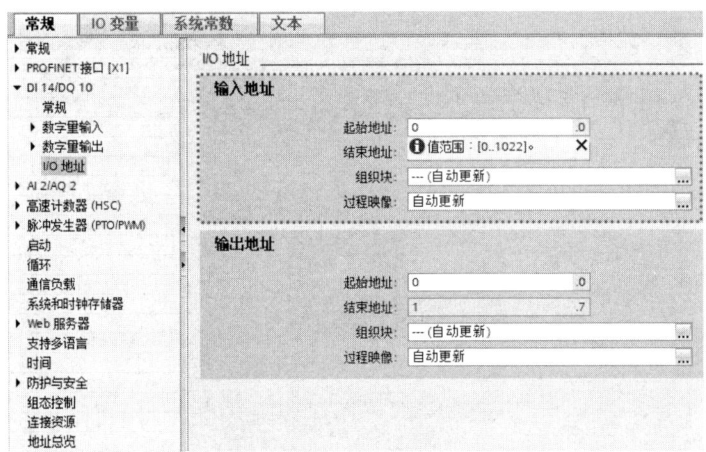

图 1-25　I/O 地址

3．梯形图编程

执行“项目树”→“任务 1.1”→“PLC_1[CPU1215C DC/DC/DC]”→“程序块”→“Main[OB1]”命令，就出现用梯形图编程的地方。图 1-26 所示为 Main 空程序块。

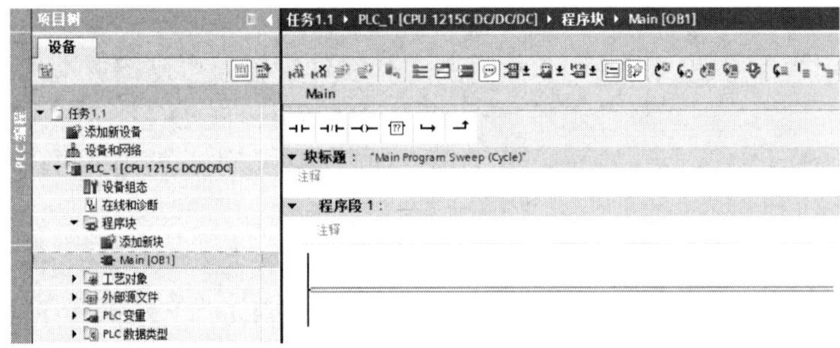

图 1-26　Main 空程序块

进行简单编程时，用户要创建程序，只需将 ⊣⊢ ⊣/⊢ ⊣○⊢ ?? ↦ ↵ 中的图符拖入相应程序段即可；进行相对复杂编程时，则需要用到如图 1-27 所示的指令对话框，包括基本指令、扩展指令、工艺、通信和选件包。

图 1-27　指令对话框

本任务采用简单编程，使用常开触点时，将常开触点直接拉入程序段 1；在<??.?>处输入“%I0.1”或“I0.1”[见图 1-28（a）]；根据梯形图的编辑规律，使用 ↦ 打开分支，输入接触器自保触点“%Q0.1”或“Q0.1”，并用 ↵ 关闭分支；依次进行后续逻辑的程序编辑，最后使用 ⊣○⊢ 完成线圈输出，完成一个程序段[见图 1-28（b）]。选择复制功能，如图 1-28（c）所示，就可以把类似的程序段进行复制。图 1-28（d）所示为完成后的梯形图。

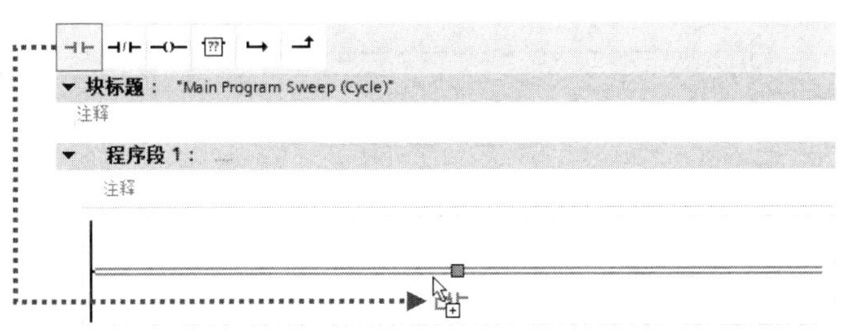

（a）拖曳常开触点

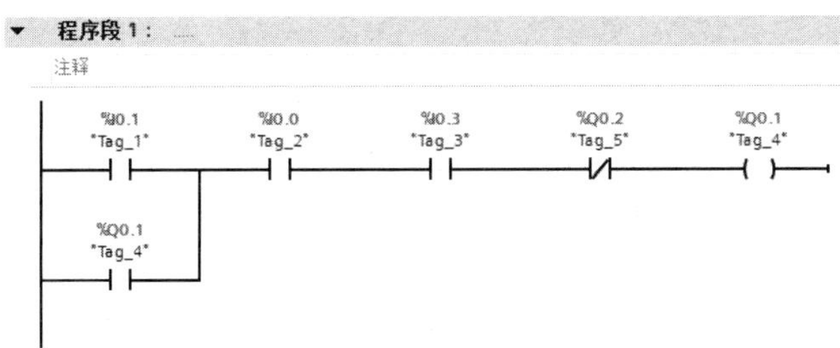

（b）完成一个程序段

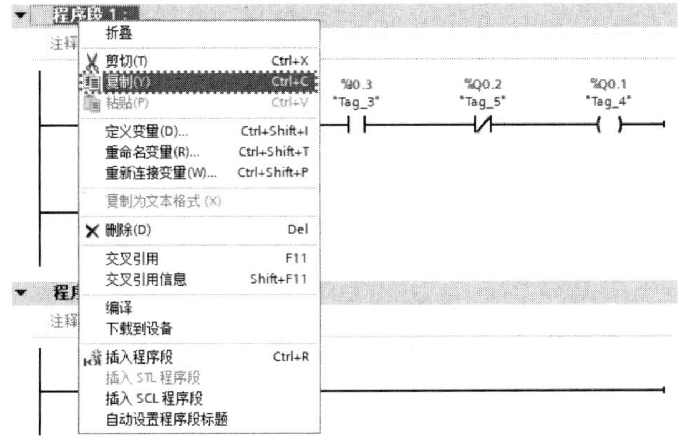

（c）选择复制功能

图 1-28　梯形图编辑

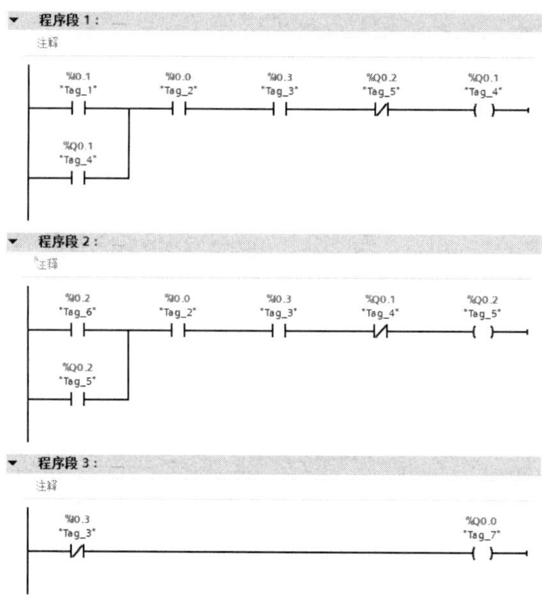

（d）完成后的梯形图

图 1-28　梯形图编辑（续）

4．变量命名

从以上梯形图可以看到，变量名会自动变成“Tag_1”“Tag_2”等，其中 Tag 表示标签，这样的变量编码显然不利于编程者自身或别人来分析和阅读程序，因此需要对这些变量名进行重新定义。

在 PLC 程序编辑中，共有两种变量命名的方式：第一种是在梯形图编辑环境中直接右击选择“重命名变量”选项进行定义；第二种是在如图 1-29（a）所示的项目树中，执行“任务 1.1”→“PLC_1[CPU 1215C DC/DC/DC]”→“PLC 变量”→“显示所有变量”命令，找到这些变量名，进行修改，变量名修改之后如图 1-29（b）所示，单击地址栏，即可按地址排列顺序，此时出现了“▲”标志。变量命名后，博途项目中的所有编辑器（如程序编辑器、设备编辑器、可视化编辑器和监视表格编辑器）均可访问这些变量。当然，变量定义也可以在程序编辑前完成，在 PLC 中编辑程序的时候，可以直接在<??.?>中进行变量选择，而无须直接输入。变量命名的方式可以根据用户编辑习惯自行确定。

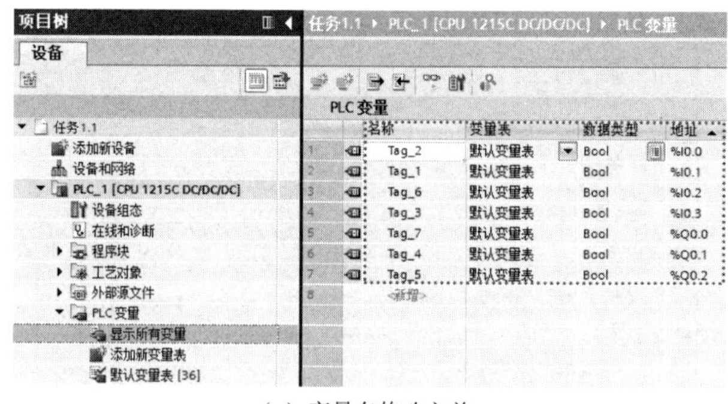

（a）变量名修改之前

图 1-29　变量名修改前后

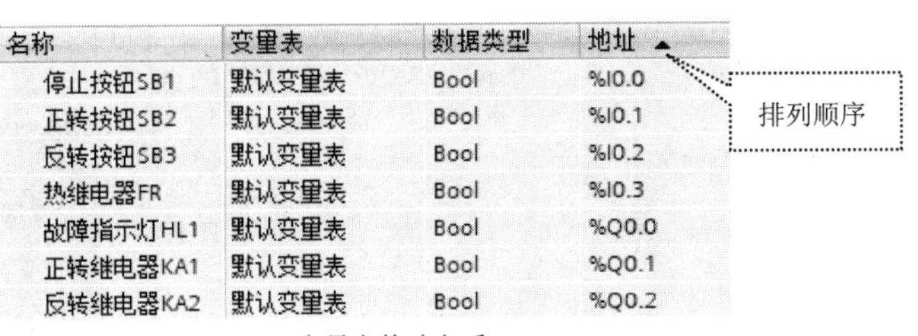

名称	变量表	数据类型	地址 ▲
停止按钮SB1	默认变量表	Bool	%I0.0
正转按钮SB2	默认变量表	Bool	%I0.1
反转按钮SB3	默认变量表	Bool	%I0.2
热继电器FR	默认变量表	Bool	%I0.3
故障指示灯HL1	默认变量表	Bool	%Q0.0
正转继电器KA1	默认变量表	Bool	%Q0.1
反转继电器KA2	默认变量表	Bool	%Q0.2

（b）变量名修改之后

图 1-29　变量名修改前后（续）

修改完成后，再次返回 Main 程序，如图 1-30 所示，就会看到相关变量名已经替换。除此之外，还可以对程序段进行备注，这样阅读起来更加方便。

程序解释如下。

程序段 1：正转控制逻辑。热继电器、停止按钮两个信号未动作，即常闭触点不动作时，按下正转按钮，正转自锁运行，并与反转形成信号互锁。

程序段 2：反转控制逻辑。热继电器、停止按钮两个信号未动作，即常闭触点不动作时，按下反转按钮，反转自锁运行，并与正转形成信号互锁。

程序段 3：故障指示。热继电器信号动作时，故障指示灯亮。

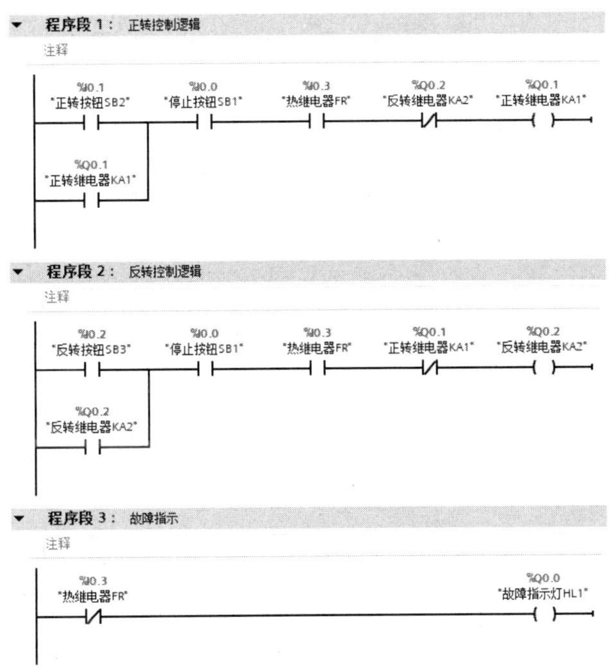

图 1-30　完成变量命名和程序段备注后的梯形图

1.1.7　以太网通信设置与程序调试

1．下载之前的以太网通信设置

要将博途软件的 PLC 硬件配置和梯形图程序下载到 S7-1200 PLC，可以采用网线直连的

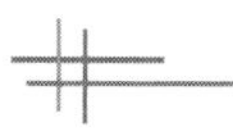

方式[见图 1-31（a）]，也可以通过路由器/交换机进行连接[见图 1-31（b）]。

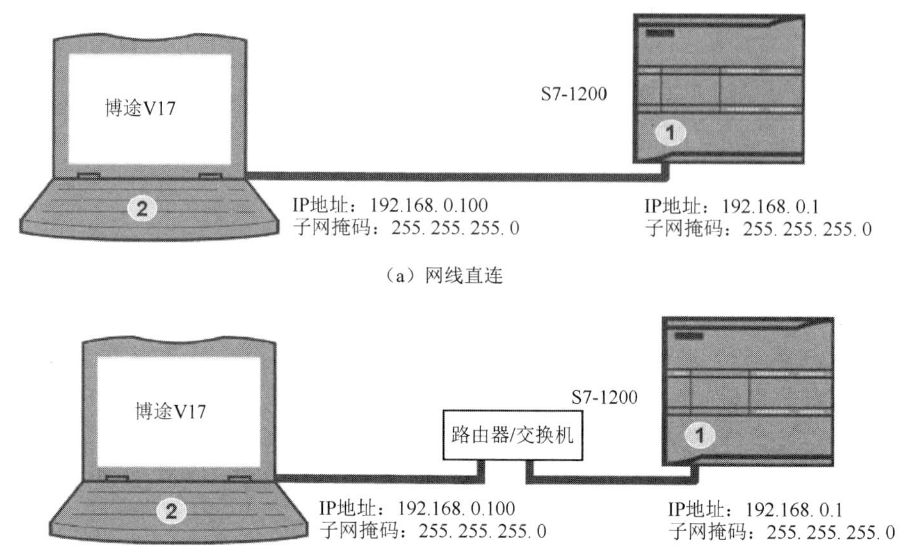

（a）网线直连

博途V17
S7-1200
路由器/交换机
IP地址：192.168. 0.100
子网掩码：255. 255. 255. 0
IP地址：192.168. 0.1
子网掩码：255. 255. 255. 0

（b）路由器/交换机

① S7-1200 PLC；②装有博途 V17 的计算机

图 1-31　以太网通信连接

按以上步骤完成以太网通信连接后，确认 S7-1200 PLC 端和装有博途 V17 电脑端的 IP 地址、子网掩码是否正确设置。这里解释一下 IP 地址和子网掩码。

（1）IP 地址。每个设备都必须具有一个 Internet 协议（IP）地址，且不能重复。该地址使设备可以在更加复杂的路由网络中传送数据。每个 IP 地址分为四段，每段占 8 位，并用“.”分开，采用十进制数表示（如 PLC 的 IP 地址设置为 192.168.0.1、计算机的 IP 地址设置为 192.168.0.100）。IP 地址第 1 段用于表示网络 ID，第 2 段用于表示主控 ID，第 3、4 段用于表示区分该设备的 ID。

（2）子网掩码。子网是已连接的网络设备的逻辑分组，在局域网中，子网中节点之间的物理位置往往相对接近。掩码用于定义子网的边界。子网掩码 255.255.255.0 通常适用于小型本地网络，意味着此网络中所有 IP 地址的前 3 位应该是相同的，该网络中的各个设备由最后一个数来进行标识和区分。

PLC 的 IP 地址已经在图 1-24 中进行了设置。电脑端的 IP 地址和子网掩码的设置可以通过“网络和 Internet”选项进行设置，完成后可以通过 ipconfig 命令来确认是否已经成功设置，也可以通过 ping 命令来确认计算机是否与以太网上的其他地址正常通信，如 ping 192.168.0.1 就是确认在同一网络上是否存在 IP 地址为 192.168.0.1 的以太网设备。

2. 编译与下载

在编辑阶段只是完成了梯形图语法的输入验证，要完成程序的可行性还必须执行编译命令。选择项目树中的“PLC_1[CPU 1215C DC/DC/DC]”选项，右击弹出快捷菜单，如图 1-32 所示，用户可以单独选择编译命令，也可以直接选择下载命令（包括菜单选项或图标），博途软件会自动先执行编译命令。

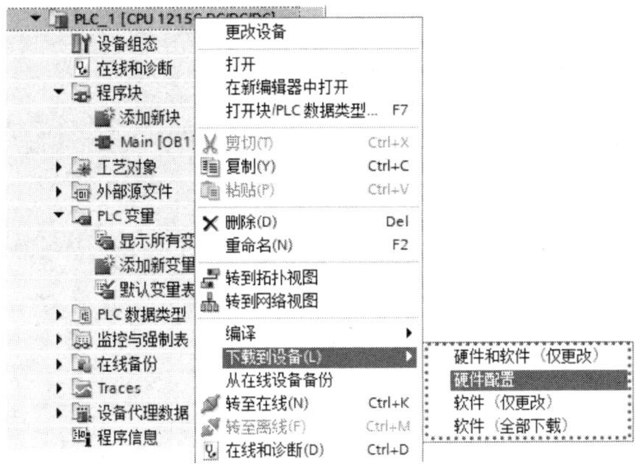

图 1-32　“下载到设备”选项

下载之前，需要确保计算机跟 PLC 在 192.168.0.*同一个频段内，但不能重复。图 1-33 所示为“扩展下载到设备”对话框，在“选择目标设备”下拉列表中，有 3 个选项，即显示地址相同的设备、显示所有兼容的设备、显示可访问的设备。需要注意的是，第一次联机时，存在 PLC 的 IP 地址与计算机的 IP 地址不在同一个频段、PLC 的 CPU 第一次使用无 IP 地址等情况，因此，在“选择设备目标”下拉列表中，不能选择“显示地址相同的设备”选项，而应选择“显示所有兼容的设备”选项，这时会出现接口类型为 ISO、访问地址是 MAC 地址的情况，此时可以连接该 CPU，等下载结束后可以正常联机。

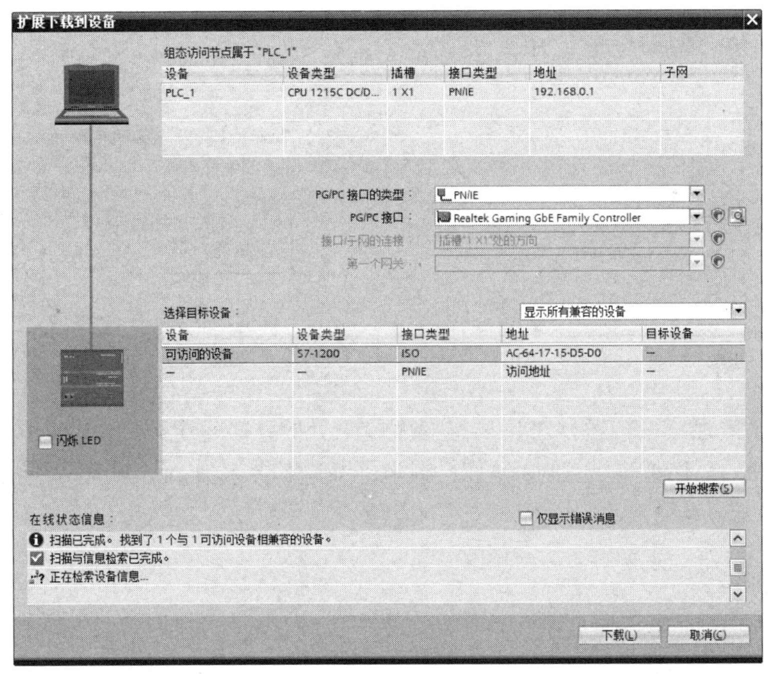

图 1-33　“扩展下载到设备”对话框

对于设置过 IP 地址的 PLC，单击“开始搜索”按钮，就会出现如图 1-34 所示的有 IP 地址的 PLC。

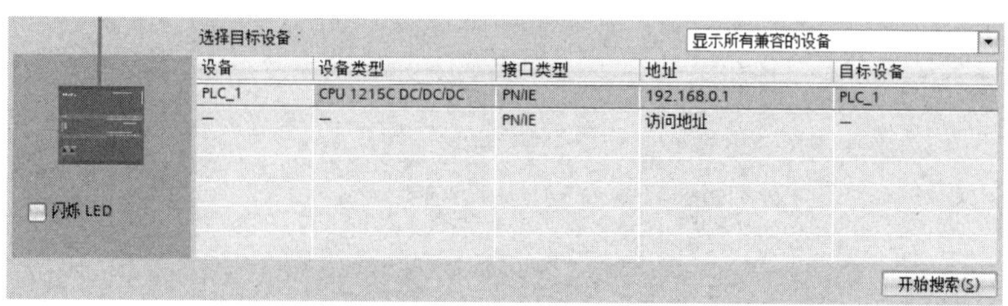

图 1-34　有 IP 地址的 PLC

3．程序调试

下载后，PLC 会自动切换到运行状态，此时选择图标栏中的 进入程序块的在线监视。图 1-35 给出了程序段 1 正转控制逻辑，用实线表示接通，虚线表示断开。

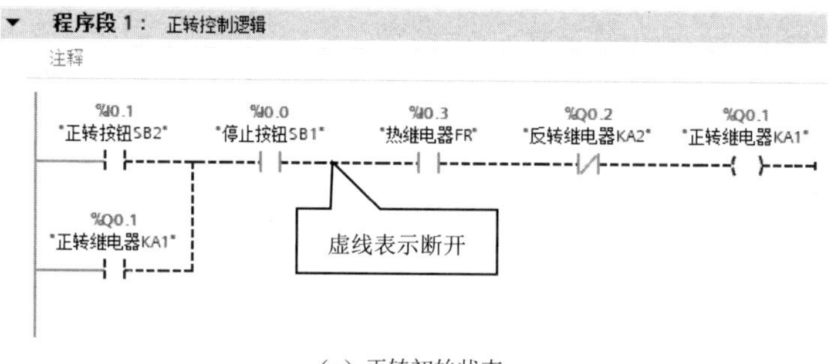

（a）正转初始状态

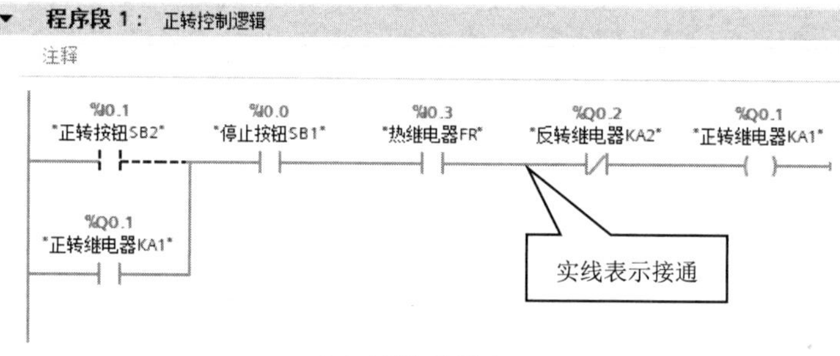

（b）正转运行状态

图 1-35　正转运行

对整个程序来说，正转运行时，只有程序段 1 处的正转继电器 Q0.1 动作；反转运行时，只有程序段 2 处的反转继电器 Q0.2 动作；继电器故障信号动作时，只有程序段 3 处的故障指示灯 Q0.0 亮。

任务评价

按要求完成考核任务 1.1，并按表 1-4 进行任务评价，具体配分可以根据实际考评情况进行调整。

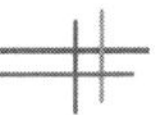

表 1-4　评分标准

序号	考核项目	考核内容及要求	配分	得分
1	职业道德与课程思政	遵守安全操作规程，设置安全措施； 认真负责，团结合作，对实操任务充满热情； 正确认识制造业新发展阶段的含义	15%	
2	系统方案制定	PLC 控制对象说明与分析	20%	
		PLC 控制方案合理		
		选用常开、常闭触点和线圈合理		
		PLC 控制电路图正确		
3	编程能力	独立完成 PLC 硬件配置	15%	
		独立完成 PLC 梯形图编程		
4	操作能力	根据电气接线图正确接线，美观且可靠	25%	
		正确输入程序并进行程序调试		
		根据系统功能进行正确操作演示		
5	实践效果	系统工作可靠	15%	
		PLC 变量命名规范		
		按规定的时间完成任务		
6	创新实践	在本任务中有另辟蹊径、独树一帜的实践内容	10%	
合计			100%	

任务 1.2　PLC 控制电动机星/三角启动

任务描述

星/三角降压启动是空压机等大功率电动机负载启动控制方式，现在采用如图 1-36 所示的 PLC 定时器控制替代原先的时间继电器控制，需要先进行控制电路改造，再进行编程、调试。任务要求如下。

（1）按下按钮 A 时，先闭合星/三角电路的主接触器和星形接触器，定时 6s 后，星形接触器断开、三角形接触器闭合，完成启动过程；按下按钮 B 时，三个接触器都断开，电动机停止运行。

（2）热继电器动作时，所有接触器都断开，电动机停止运行，并进行报警指示。

（3）正确绘制 PLC 控制电气接线图，并完成线路改接后上电。

（4）用编程软件进行 PLC 硬件配置，包含定时器的梯形图编程，并下载程序到实体 PLC，经调试后实现星/三角启动控制。

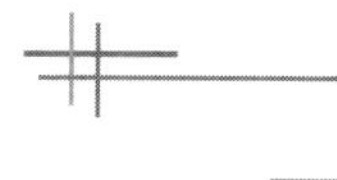

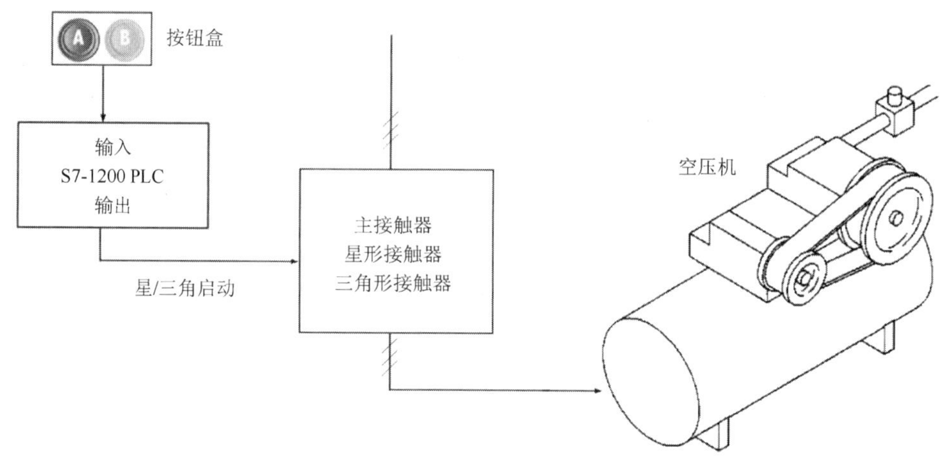

图 1-36　任务 1.2 控制示意图

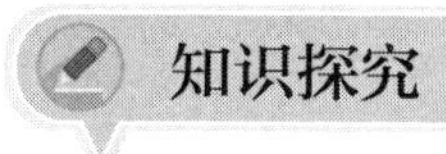

扫一扫

看微课

1.2.1　S7-1200 定时器种类

1. 通用定时器硬件

定时器又称时间继电器，是指当加入（或去掉）输入动作信号后，其输出电路需要经过规定的准确时间才产生跳变（或触点动作）的一种继电器。常见的定时器有接通延时定时器和关断延时定时器，图 1-37 所示为定时器的工作示意图。

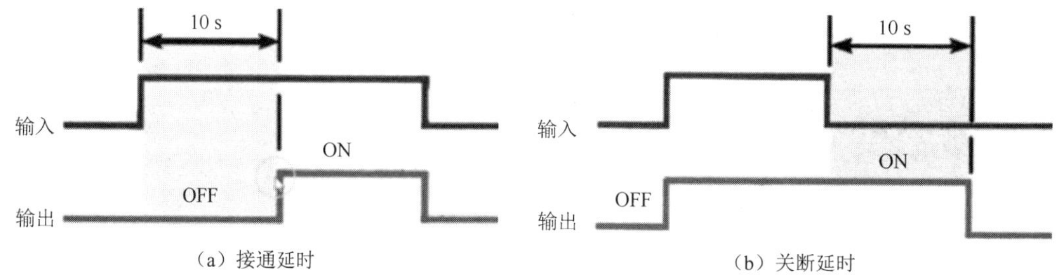

图 1-37　定时器的工作示意图

传统定时器被广泛应用在遥控、通信、自动操控的设备里面，用于精准地操控时间，从而提升产品的精度和性能，但它也有缺点，就是一个定时线路需要一个定时器（见图 1-38），从而导致线路复杂、成本居高不下。

图 1-38　传统定时器硬件

2．S7-1200 的 4 种定时器

在 PLC 中，传统定时器硬件已经被定时器软元件取代，采用定时器指令创建可编程的延时时间，不仅数量众多，而且精度更加高。

表 1-5 所示为 S7-1200 定时器指令，最常用的为如下 4 种。

（1）TON：接通延时定时器，在预设的延时过后输出 *Q* 设置为 ON，等同于接通延时继电器。

（2）TOF：关断延时定时器，在预设的延时过后输出 *Q* 重置为 OFF，等同于关断延时继电器。

（3）TP：生成脉冲定时器，可生成具有预设宽度时间的脉冲。

（4）TONR：保持型接通延时定时器，输出在预设的延时过后设置为 ON。在使用 *R* 输入重置经过的时间之前，会跨越多个定时时段一直累加经过的时间。

表 1-5　S7-1200 定时器指令

指令	说明
TON	接通延时（带有参数）
TOF	关断延时（带有参数）
TP	生成脉冲（带有参数）
TONR	记录一个位信号为 1 的累计时间（带有参数）
—（TP）	启动脉冲
—（TON）	启动接通延时
—（TOF）	启动关断延时
—（TONR）	记录一个位信号为 1 的累计时间
—（RT）	复位
—（PT）	加载定时时间

1.2.2　TON、TOF、TP 和 TONR 定时器

1．TON 定时器

TON 定时器是指接通延时定时器输出 *Q* 在预设的延时过后设置为 ON，其指令形式如图 1-39 所示，其参数及数据类型如表 1-6 所示。图 1-40 所示为 TON 逻辑时序图，当参数 IN 从 0 跳变为 1 时，启动 TON 定时器，经过设定的时间 PT 后，输出 *Q*；当 IN 从 1 变为 0 时，*Q* 停止输出。

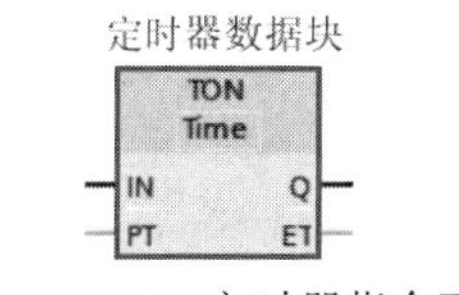

图 1-39　TON 定时器指令形式

表 1-6　TON 定时器参数及数据类型

参数	数据类型	说明
IN	Bool	启用定时器输入
PT	Time	预设的时间值输入
Q	Bool	定时器输出
ET	Time	经过的时间值输出
定时器数据块	DB	指定的定时器存储区域

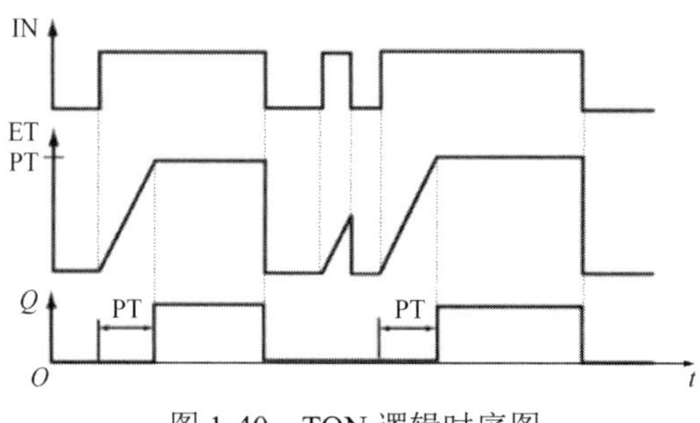

图 1-40　TON 逻辑时序图

PT（预设时间）和 ET（经过的时间）表示“毫秒时间”的有符号双精度整数形式，并存储在存储器中（见表 1-7），默认单位为 ms。Time 数据使用 T#标识符，可以用简单时间单元“T#200ms”或复合时间单元“T#2s_200ms”（或 T#2s200ms）的形式输入。

表 1-7　Time 数据类型

数据类型	大小	有效数值范围
Time	32 位存储形式	T#-24d_20h_31m_23s_648ms 到 T#24d_20h_31m_23s_647ms -2,147,483,648ms 到+2,147,483,647ms

在指令对话框中执行“基本指令”→“定时器操作”→“TON 接通延时”命令，并将其拖到程序段中，如图 1-41 所示，就会跳出一个“调用选项”对话框（见图 1-42），若选择自动编号，则会直接生成数据块；也可以选择手动编号，根据用户需要生成数据块。需要注意的是，图 1-42 中的单实例就是数据块。

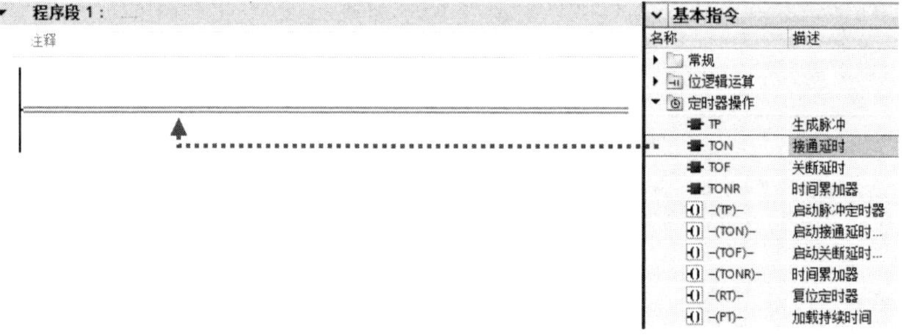

图 1-41　选择 TON 定时器操作

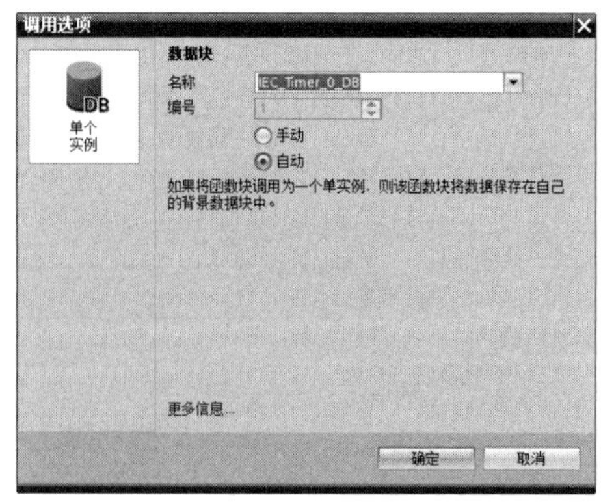

图 1-42　“调用选项”对话框

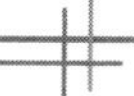

在项目树的“程序块”中，可以看到自动生成的 IEC_Timer_0_DB[DB1]数据块，生成的 TON 指令调用如图 1-43 所示。根据 PLC 寻址方式，可以分别用 DB1.PT、DB1.ET、DB1.IN 和%DB1.Q 来读出输入/输出值。

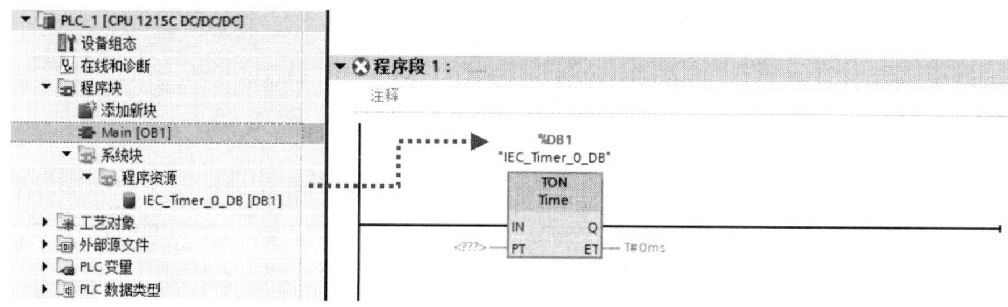

图 1-43　生成的 TON 指令调用

2. TOF 定时器

TOF 定时器的参数与 TON 定时器相同，区别在于 IN 从 1 跳变为 0 后才启动定时器，其逻辑时序图如图 1-44 所示。

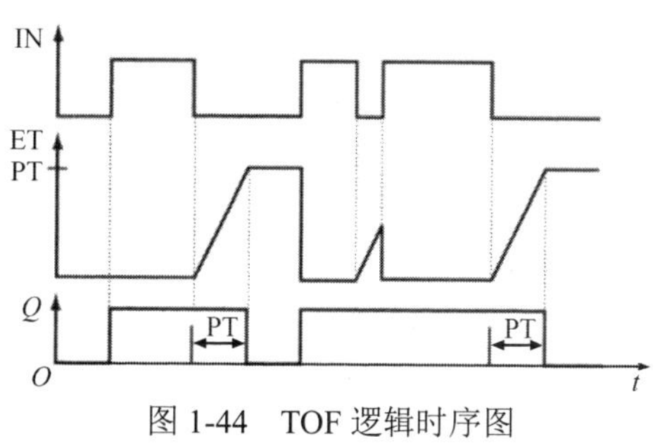

图 1-44　TOF 逻辑时序图

3. TP 定时器

TP 定时器虽然参数格式与 TON、TOF 定时器一致，但含义不同，它是在 IN 从 0 跳变到 1 之后，立即输出一个脉冲信号，且持续长度受 PT 控制。

图 1-45 所示为 TP 逻辑时序图，从图中可以看到：当 IN 还处于“1”状态时，TP 指令输出 Q 在完成 PT 时长后，就不再保持为“1”；当 IN 为多个“脉冲”信号时，输出 Q 也能完成 PT 时长的脉冲宽度。

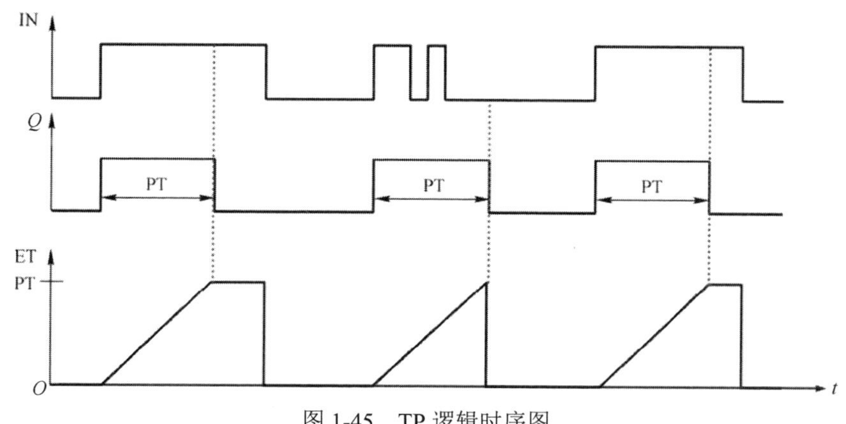

图 1-45　TP 逻辑时序图

4. TONR 定时器

TONR 定时器指令形式如图 1-46 所示，与 TON、TOF、TP 定时器相比增加了参数 R，其参数及数据类型如表 1-8 所示。

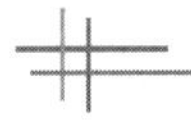

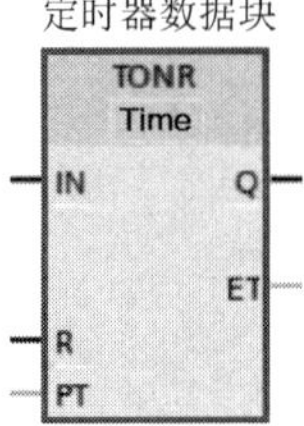

图 1-46　TONR 定时器指令形式

表 1-8　TONR 定时器参数及数据类型

参数	数据类型	说明
IN	Bool	启用定时器输入
R	Bool	将 TONR 经过的时间重置为零
PT	Time	预设的时间值输入
Q	Bool	定时器输出
ET	Time	经过的时间值输出
定时器数据块	DB	指定的定时器存储区域

图 1-47 所示为 TONR 逻辑时序图，当 IN 不连续输入时，ET 一直在累计，直到定时时间 PT 到，ET 保持为 PT；当 *R* 为 ON 时，ET 复位为零。

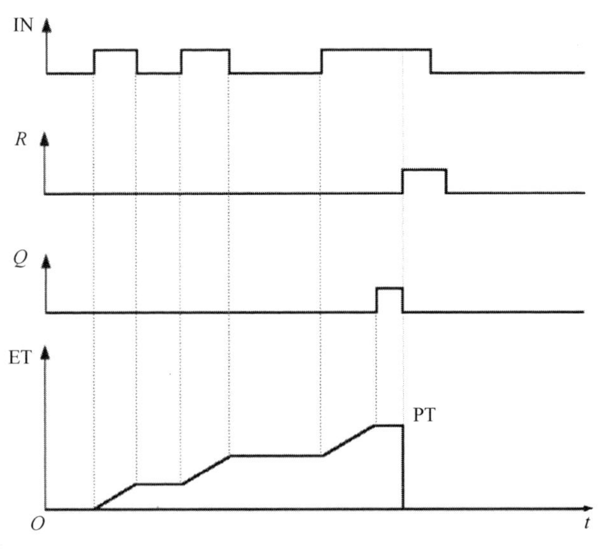

图 1-47　TONR 逻辑时序图

1.2.3　数据块寻址

数据块又称 DB，是用于存储大容量数据的区域。从上述定时器应用中可以看出，每使用一个定时器，都需要相应的数据块作为其 I/O 存储。

数据块绝对位置寻址如图 1-48 所示，以字节为单位可以表示为 DBB0、DBB1、DBB2、DBB3 等；以字为单位可以表示成 DBW0、DBW1 等；以双字为单位可以表示为 DBD0 等；以位为单位可以表示为 DBX4.1、DBX5.2 等。

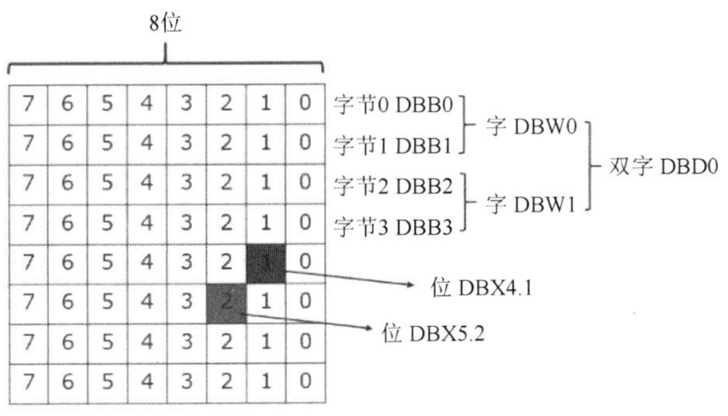

图 1-48　数据块绝对位置寻址

举例如下。

DB10.DBX4.2 表示数据块 DB10 中的第 4 个数据字节 DBB4 中的第 3 个数据位；

DB10.DBB4 表示数据块 DB10 中的第 4 个数据字节 DBB4；

DB10.DBW4 表示数据块 DB10 中的第 4 个数据字 DBW4；

DB10.DBD4 表示数据块 DB10 中的第 4 个数据双字节 DBD4。

除了绝对位置寻址，还可以采用符号寻址，如定时器数据块的 I/O 寻址。

扫一扫 看微课

1.2.4　系统和时钟存储器

S7-1200 除了使用 TON 等定时器指令，还有一种系统和时钟存储器，用于用户固定的时间控制。例如，每次 PLC 上电后只出现一次信号、始终为 ON 或 OFF 信号、定时周期 0.5s 或 1s 脉冲信号等。要使用该功能，必须在图 1-49 中选择 PLC 属性中的“系统和时钟存储器”选项，勾选“启用系统存储器字节”和“启用时钟存储器字节”复选框，采用默认的 MB1、MB0 作为系统存储器字节、时钟存储器字节，也可以修改这两个字节的地址。

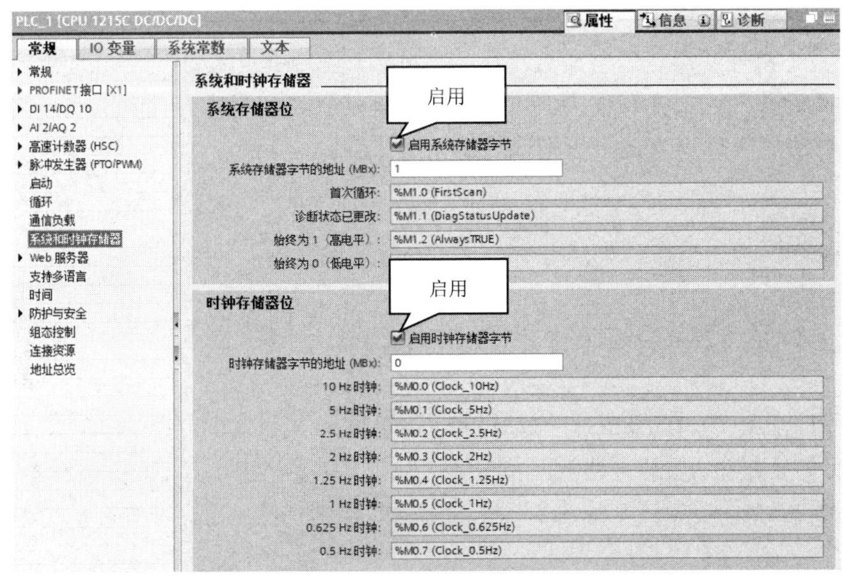

图 1-49　系统和时钟存储器

（1）系统存储器位。将 MB1 设置为系统存储器字节后，该字节的 M1.0～M1.3 辅助继电器含义如表 1-9 所示。

表 1-9 系统存储器位辅助继电器含义

辅助继电器	变量定义	含义
M1.0	FirstScan	仅在进入 RUN 模式的首次扫描时为 1 状态，以后都为 0 状态
M1.1	DiagStatusUpdate	诊断状态已更改
M1.2	Always TRUE	总是为 1 状态，其常开触点总是闭合或高电平，可以用任意一个中间变量的常开和常闭触点的并联来实现。
M1.3	Always FALSE	总是为 0 状态，就是 M1.2 的取反

（2）时钟存储器位。时钟存储器位是指在一个周期内 0 状态和 1 状态所占的时间各为 50%的方波信号。以 M0.5 为例，其时钟脉冲周期为 1s，如果用它的触点来控制接在某输出点的指示灯，那么指示灯将以 1Hz 的频率闪动，亮 0.5s，熄灭 0.5s。因为系统和时钟存储器不是保留的存储器，所以用户程序或通信可能改写系统和时钟存储器，破坏其中的数据。表 1-10 所示为时钟存储器位辅助继电器含义。

表 1-10 时钟存储器位辅助继电器含义

辅助继电器	变量定义	含义
M0.0	Clock_10Hz	10Hz 时钟
M0.1	Clock_5Hz	5Hz 时钟
M0.2	Clock_2.5Hz	2.5Hz 时钟
M0.3	Clock_2Hz	2Hz 时钟
M0.4	Clock_1.25Hz	1.25Hz 时钟
M0.5	Clock_1Hz	1Hz 时钟
M0.6	Clock_0.625Hz	0.625Hz 时钟
M0.7	Clock_0.5Hz	0.5Hz 时钟

指定了系统和时钟存储器字节后，这些字节不能再做他用，否则将会使用户程序运行出错，甚至造成设备损坏或人身伤害。需要注意的是，系统和时钟存储器一旦启用后，就必须重新编译硬件配置并进行下载，否则该功能无法使用。

扫一扫 看微课

1.2.5 PLC I/O 分配和控制电路接线

分析三相异步电动机的星/三角启动过程，可以选择 S7-1200 CPU1215C DC/DC/DC，且外接启动按钮、停止按钮、热继电器故障信号三个输入，并外接指示灯 HL1、接触器 KM1～KM3 的中间继电器 KA1～KA3 四个输出。表 1-11 所示为电动机星/三角启动的 I/O 分配。

表 1-11　电动机星/三角启动的 I/O 分配

输入	功能	输出	功能
I0.0	SB1/停止按钮（常闭）	Q0.0	HL1/指示灯
I0.1	SB2/启动按钮（常开）	Q0.1	KA1/接触器 KM1
I0.2	FR/热继电器故障信号（常闭）	Q0.2	KA2/接触器 KM2
		Q0.3	KA3/接触器 KM3

图 1-50 所示为 PLC 电气接线示意图，从图中可以看出，这里选择接触器的线圈仍为交流 220V。若为交流 380V，则需要更改进线电源 L1/N 为 L1/L2；采用中间继电器 KA1～KA3 分别来控制接触器 KM1～KM3。

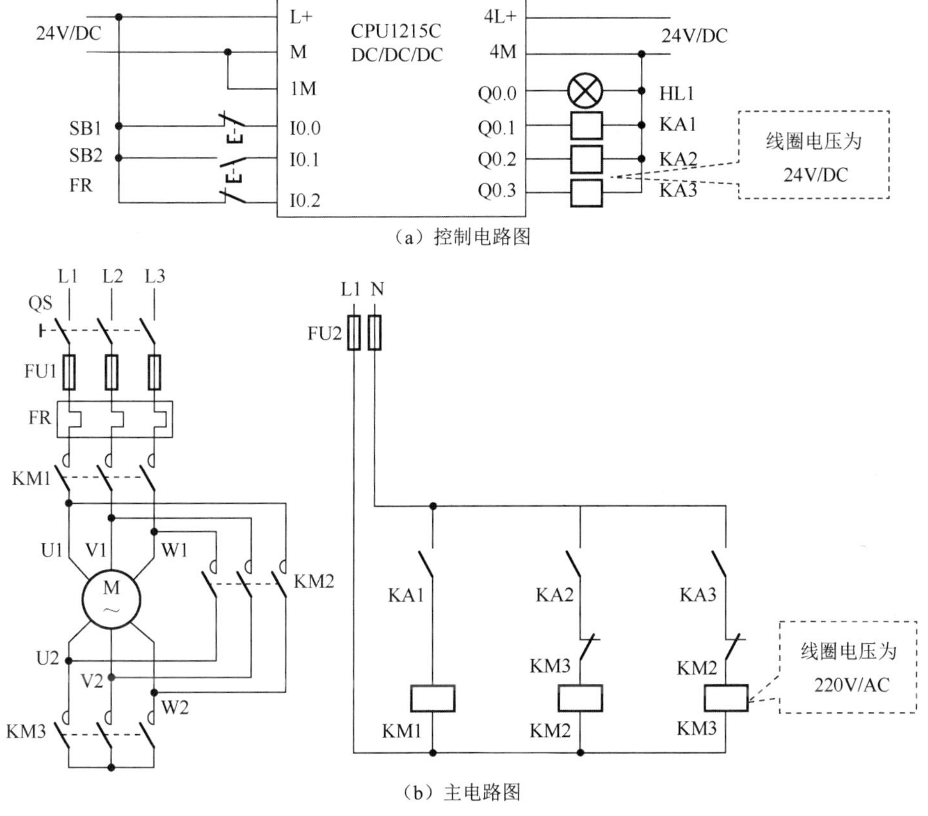

（a）控制电路图

（b）主电路图

图 1-50　PLC 电气接线示意图

1.2.6　PLC 软件编程步骤

PLC 软件编程步骤如下。

（1）创建新项目（命名为任务 1.2）。

（2）设备组态（选择 CPU1215C DC/DC/DC）。

（3）硬件配置（IP 地址设置、启用系统和时钟存储器等）。

（4）变量定义。图 1-51 所示为变量说明，包括输入、输出变量。

名称	变量表	数据类型	地址
停止按钮SB1	默认变量表	Bool	%I0.0
启动按钮SB2	默认变量表	Bool	%I0.1
热继电器FR	默认变量表	Bool	%I0.2
故障指示灯HL1	默认变量表	Bool	%Q0.0
控制主接触器继电器KA1	默认变量表	Bool	%Q0.1
控制三角形接触器继电器KA2	默认变量表	Bool	%Q0.2
控制星形接触器继电器KA3	默认变量表	Bool	%Q0.3

图 1-51　变量说明

（5）梯形图编程。

图 1-52 所示为梯形图，程序解释如下。

程序段 1：电动机主接触器自锁回路，启动按钮与主接触器的触点信号形成自锁，按下停止按钮或热继电器动作时，自锁解除。在延时 6s 未到时，星形接触器动作，实施星形运行；为确保星形接触器和三角形接触器切换不出故障，控制电路中需要进行信号互锁。

程序段 2：主接触器闭合时，开始延时 6s，在延时 6s 到达之后，实施三角形运行。

程序段 3：热继电器动作时，与时钟存储器 M0.5 进行串联，故障指示灯闪烁。

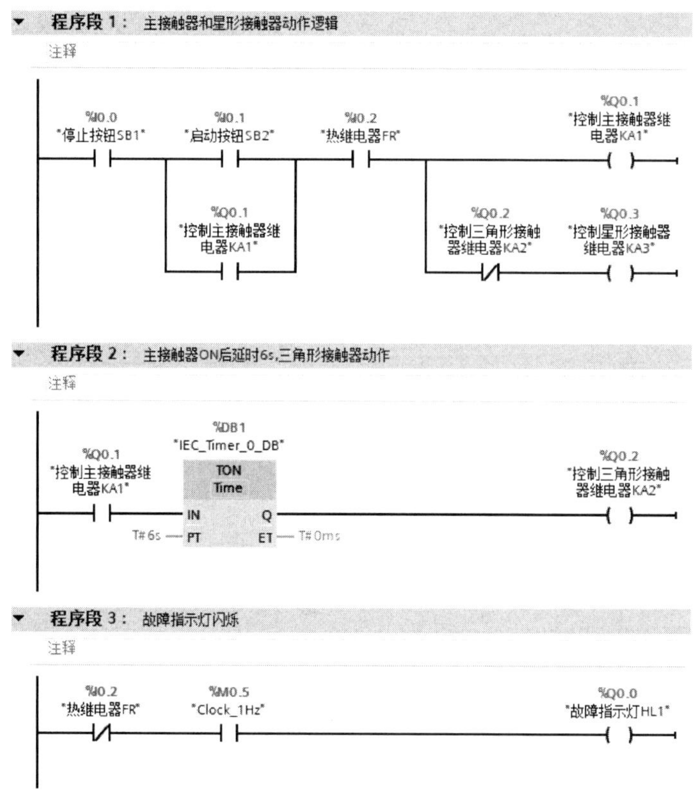

图 1-52　定时器编程改造传统电动机星/三角启动的梯形图

1.2.7　PLC 梯形图程序调试

将 PLC 程序下载后，分为两种情况进行监视：图 1-53（a）表示启动按钮动作后，主接触器和星形接触器为 ON，此时定时器开始 6s 计时；计时到达后，就到了图 1-53（b）的状态，三角形接触器为 ON，而星形接触器为 OFF。

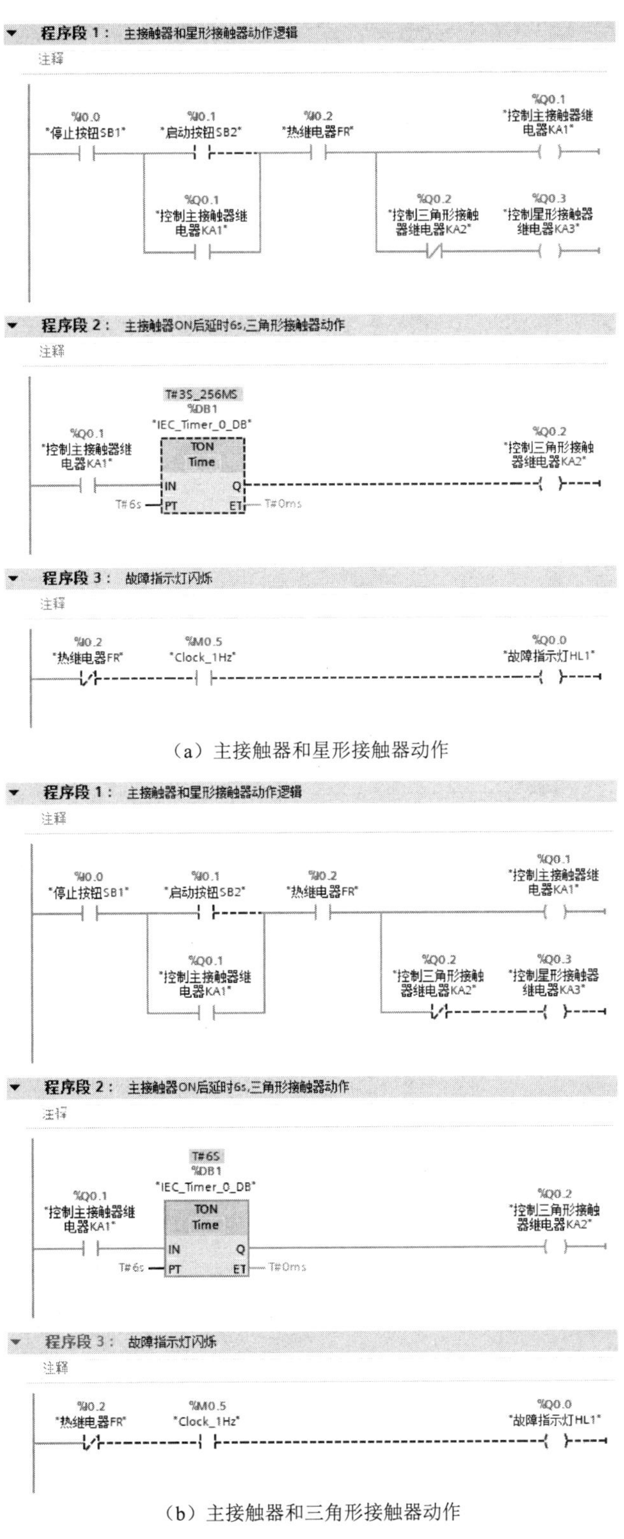

（a）主接触器和星形接触器动作

（b）主接触器和三角形接触器动作

图 1-53　梯形图定时监视

任务评价

按要求完成考核任务 1.2，评分标准如表 1-12 所示，具体配分可以根据实际考评情况进行调整。

表 1-12　评分标准

序号	考核项目	考核内容及要求	配分	得分
1	职业道德与课程思政	遵守安全操作规程，设置安全措施； 认真负责，团结合作，对实操任务充满热情； 正确认识我国智能制造的 4 项重点任务	15%	
2	系统方案制定	PLC 控制方案合理	20%	
		正确选用定时器软元件		
		能区分传统定时器电路与 PLC 控制电路图		
3	编程能力	独立完成 PLC 硬件配置	20%	
		独立完成 PLC 梯形图编程		
4	操作能力	根据电气接线图正确接线，美观且可靠	20%	
		正确输入程序并进行程序调试		
		根据系统功能进行正确操作演示		
5	实践效果	系统工作可靠，满足工作要求	15%	
		PLC 变量命名规范		
		按规定的时间完成任务		
6	创新实践	在本任务中有另辟蹊径、独树一帜的实践内容	10%	
合计			100%	

任务 1.3　电动机循环计数控制

任务描述

图 1-54 所示为某生产线上应用的电动机循环计数控制示意图，任务要求如下。

（1）PLC 上电，将计数次数设为零。按下启动按钮 A，电动机运行，定时 20s 后，自动停机 10s；再次运行 20s，停 10s；按照这个运行周期循环进行 5 次后自动停机，指示灯亮表示计数满。

（2）按下停止按钮 B，电动机停机，计数次数清零。

（3）热继电器故障后，在同一个指示灯处闪烁。

（4）正确绘制 PLC 控制的电气接线，并完成线路装接后上电。

（5）完成 PLC 的硬件配置和软件编程，并下载程序到实体 PLC，调试循环计数控制功能。

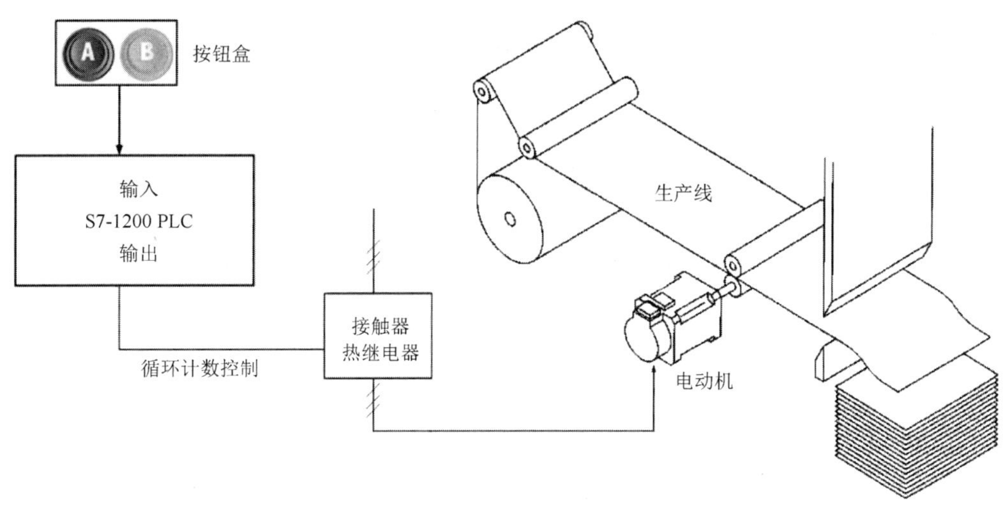

图 1-54　任务 1.3 控制示意图

1.3.1　扫描周期定义与边沿检测

1. 扫描周期定义

当 PLC 投入运行后，其工作过程一般分为 3 个阶段，即输入采样刷新、用户程序执行和输出刷新（见图 1-55），完成上述 3 个阶段称为一个扫描周期。在整个运行期间，PLC 以一定的扫描速度重复执行上述 3 个阶段。

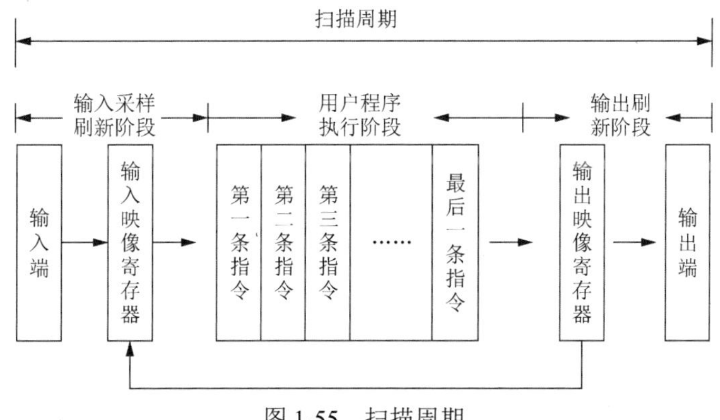

图 1-55　扫描周期

2. 边沿检测

在 S7-1200 的边沿检测指令中，-|P|-指令表示上升沿触点输入信号；-|N|-指令表示下降沿触点输入信号；（P）指令表示置位脉冲操作；（N）指令表示复位脉冲操作，该输出为一个扫描周期。图 1-56 所示为边沿检测示意。

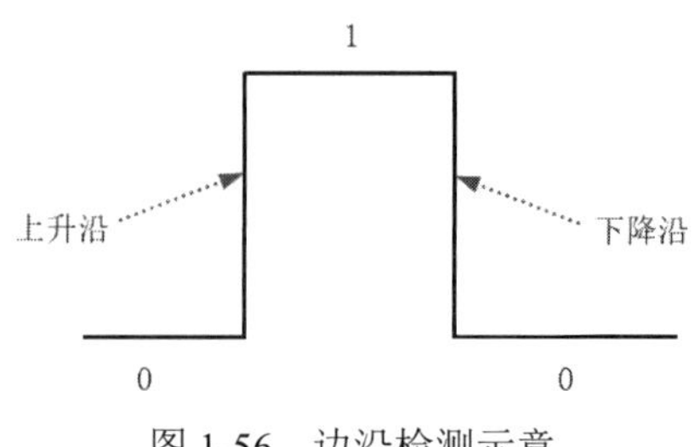

图 1-56　边沿检测示意

1.3.2　计数器指令与相关数据类型

扫一扫看微课

1. 指令概述

S7-1200 有三种计数器：加计数器（CTU）、减计数器（CTD）和加减计数器（CTUD），如图 1-57 所示。表 1-13 所示为计数器参数说明。

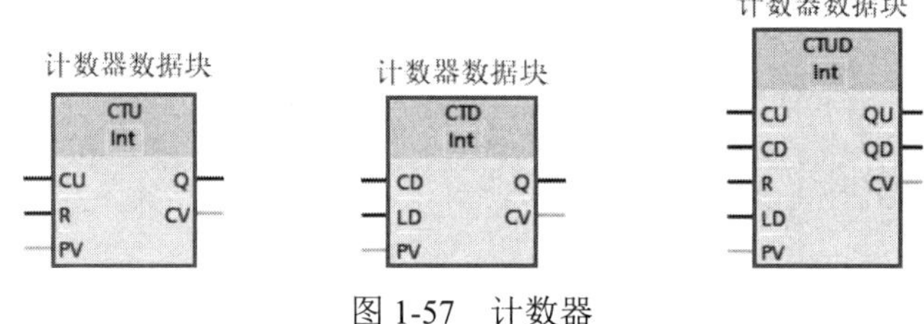

图 1-57　计数器

表 1-13　计数器参数说明

参数	数据类型	说明
CU、CD	Bool	加计数或减计数，按加 1 或减 1 计数
R（CTU、CTUD）	Bool	将计数值重置为零
LD（CTD、CTUD）	Bool	预设值的装载控制
PV	SInt、Int、DInt、USInt、UInt、UDInt	预设值
Q、QU	Bool	CV≥PV 时为真
QD	Bool	CV≤0 时为真
CV	SInt、Int、DInt、USInt、UInt、UDInt	当前计数值

2. 计数器指令相关数据类型

（1）布尔型数据类型。

布尔型数据类型，即 Bool，该数据类型是“位”（bit），可被赋予“TRUE”真（1）或“FALSE”假（0），占用 1 位存储空间。

（2）整型数据类型。

整型数据类型有 Byte（字节）、Word（字）、DWord（双字）、SInt（有符号短整数）、USInt（无符号短整数）、Int（整数）、UInt（无符号整数）、DInt（双整数）和 UDInt（无符号双整数）等。

3. 计数器调用选项

使用任意一种计数器，都可以如图 1-58 所示将指令拖入程序块，同时带来数据块调用选项，如 IEC_Counter_0_DB。

基本指令		
名称	描述	版本
常规		
位逻辑运算		V1.0
定时器操作		V1.0
计数器操作		V1.0
CTU	加计数	V1.0
CTD	减计数	V1.0
CTUD	加减计数	V1.0

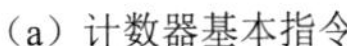
（a）计数器基本指令

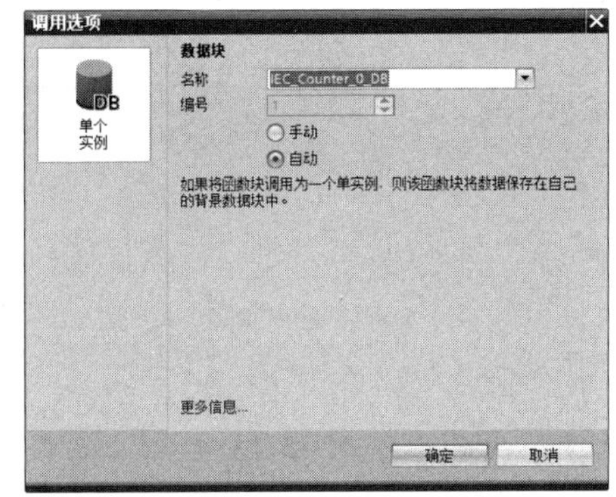

（b）调用选项

图 1-58　计数器基本指令与背景数据块调用选项

1.3.3　CTU 指令应用

图 1-59 所示为 CTU 时序图。当参数 CU 从 0 变为 1 时，CTU 计数值 CV 加 1。如果参数 CV 大于或等于预设值参数 PV（图中为 3），那么计数器输出参数 *Q*= 1。如果复位参数 *R* 从 0 变为 1，那么当前计数值复位为 0。

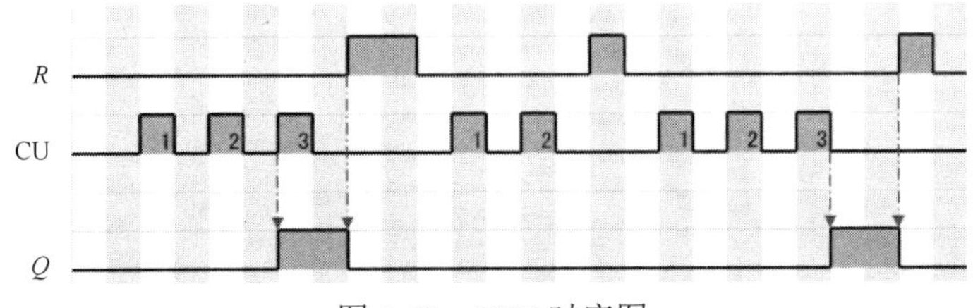

图 1-59　CTU 时序图

图 1-60 所示为 CTU 的应用示意，即在输送带上的物品经过光电开关（发射端）与光电开关（接收端）的感应区域时，PLC 端就会接收到相应信号，当计数值达到预设值 4 时，指示灯就会亮起；按下复位按钮后，PLC 会重新计数。图 1-61 所示为 CTU 的应用程序。

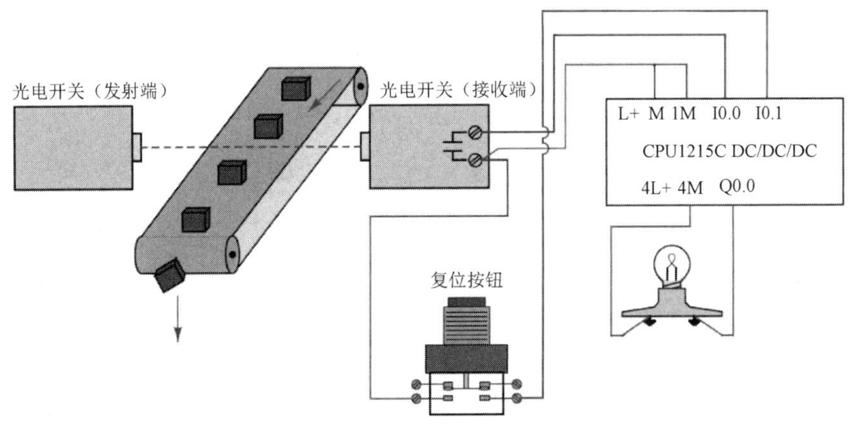

图 1-60　CTU 的应用示意

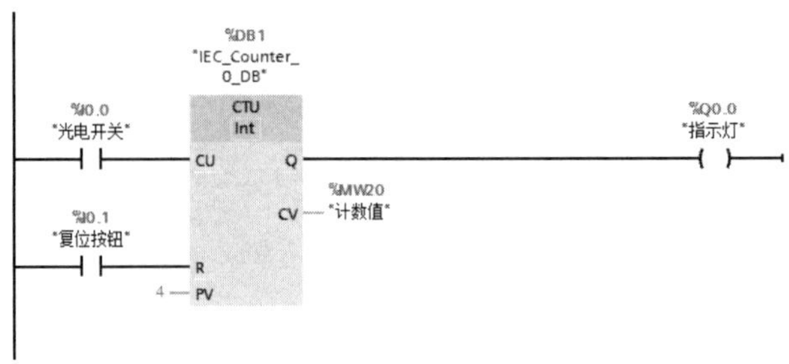

图 1-61　CTU 的应用程序

1.3.4　CTD 指令应用

图 1-62 所示为 CTD 的梯形图，它可以直接从 CTU 修改指令为 CTD 而来。当 I0.0（参数 CD）从 0 变为 1 时，CTD 计数值 MW20 减 1。如果参数 CV（当前计数值）小于或等于 0，那么计数器输出参数 *Q*=1。如果参数 LD 从 0 变为 1，那么参数 PV（预设值）将作为新的 CV（当前计数值）装载到计数器。图 1-63 所示为 CTD 时序图。

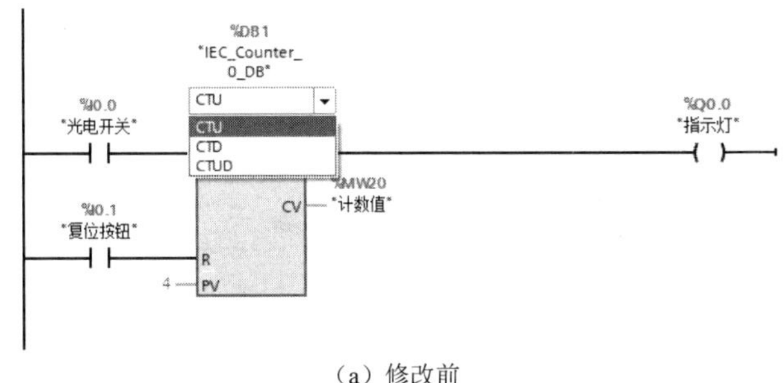

（a）修改前

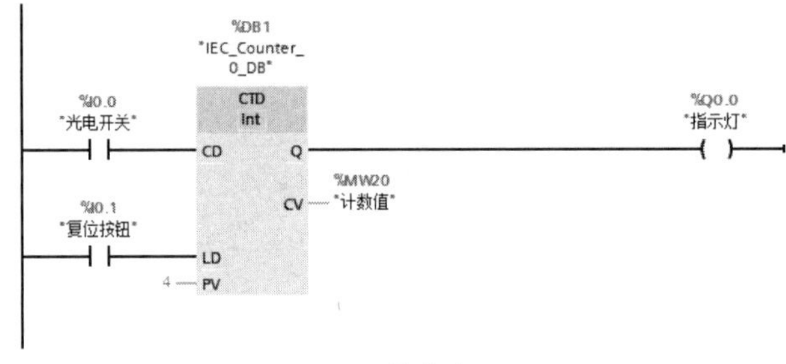

（b）修改后

图 1-62　CTD 的梯形图

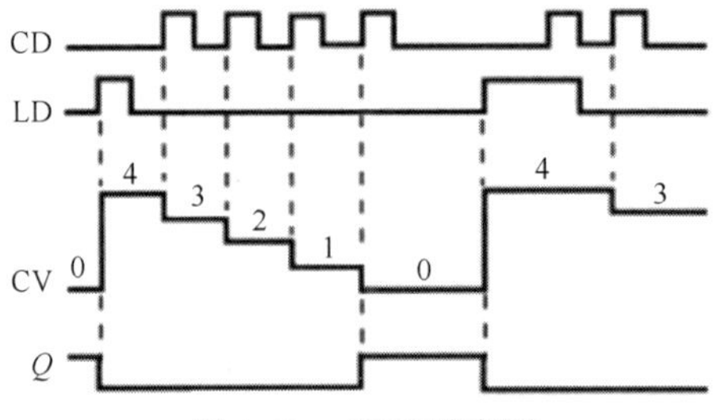

图 1-63　CTU 时序图

1.3.5　CTUD 指令应用

图 1-64 所示为 CTUD 的应用示意。图 1-65 所示为 CTUD 的梯形图。当 A 相超前 B 相或 A 相落后于 B 相的信号从 0 跳变为 1 时，CTUD 计数值加 1 或减 1。如果参数 CV（当前计数值）大于或等于参数 PV（预设值），那么计数器输出参数 QU=1；如果参数 CV 小于或等于零，那么计数器输出参数 QD=1。如果 I0.3（参数 LD）从 0 变为 1，那么参数 PV（预设值）将作为新的 CV（当前计数值）装载到计数器；如果 I0.2（复位参数 R）从 0 变为 1，那么当前计数值复位为 0。图 1-66 所示为 CTUD 时序图。

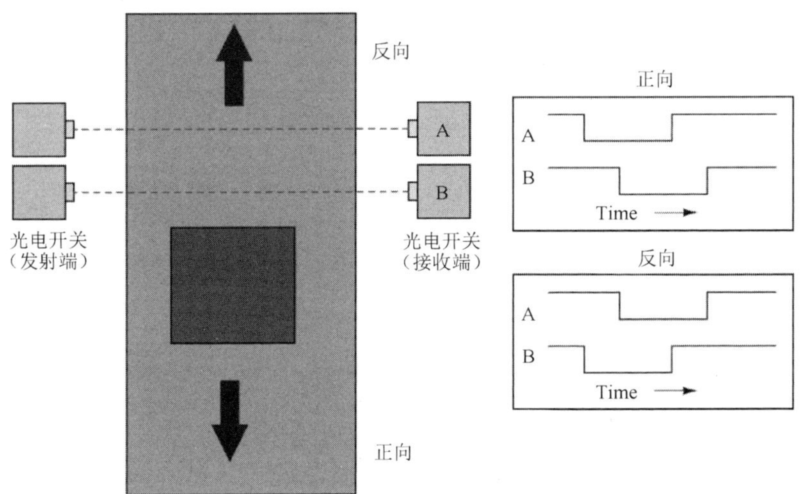

图 1-64　CTUD 的应用示意

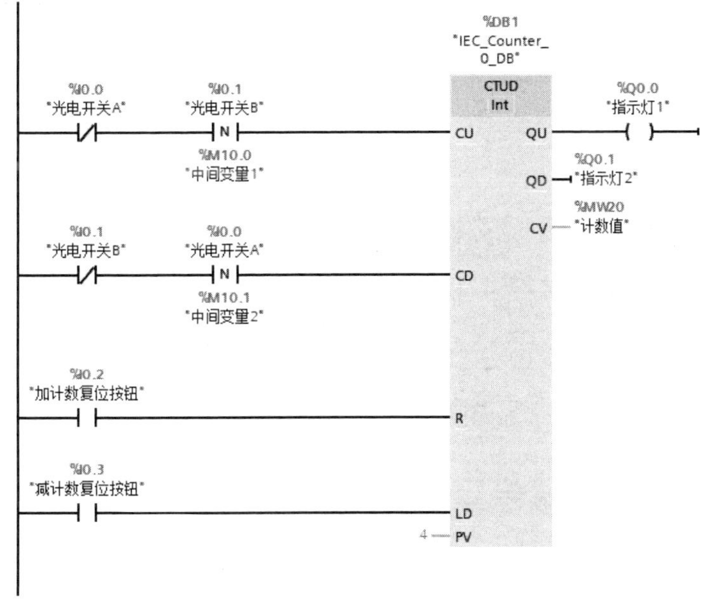

图 1-65　CTUD 的梯形图

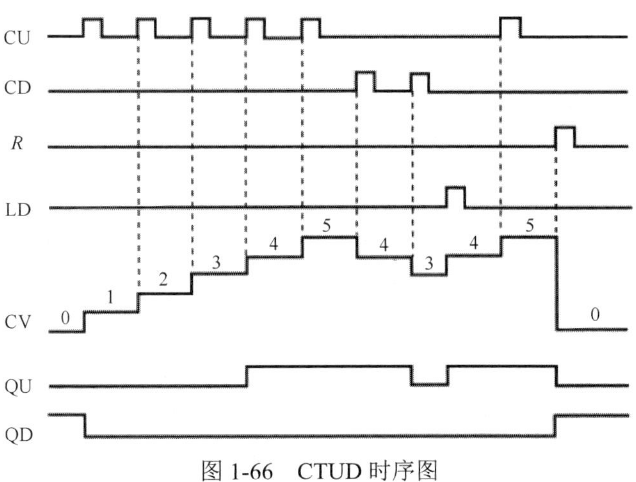

图 1-66　CTUD 时序图

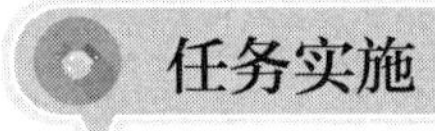

扫一扫看微课

1.3.6　PLC I/O 分配与控制电路接线

表 1-14 所示为 I/O 变量定义。

表 1-14　I/O 变量定义

输入	功能	输出	功能
I0.0	SB1/停止按钮（常闭）	Q0.0	HL1/指示灯
I0.1	SB2/启动按钮（常开）	Q0.1	KA1/控制接触器 KM1
I0.3	FR/热继电器故障信号（常闭）		

图 1-67 所示为 PLC 接线原理图，主电路不再赘述，请参考任务 1.1。

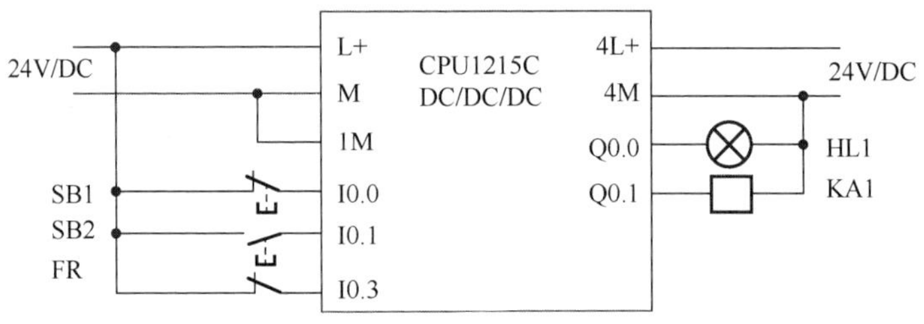

图 1-67　PLC 接线原理图

1.3.7　PLC 梯形图编程

1．变量说明

变量说明如表 1-15 所示，I/O 变量定义与硬件接线一致，M10.0～M10.5 为中间变量，其中 M10.0 为下降沿变量，它在 PLC 程序中比较常见，如电动机的启动、停止、故障、计数等信号的捕捉都是通过边沿信号实现的；M10.1 为计数满变量，用于处理计数满之后相关变量的置位、复位；M10.2 为复位变量，由上电初始化信号或复位按钮信号产生；M10.3 为运行中间变量，表示在该计数周期内，无论控制接触器是 ON 还是 OFF，该变量一直是 ON；M10.4 和 M10.5 组合成一个循环周期，即 ON 为 20s，OFF 为 10s，通过定时器来实现。

表 1-15　变量说明

序号	名称	数据类型	地址
1	停止/复位按钮 SB1	Bool	I0.0
2	启动按钮 SB2	Bool	I0.1
3	热继电器 FR	Bool	I0.3
4	指示灯	Bool	Q0.0
5	控制接触器	Bool	Q0.1
6	下降沿变量	Bool	M10.0
7	计数满变量	Bool	M10.1
8	复位变量	Bool	M10.2
9	运行中间变量	Bool	M10.3
10	循环 ON 变量	Bool	M10.4
11	循环 OFF 变量	Bool	M10.5

2．程序编写说明

图 1-68 所示为梯形图，具体解释如下。

程序段 1：上电初始化 M1.0 信号为 ON，或者停止/复位按钮动作后，复位变量 M10.2 为 ON，同时复位运行中间变量 M10.3。

程序段 2：控制接触器从 ON 变为 OFF 后的下降沿信号作为 CTU 的输入 CU，设定 PV=5，复位变量 M10.2 作为 R 信号。当计数满之后，相应的 M10.1 变量为 ON，同时复位运行中间变量 M10.3。

程序段 3：启动按钮运行逻辑，即在计数未满、热继电器未动作时，置位运行变量 M10.3。

程序段 4：定时 20s 和定时 10s 的逻辑是通过两个定时器组合实现循环 ON 变量和循环 OFF 变量的交替的。

程序段 5：输出控制接触器。

程序段 6：计数满指示灯常亮和热继电器故障闪烁是并联输出的。

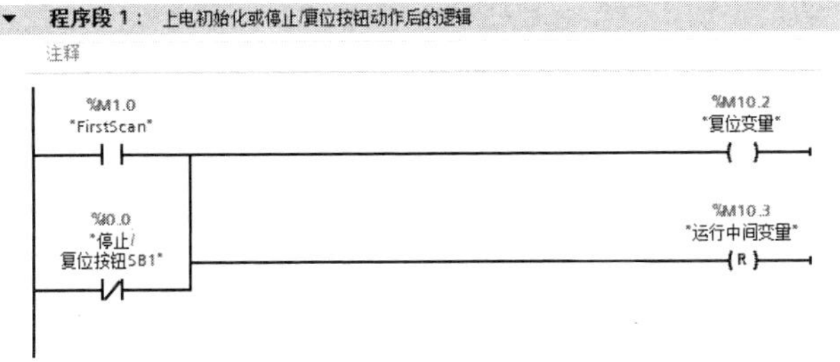

图 1-68　梯形图

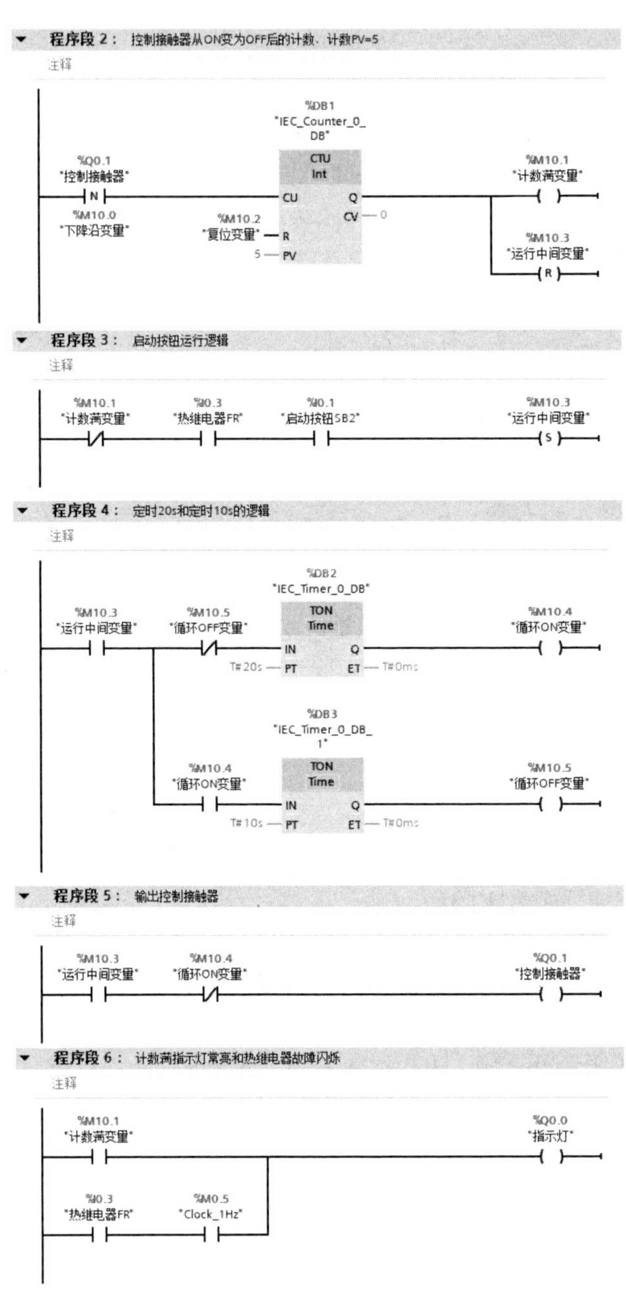

图 1-68　梯形图程序（续）

任务评价

按要求完成考核任务 1.3，评分标准如表 1-16 所示，具体配分可以根据实际考评情况进行调整。

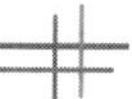

表 1-16　评分标准

序号	考核项目	考核内容及要求	配分	得分
1	职业道德与课程思政	遵守安全操作规程，设置安全措施； 认真负责，团结合作，对实操任务充满热情； 正确认识我国智能制造的 4 项重点任务	15%	
2	系统方案制定	PLC 控制方案合理	20%	
		正确选用计数器软元件		
		PLC 控制电路图正确		
3	编程能力	独立完成 PLC 硬件配置	15%	
		充分体验复杂逻辑并进行编程		
4	操作能力	根据电气接线图正确接线，美观且可靠	20%	
		正确输入程序并进行程序调试		
		根据系统功能进行正确操作演示		
5	实践效果	系统工作可靠，满足工作要求	20%	
		输入/输出和中间变量命名规范，容易辨识		
		按规定的时间完成任务		
6	创新实践	在本任务中有另辟蹊径、独树一帜的实践内容	10%	
合计			100%	

拓展阅读

制造业是数字化转型的主战场，更是我国构筑未来发展战略优势的重要支撑。国家“十四五”规划中明确指出，未来制造业要以智能制造为主攻方向，以数字化转型为主要抓手，推动工业互联网创新发展，培育融合发展新模式、新业态，加快重点行业领域数字化转型，激发企业融合发展活力，打造数据驱动、软件定义、平台支撑、服务增值、智能主导的现代化产业体系，全面推进产业基础高级化、产业链现代化，为实现“新四化”的战略目标奠定坚实基础。在此背景下，各地都明确提出，深化推广数字化应用，开拓转型升级新路径，具体如下：一是建设智能制造示范工厂，开展场景、车间、工厂、供应链等多层级的应用示范，培育推广智能化设计、网络协同制造、大规模个性化定制、共享制造、智能运维服务等新模式；二是推进中小企业数字化转型，实施中小企业数字化促进工程，加快专精特新“小巨人”企业智能制造发展；三是拓展智能制造业应用，针对细分行业特点和痛点，制定实施路线图，建设行业转型促进机构，组织开展经验交流和供需对接等活动，引导各行业加快数字化转型、智能化升级；四是促进区域智能制造发展，鼓励探索各具特色的区域发展路径，加快智能制造进集群、进园区，支持建设一批智能制造先行区。

思考与练习

习题 1.1　在图 1-69 中，S7-1200 CPU1215C DC/DC/DC 外接了 2 个按钮（按钮 SB1、按钮 SB2）、1 个选择开关（自动/手动切换 SA1）、2 个限位开关（左限位开关 LS1、右限位开关 LS2）和 2 个接触器（右行接触器 KM1、左行接触器 KM2）来实现往复式平台的右行、左行，请绘制电气接线图，列出 I/O 分配表，并编写程序实现如下功能：（1）当 SA1 为手动时，按钮 SB1 为左行点动，当平台运行到左限位开关时自动停机；按钮 SB2 为右行点动，当平台运行到右限位开关时自动停机。（2）当 SA1 为自动时，按下按钮 SB1，平台先右行，碰到右限位开关后自动反转到左行，再碰到左限位开关后自动反转到右行，依次循环，直至按下按钮 SB2。

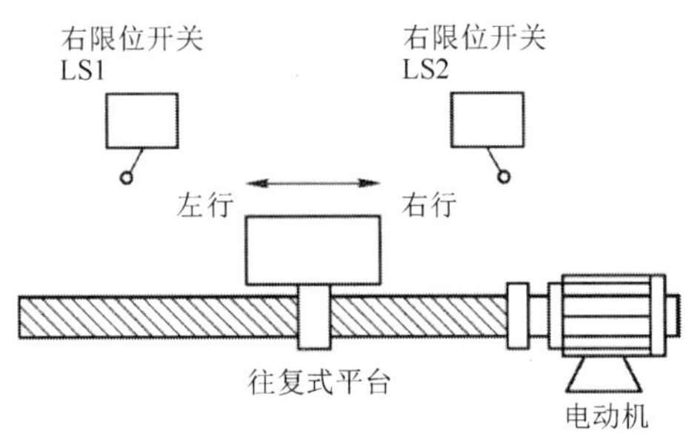

图 1-69　习题 1.1 图

习题 1.2　有两盏（1#和 2#）彩灯，当按下开始按钮时，彩灯 1#亮，10s 后熄灭，同时彩灯 2#亮，8s 后熄灭，彩灯 1#又亮。按此循环，当按下停止按钮时，彩灯全部熄灭。请绘制电气接线图，列出 I/O 分配表，并编写程序实现该功能。

习题 1.3　图 1-70 所示为按时间顺序控制三相交流异步电动机的电气原理图，请用 S7-1200 PLC 进行控制电路改造，绘制电气接线图，列出 I/O 分配表，并编写程序实现该功能。

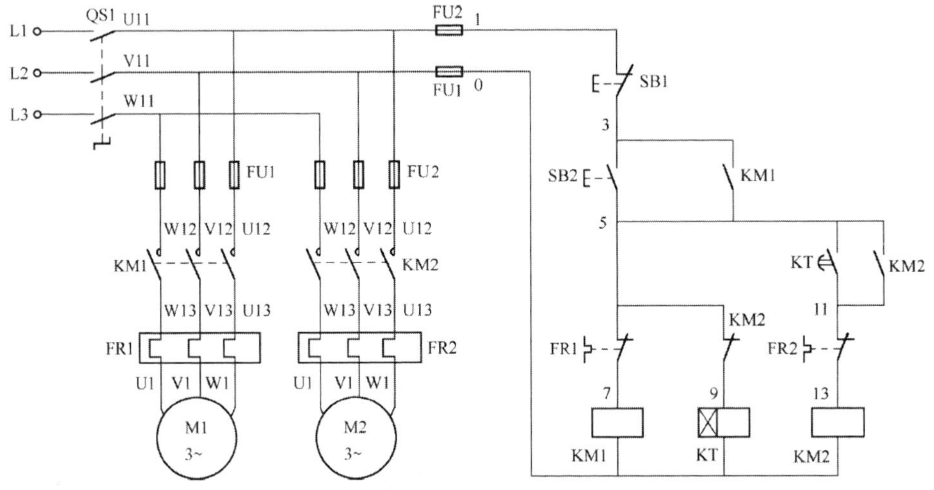

图 1-70　习题 1.3 图

习题 1.4　某人行道设置了按钮 SB1 和 SB2［见图 1-71（a）］，要求按照交通灯变化示意进行控制［见图 1-71（b）］。请画出 S7-1200 的控制线路图，并进行编程。

习题 1.5　在如图 1-69 所示的往复式平台中，增加如下功能：（1）自动运行时，每次在左限位开关或右限位开关处停留的时间设置为 3s。（2）自动运行时，设置来回往复的次数为 5。请编写程序实现该功能。

习题 1.6　某停车场计数控制，分别设有进口道闸和进口车辆感应器、出口道闸和出口车辆感应器。要求当车辆数达到 30 时进行报警闪烁，达到 40 时 STOP 灯亮，进口道闸关闭。请画出 S7-1200 的控制线路图，并进行编程。

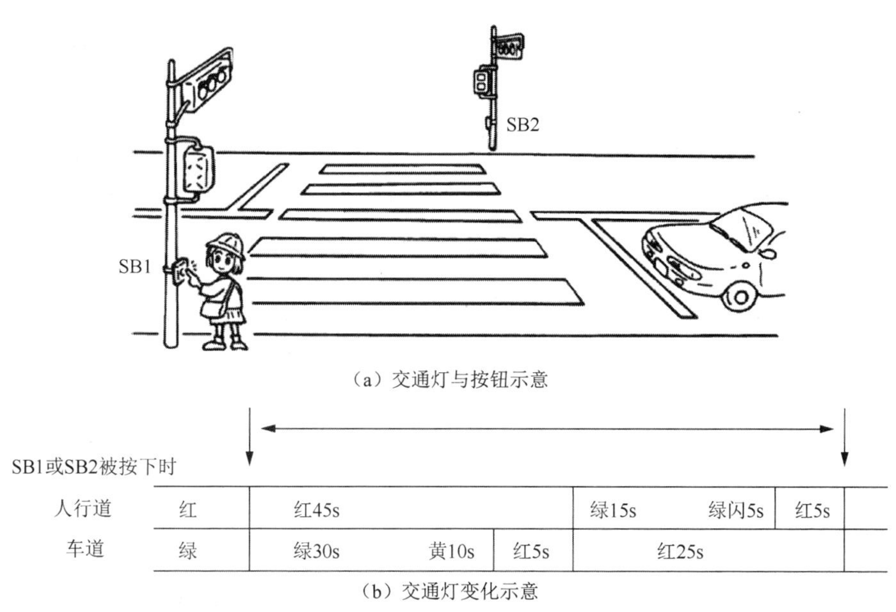

图 1-71　习题 1.4 图

习题 1.7　图 1-72 所示为某生产线，当 BOX 物品放置在输送带上时，按下启动按钮，电动机马上运行；BOX 物品到达最左边时，此时接近开关感应到，输送带立即停机，并进行计数；停机 6s 后，重新启动电动机，运送第 2 个 BOX 物品；当运送到第 10 个时，自动停机。按下紧急停止按钮，输送带停机，并将计数清零。指示灯显示的“运行中”表示在 10 个计数控制中，不管电动机是否运行；“计数满”表示一个循环结束，但未复位清零，此时电动机无法启动。若需要重新启动电动机，则必须按下紧急停止按钮进行计数清零。请画出 S7-1200 的控制线路图，并进行编程。

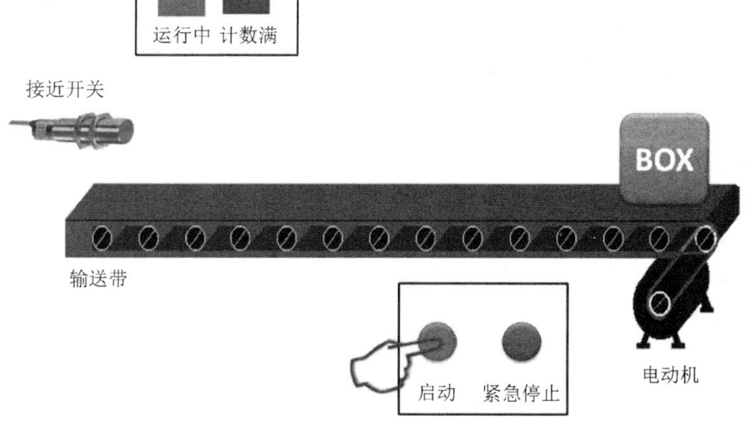

图 1-72　习题 1.7 图

项目 2

S7-1200 PLC 控制输送带物料分拣

项目导读

要完成复杂的自动化任务，首先要定义复杂的数据类型，如 8 位的 Byte、USInt、SInt，16 位的 Word、UInt、Int，32 位的 DWord、UDInt、DInt、Real、Time，以及 64 位的 LReal。除此之外，还需要将主程序分割成与过程工艺功能相对应或可重复使用的子任务，这些子任务在用户程序中用 FC、FB 或 OB 程序块来表示，最终形成结构化编程。有了更多的数据类型和标准化的子任务，就可以让程序结构更简单、更改程序更容易、测试和排错过程更灵活。本项目通过使用步序控制实现输送带物料分拣、使用函数 FC 实现输送带物料分拣和使用函数块 FB 实现输送带物料分拣 3 个任务可以更好地理解 PLC 的复杂编程应用。

知识目标：

了解 PLC 常见数据类型与寻址方式。
熟悉 S7-1200 实现控制的过程。
熟悉 FC、FB 和 OB 的概念与调用过程。
掌握结构化编程的优点和实例应用。

能力目标：

能根据任务要求进行数据类型的定义。
能进行函数 FC 的创建和实例编程。
能进行函数块 FB 的创建和实例编程。
能使用结构化编程思路解决自动化应用案例。

素养目标：

树立一丝不苟的工作态度和对编程精益求精、精雕细琢的精神。
善于利于网络资源学习与智造新技术和 PLC 新产品相关的内容。
增强对自研设备投入重大工程使用的责任感和自豪感。

任务 2.1　使用步序控制实现输送带物料分拣

任务描述

图 2-1 所示为典型输送带分拣机构，某物料经送料装置送入输送带，物料传感器检测到信号后，电动机开始运行；带动物料到推出气缸 1 位置，电动机停止运行，推出气缸 1 动作，推出物料到料箱 1 位置。当物料传感器检测到第 2 个物料时，输送物料到推出气缸 2 位置，推出气缸 2 动作，推出物料到料箱 2 位置。当物料传感器检测到第 3 个物料时，输送物料到推出气缸 3 位置，推出气缸 3 动作，推出物料到料箱 3 位置。当物料传感器检测到第 4 个物料时，推出气缸 1 动作，依次循环。

任务要求如下。

（1）能正确完成 PLC 控制的电气接线。

（2）能完成气路图的安装。

（3）能使用步序控制编程方式实现复杂程序的编写。

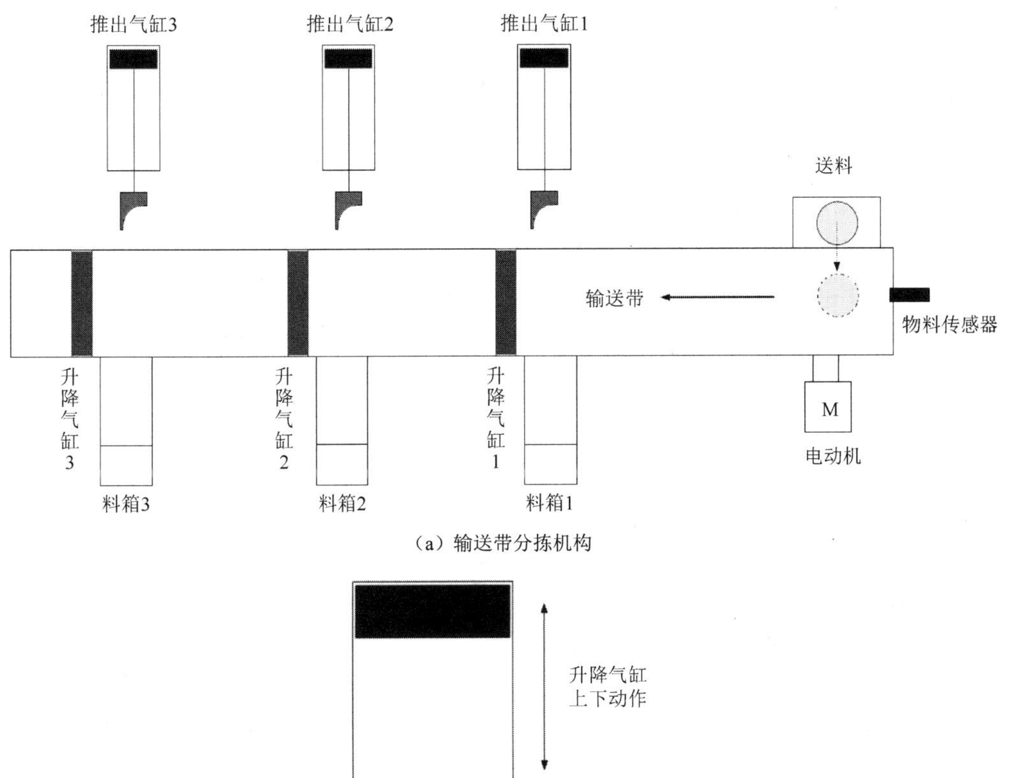

图 2-1　任务 2.1 控制示意图

扫一扫

看微课

2.1.1 常见数据类型与寻址

数据类型是 PLC 程序中出现的与变量紧密联系的数据形式，用于指定数据元素的大小及如何解释数据。在定义变量时，需要设置它的数据类型，每个指令参数至少支持一种数据类型，而有些参数支持多种数据类型。

常见数据类型如表 2-1 所示，包括 1 位的 Bool，8 位的 Byte、USint、SInt，16 位的 Word、UInt、Int，32 位的 DWord、UDInt、DInt、Real、Time，64 位的 LReal。

表 2-1 常见数据类型

数据类型	长度/位	数值范围	常数示例	地址示例
Bool	1	0 或 1	1	I1.0 、 Q0.1 、 M50.7 、 DB1. DBX2.3、Tag_name
Byte	8	2#0 到 2#1111_1111	2#1000_1001	IB2、MB10、DB1. DBB4、Tag_name
Word	16	2#0 到 2#1111_1111_1111_1111	2#1101_0010_100__0110	IB2、MB10、DB1. DBB4、Tag_name
DWord	32	2#0 到 2#1111_1111_1111_1111_1111_1111_1111_1111	2#1101_0100_1111_1110_1000_1100	MW10、DB1. DBW2、Tag_name
USInt	8	0 到 255	78，2#01001110	MD10 DB1. DBD8 Tag_name
SInt	8	-128 到 127	+50，16#50	MB0、DB1. DBB4、Tag_name
UInt	16	0 到 65535	65295，0	MB0、DB1. DBB4、Tag_name
Int	16	-32768 到 32767	-30000，+30000	MW2、DB1. DBW2、Tag_name
UDInt	32	0 到 4294967295	4042322160	MW2、DB1. DBW2、Tag_name
DInt	32	-2147483648 到 2147483647	-2131754992	MD6、DB1. DBD8、Tag_name
Real	32	-3.402823e+38 到-1.175495e-38、0、+1.175495e-38 到+3.402823e+38	123.456，-3.4，1.0e-5	MD6、DB1. DBD8、Tag_name
LReal	64	-1.7976931348623158e +308 到-2.2250738585072014e-308、0、+2.2250738585072014e-308 到+1.797693.1348623158e+ 308	12345.123456789e40、1.2e+40	MD100、DB1. DBD8、Tag_name
Time	32	T#-24d_20h_31m_23s_648ms 到 T#24d_20h_31m_23s_647ms	T#5m_30s T#1d_2h_15m_30s_45ms Time#10d20h30m20s630ms	DB_name. var_name

在计算机系统中，所有数据都是以二进制形式进行存储的，整数一律用补码来表示和存储，并且正整数的补码为原码；负整数的补码为绝对值的反码加 1。USInt、UInt、UDInt 数据类型为无符号整数；SInt、Int、DInt 数据类型为有符号整数，最高位为符号位，符号位为“0”表示正整数，符号位为“1”表示负整数。

浮点数分为 Real（32 位）和 LReal（64 位），不一样的存储长度，其记录的数据值的精度不一样。其中最高位为符号位，符号位为“0”表示正实数，符号位为“1”表示负实数。

上述数据类型可以存放在过程映像输入 I 区、过程映像输出 Q 区、位存储器 M 区和数据块 DB 区等 PLC 地址区，地址区的说明如表 2-2 所示。每个存储单元都有唯一的地址，用户程序可以利用这些地址访问存储单元中的信息。

绝对地址由以下几种元素组成。

（1）地址区助记符，如 I、Q 或 M。

（2）要访问数据的单位，如“B”表示 Byte、“W”表示 Word、“D”表示 DWord。

（3）数据地址，如 Byte 3、Word 3。

表 2-2　地址区的说明

地址区	可以访问的地址单位	符号	说明
过程映像输入 I 区	输入（位）	I	CPU 在循环开始时从输入模块中读取输入值，并将这些值保存到过程映像输入表
	输入字节	IB	
	输入字	IW	
	输入双字	ID	
过程映像输出 Q 区	输出（位）	Q	CPU 在循环开始时将过程映像输出表中的值写入输出模块
	输出字节	QB	
	输出字	QW	
	输出双字	QD	
位存储器 M 区	位存储器（位）	M	用于存储程序中计算出的中间结果
	存储器字节	MB	
	存储器字	MW	
	存储器双字	MD	
数据块 DB 区	数据位	DBX	数据块存储程序信息，可以定义，以便可以被所有程序块访问，也可将其分配给特定的函数块 FB
	数据字节	DBB	
	数据字	DBW	
	数据双字	DBD	
局部数据	局部数据位	L	包含块处理过程中块的临时数据
	局部数据字节	LB	
	局部数据字	LW	
	局部数据双字	LD	

2.1.2　比较指令

比较指令常用于工业控制中位置、数量的比较及其所引发的相关参数的控制。在梯形图指令中，比较指令用于两个相同数据类型的有符号整数或无符号整数 IN1 和 IN2 的比较判断操作，涉及的运算有==、>=、<=、>、<、< >等，分别表示等于、大于或等于、小于或等于、大于、小于、不等于。比较指令以常开触点的形式进行编程，在触点的中间用“???”注明比较参数和比较运算符，当比较的结果为真时，该触点闭合，如表 2-3 所示。

表 2-3 比较指令

指令	关系类型	满足以下条件时比较结果为真
—|==|— ???	==（等于）	IN1 等于 IN2
—|<>|— ???	< >（不等于）	IN1 不等于 IN2
—|>=|— ???	>=（大于或等于）	IN1 大于或等于 IN2
—|<=|— ???	<=（小于或等于）	IN1 小于或等于 IN2
—|>|— ???	>（大于）	IN1 大于 IN2
—|<|— ???	<（小于）	IN1 小于 IN2

2.1.3 MOVE 指令和 SWAP 指令

扫一扫 看微课

1. MOVE 指令

MOVE 指令将数据元素复制到新的存储器地址，移动过程中不更改源数据。使用 MOVE 指令将输入 IN 操作数中的内容传送给输出 OUT1 操作数，如图 2-2 所示。始终沿地址升序方向进行传送。在 MOVE 指令中，若输入 IN 数据类型的位长度超出了输出 OUT1 数据类型的位长度，则传送源值中多出来的有效位会丢失。若输入 IN 数据类型的位长度小于输出 OUT1 数据类型的位长度，则用零填充传送目标值中多出来的有效位。

在初始状态，指令框中包含 1 个输出（OUT1），可以单击图标扩展输出数目，从而输出多个地址 OUT1、OUT2、OUT3 等。

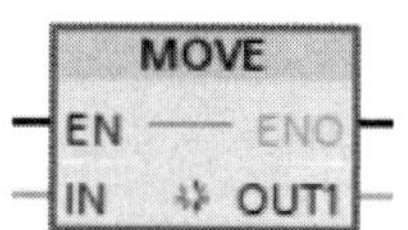

图 2-2 MOVE 指令

若要实现块移动，则可使用 MOVE_BLK 指令［见图 2-3（a）］，即将存储区（源区域）的内容移动到其他存储区（目标区域）。使用参数 COUNT 可以指定待复制到目标区域中的元素个数，通过输入 IN 的元素宽度来指定待复制元素的宽度，并按地址升序顺序执行复制操作。

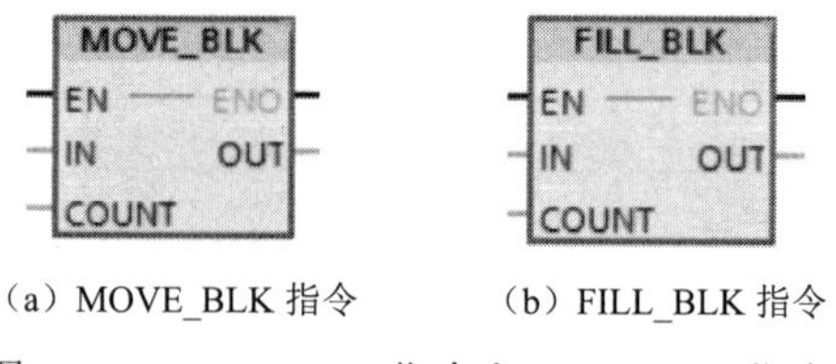

（a）MOVE_BLK 指令　（b）FILL_BLK 指令

图 2-3 MOVE_BLK 指令和 FILL_BLK 指令

若要实现块填充，则可使用 FILL_BLK 指令［见图 2-3（b）］，用输入 IN 的值填充一个存储区（目标区域）。将以输出 OUT 指定的起始地址，填充目标区域，实现填充块功能。使用参数 COUNT 可以指定复制操作的重复次数。执行该指令时，将选择输入 IN 的值，并复制到目标区域参数 COUNT 中指定的次数。

2. SWAP 指令

SWAP 指令可以更改输入 IN 中字节的顺序，并在输出 OUT 中查询结果，实现交换功能。图 2-4 说明了如何使用 SWAP 指令交换数据类型为 DWord 操作数的字节。

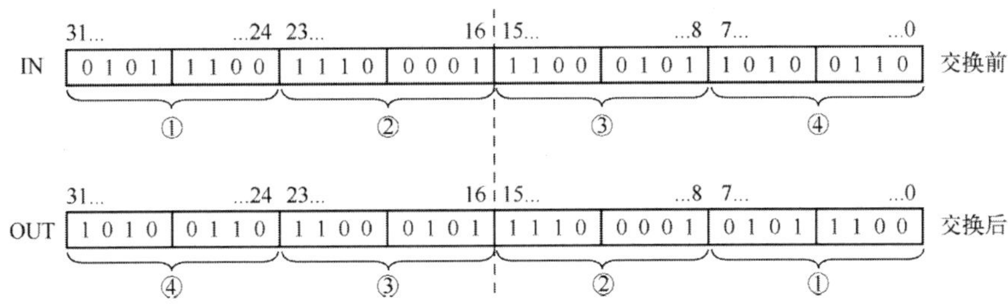

图 2-4 使用 SWAP 指令交换数据类型为 DWord 操作数的字节示意

2.1.4 数学运算指令

在数学运算指令中，ADD、SUB、MUL 和 DIV 分别是加法、减法、乘法、除法指令，其操作数的数据类型可选 SInt、Int、DInt、USInt、UInt、UDInt 和 Real。在运算过程中，操作数的数据类型应该相同。

1. ADD 指令

ADD 指令可以从博途软件右边指令对话框的“基本指令”→“数学函数”中直接添加［见图 2-5（a）］。使用 ADD 指令，根据图 2-5（b）选择的数据类型，将输入 IN1 的值与输入 IN2 的值相加，并在输出 OUT（OUT = IN1+IN2）处查询总和。

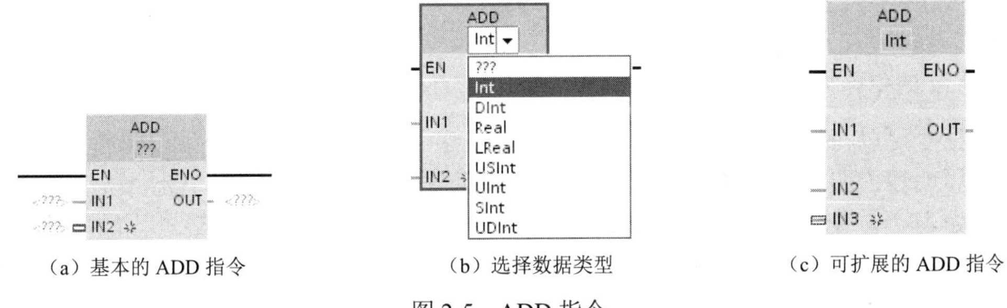

（a）基本的 ADD 指令　（b）选择数据类型　（c）可扩展的 ADD 指令

图 2-5 ADD 指令

在初始状态下，指令框中至少包含两个输入（IN1 和 IN2），可以单击图标扩展输入数目［见图 2-5（c）］，在功能框中按升序对插入的输入进行编号。执行该指令时，将所有可用输入参数的值相加，并将求得的和存储在输出 OUT 中。

2. SUB 指令

可以使用 SUB 指令从输入 IN1 的值中减去输入 IN2 的值，并在输出 OUT（OUT = IN1−IN2）处查询差值，如图 2-6 所示。SUB 指令的参数与 ADD 指令相同。

3. MUL 指令

可以使用 MUL 指令将输入 IN1 的值乘以输入 IN2 的值，并在输出 OUT（OUT＝IN1×IN2）处查询乘积，如图 2-7 所示。同 ADD 指令一样，MUL 指令可以在指令框中展开输入的数字，并在功能框中按升序对相加的输入进行编号。

图 2-6　SUB 指令　　图 2-7　MUL 指令

4. DIV 指令和 MOD 指令

DIV 指令和 MOD（返回除法余数）指令如图 2-8 所示，前者是返回除法的商，后者是余数。需要注意的是，MOD 指令只有在整数相除时才能应用。

图 2-8　DIV 指令和 MOD 指令

除了上述运算指令，还有 NEG、INC、DEC 和 ABS 等数学运算指令，具体说明如下。

（1）NEG 指令：将输入 IN 的值取反，保存在输出 OUT 中。

（2）INC 指令和 DEC 指令：输入 IN/输出 OUT 的值分别加 1 和减 1。

（3）ABS 指令：求输入 IN 中有符号整数或实数的绝对值。

2.1.5　移位、循环和字逻辑运算指令

1. 移位指令和循环指令

移位指令可以将输入 IN 中的内容向左或向右逐位移动；循环指令可以将输入 IN 中的全部内容循环地逐位左移或右移，空出的位用输入 IN 移出位的信号状态填充。移位指令和循环指令说明如表 2-4 所示，这些指令可以对 8、16、32 及 64 位的字或整数进行操作。

表 2-4　移位指令和循环指令说明

指令	说明
SHR	右移
SHL	左移
ROR	循环右移
ROL	循环左移

字移位指令移位的范围为 0～15，双字移位指令移位的范围为 0～31，长字移位指令移位的范围为 0～63。对于字、双字和长字移位指令，移出的位信号丢失，移空的位使用 0 补足。

例如，将一个字左移 6 位，移位前后的位排列次序如图 2-9 所示。

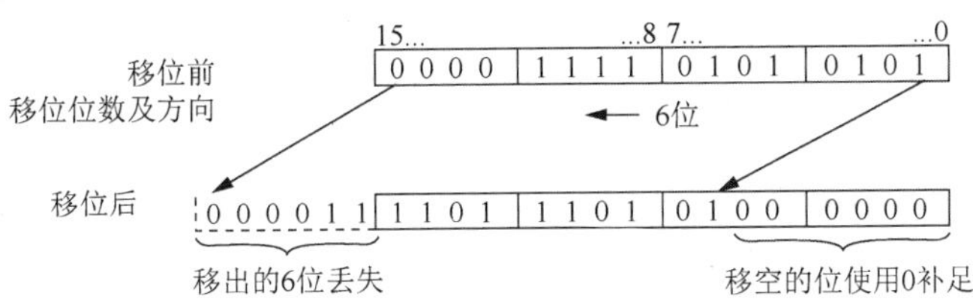

图 2-9 一个字左移 6 位前后的位排列次序

带有符号位的整数移位范围为 0～15；双整数移位范围为 0～31；长整数移位范围为 0～63。移位方向只能向右移，移出的位信号丢失，移空的位使用符号位补足。整数为负值时，符号位为 1；整数为正值时，符号位为 0。例如，将一个整数右移 4 位，移位前后的位排列次序如图 2-10 所示。

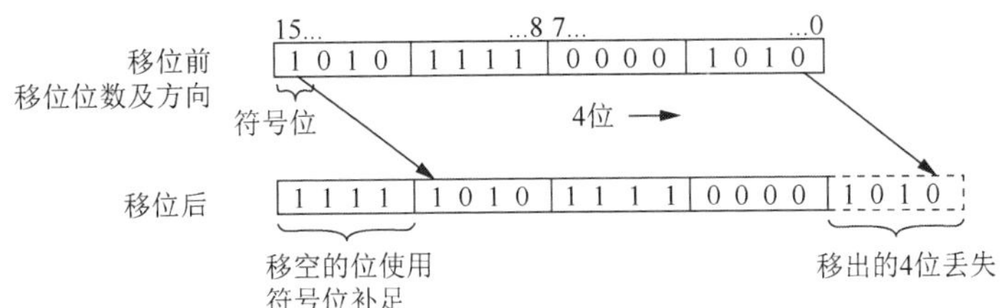

图 2-10 一个整数右移 4 位前后的位排列次序

2. 字逻辑运算指令

字逻辑运算指令可以对字节、字、双字或长字逐位进行“与”“或”“异或”逻辑运算操作。“与”操作可以判断两个变量在相同的位数上有多少位为 1，通常用于变量的过滤，一个字变量与常数 W#16#00FF 相与，可以将字变量中的高字节过滤为 0；“或”操作可以判断两个变量中位为 1 的个数；“异或”操作可以判断两个变量有多少位不相同。

扫一扫

看微课

2.1.6 PLC I/O 分配和控制电路接线

从输送带分拣物料工艺过程出发，确定 PLC 外接物料感应、道闸 1～3 物料感应、推出到位 1～3 感应、推出气缸 1～3 限位、升降气缸 1～3 限位 13 个输入，同时外接推出气缸 1~3、升降气缸 1~3、输送带开启 7 个输出。表 2-5 所示为气动机械手搬运 I/O 分配，PLC 选用 S7-1200 CPU1215C DC/DC/DC。

表 2-5 气动机械手搬运 I/O 分配

输入	功能	输出	功能
I0.0	B1 物料感应（常开）	Q0.0	YV1 推出气缸 1 动作
I0.1	FJ1 道闸 1 物料感应（常开）	Q0.1	YV2 升降气缸 1 上下动作
I0.2	FJ2 道闸 2 物料感应（常开）	Q0.2	YV3 推出气缸 2 动作

续表

输入	功能	输出	功能
I0.3	FJ3 道闸 3 物料感应（常开）	Q0.3	YV4 升降气缸 2 上下动作
I0.4	DK1 推出到位 1 感应（常开）	Q0.4	YV5 推出气缸 3 动作
I0.5	DK2 推出到位 2 感应（常开）	Q0.5	YV6 升降气缸 3 上下动作
I0.6	DK3 推出到位 3 感应（常开）	Q1.1	KA1 输送带开启
I0.7	TC1 推出气缸 1 限位（常开）		
I1.0	TC2 推出气缸 2 限位（常开）		
I1.1	TC3 推出气缸 3 限位（常开）		
I1.2	SJ1 升降气缸 1 限位（常开）		
I1.3	SJ2 升降气缸 2 限位（常开）		
I1.4	SJ3 升降气缸 3 限位（常开）		

图 2-11 所示为 PLC 控制电气原理图，电磁阀线圈均采用 24V/DC。

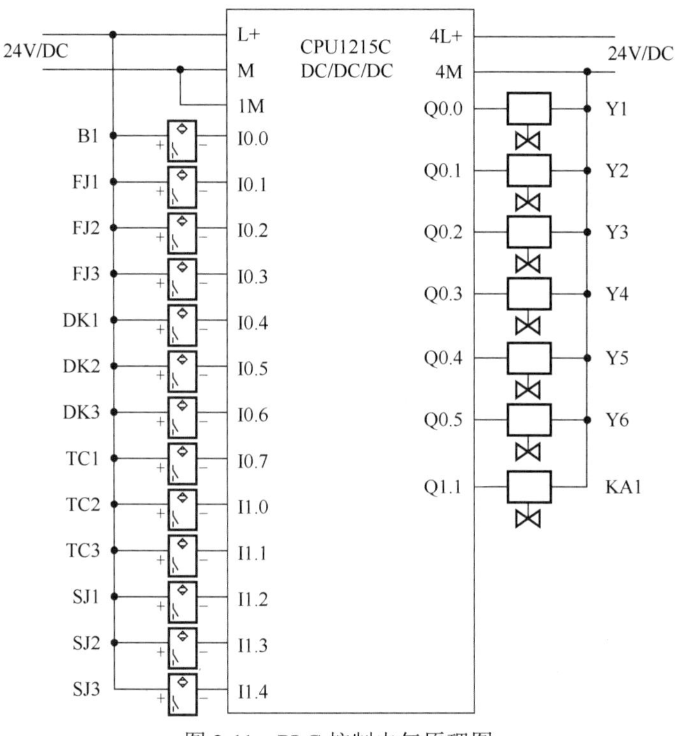

图 2-11　PLC 控制电气原理图

2.1.7　气路连接原理与气动元件安装

气路连接原理如图 2-12 所示。选择一定规格尺寸的气管，从气泵产生气源开始，先经过可调压的空气过滤器，再经过开关进入电磁阀底座，最后进入气缸（1#分拣机构推出气缸、1#分拣机构升降气缸、2#分拣机构推出气缸、2#分拣机构升降气缸、3#分拣机构推出气缸、3#分拣机构升降气缸）。

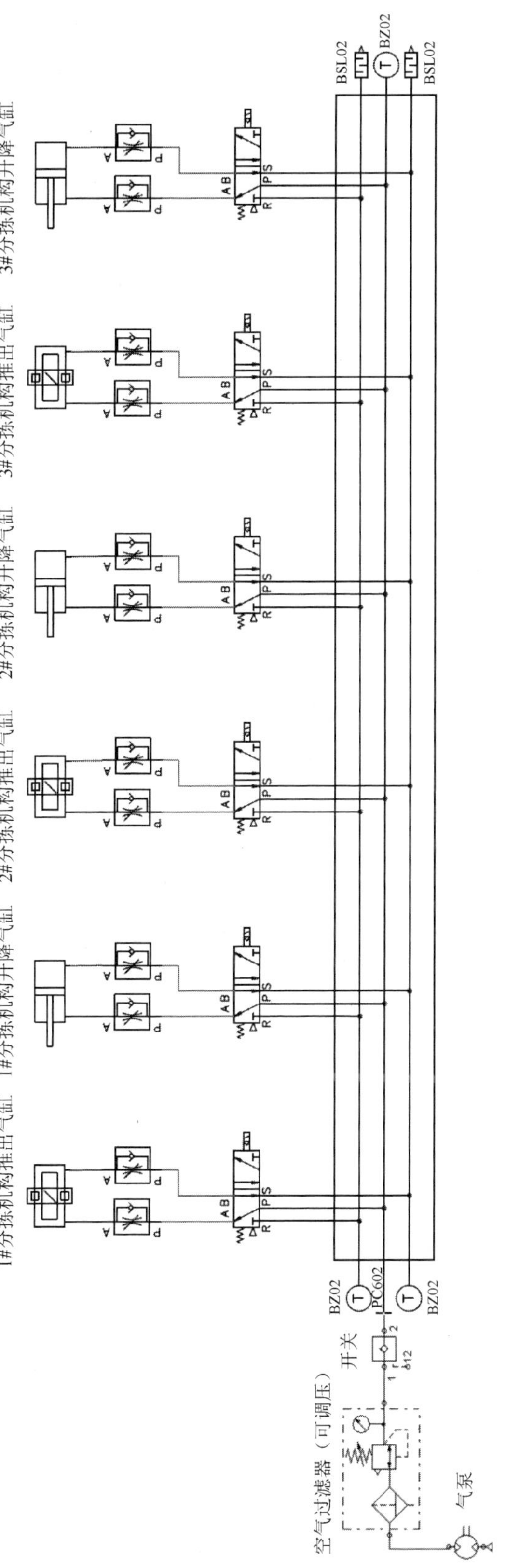

1#分拣机构推出气缸
1#分拣机构升降气缸
2#分拣机构推出气缸
2#分拣机构升降气缸
3#分拣机构推出气缸
3#分拣机构升降气缸
BSL02
BZ02
BSL02
BZ02
PC602
BZ02
开关
空气过滤器（可调压）
气泵

图 2-12　气路连接原理

空气过滤器（可调压）为空气减压阀、过滤器，又称气源处理二联件，如图 2-13（a）所示。其中调节阀可对气源进行稳压，这里调节气压为 0.4MPa～0.6MPa，使气源处于恒定状态，可减少因气源气压突变对阀门或执行器等硬件的损伤；过滤器用于对气源的清洁，可过滤压缩空气中的水分，避免水分随气体进入装置。有时候，气路系统还可以对气源处理二联件增加油雾器［见图 2-13（b）］，这时候称为气源处理三联件，油雾器可对机体运动部件进行润滑，尤其是不方便加润滑油的部件，大大延长机体的使用寿命。

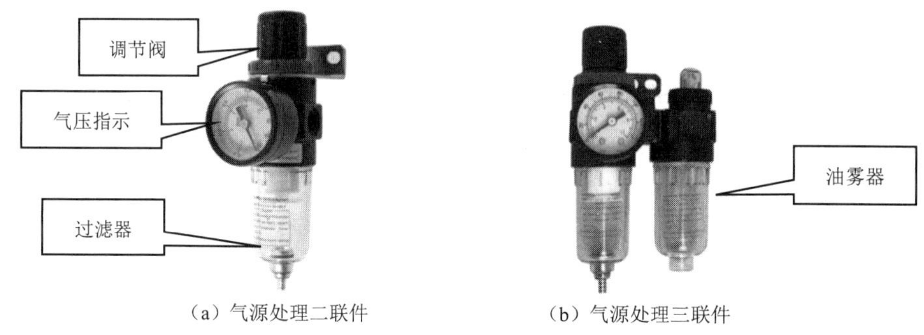

（a）气源处理二联件　（b）气源处理三联件

图 2-13　气源处理二联件和气源处理三联件

图 2-14 所示为 PC 螺纹接头（进气用）、电磁阀、消声器、阀板、内六角堵头的连接示意。

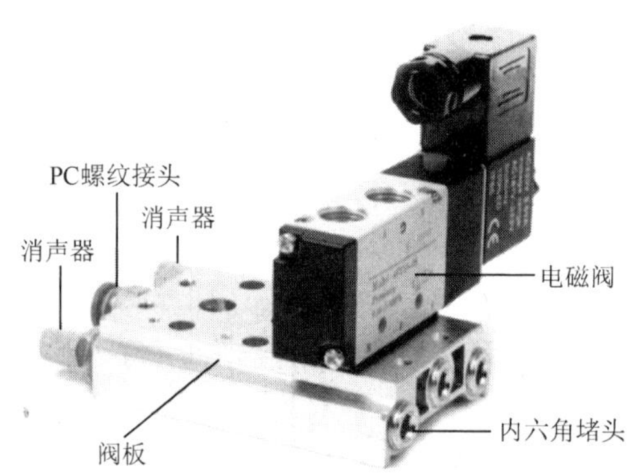

图 2-14　电磁阀底座的连接示意

本任务用到了二位五通电磁阀来控制推出气缸和升降气缸，它有两种方式，即单电控和双电控，这里采用单电控方式。二位表示阀芯的工作位置数为 2；五通表示切换通口数为 5，即 A、B、R、P、S，如图 2-15 所示。具体解释为："A""B"是电磁阀的输出口，接下游的设备，如气缸等执行元件，也就是接气缸的进出气接头，接进气接头还是出气接头按需求工作定；"R""S"是电磁阀的泄放口，如果介质是空气，那么泄放口一般不接管子，介质空气可以直接排入大气，通常会接上一个消声器，达到降低排气声音的目的；"P"是压力介质的入口，一般接压缩空气气源。

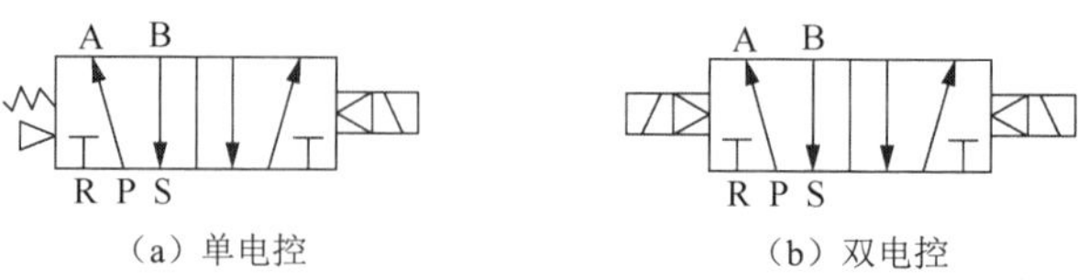

（a）单电控　（b）双电控

图 2-15　二位五通电磁阀

图 2-16 所示为气缸的结构与外观，由前端盖、后端盖、缸体、活塞和活塞杆组成。

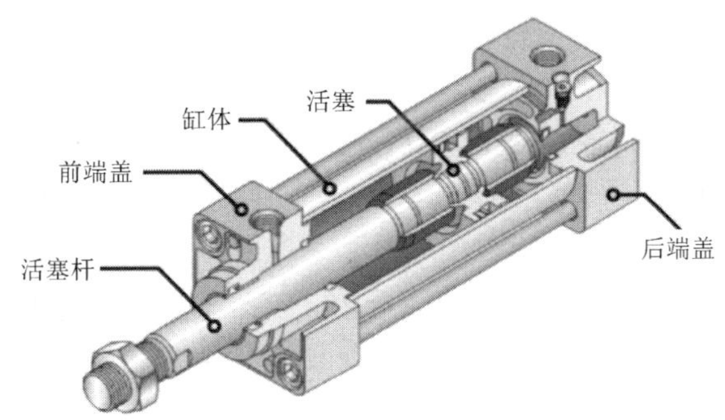

图 2-16　气缸的结构与外观

图 2-17 所示为磁感应式接近开关的外观，可以采用带式、导轨式、拉杆式和直接式等方式安装在气缸两端。图 2-18 所示为带式安装，按 1、2、3、4 的顺序进行紧固即可。

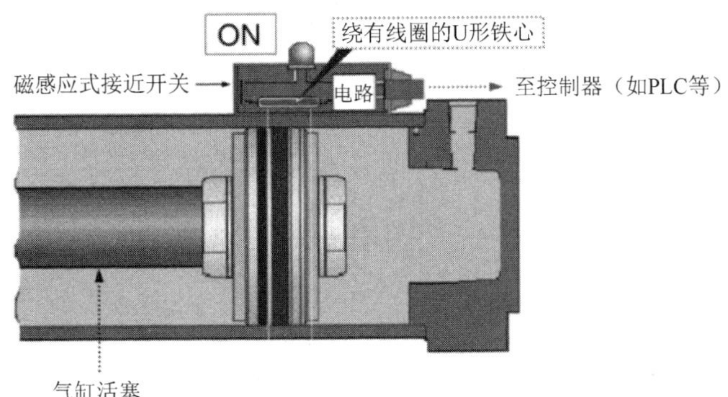

图 2-17　磁感应式接近开关的外观

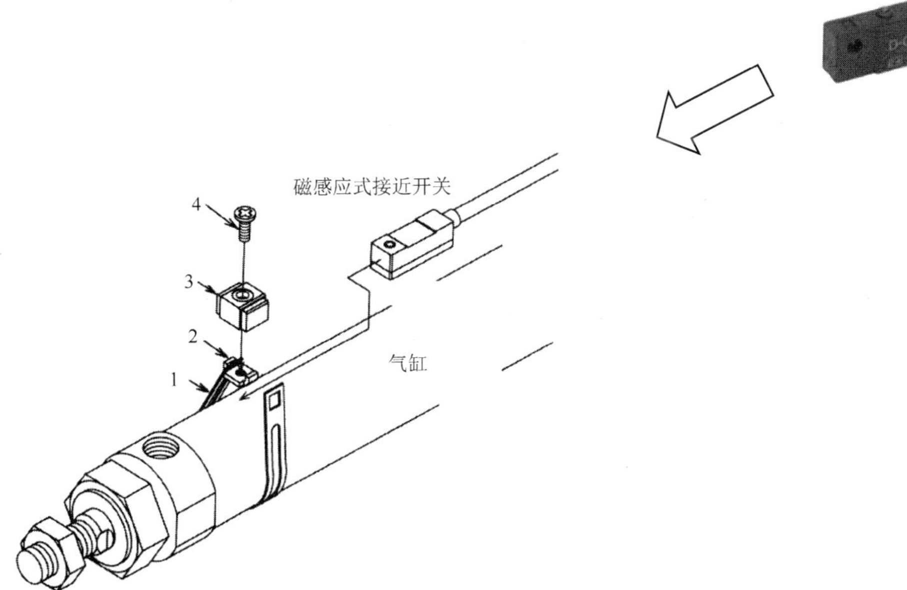

图 2-18　带式安装

2.1.8 PLC 梯形图编程

1. 编程思路

步序控制设计法是一种新颖、按工艺流程图进行编程的图形化编程思路，在部分 PLC 中也是一种编程语言，在 PLC 领域中应用广泛。

采用步序控制设计法编程的优点如下。

（1）在程序中可以直观地看到设备的动作顺序，程序的规律性较强，容易读懂。

（2）在设备发生故障时能很容易地找出故障所在位置。

（3）不需要复杂的互锁电路，更容易设计和维护系统。

步序控制的标准结构是状态或步 + 该步工序中的动作或命令 + 有向线段 + 转换和转换条件，如图 2-19 所示。

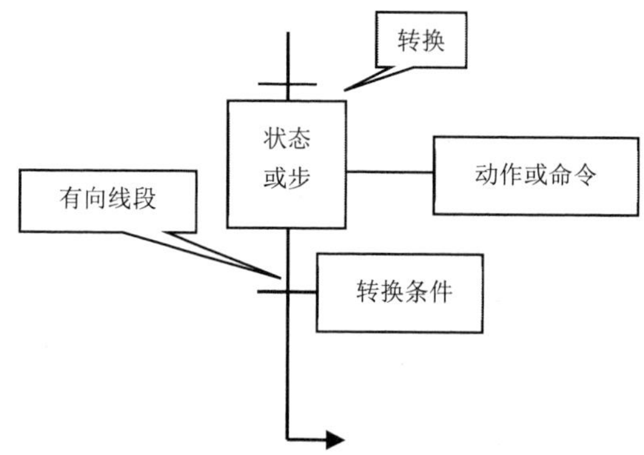

图 2-19　步序控制的标准结构

步序控制的设计规则：从初始状态或步开始执行，当每步的转换条件成立时，就由当前状态或步转为执行下一步，最后结束所有状态或步的运行。

图 2-20 所示为物件在输送带上移动的示意图。控制要求：物件在图 2-20 所示位置出发，输送带正转，带动物件移动到右限位，当物件碰到右限传感器时，输送带反转，带动物件到达左限位，停留在左限位 3s，3s 后输送带正转，物件再次向右移动，到达输送带中间的停止传感器处停下。

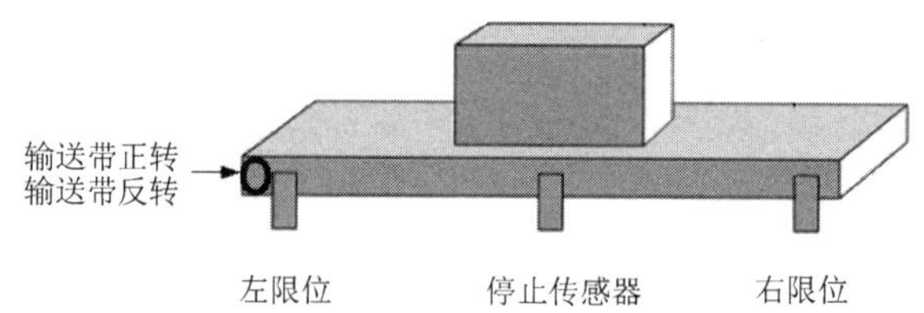

图 2-20　物件在输送带上移动的示意图

使用步序控制设计法编程将这个控制要求分为几个工作状态或步，从一个工作状态或步到另一个工作状态或步通过满足转换条件实现转移，即按照如图 2-21 所示的步序控制设计法来实现。

输送带物料分拣的步序控制流程图如图 2-22 所示。

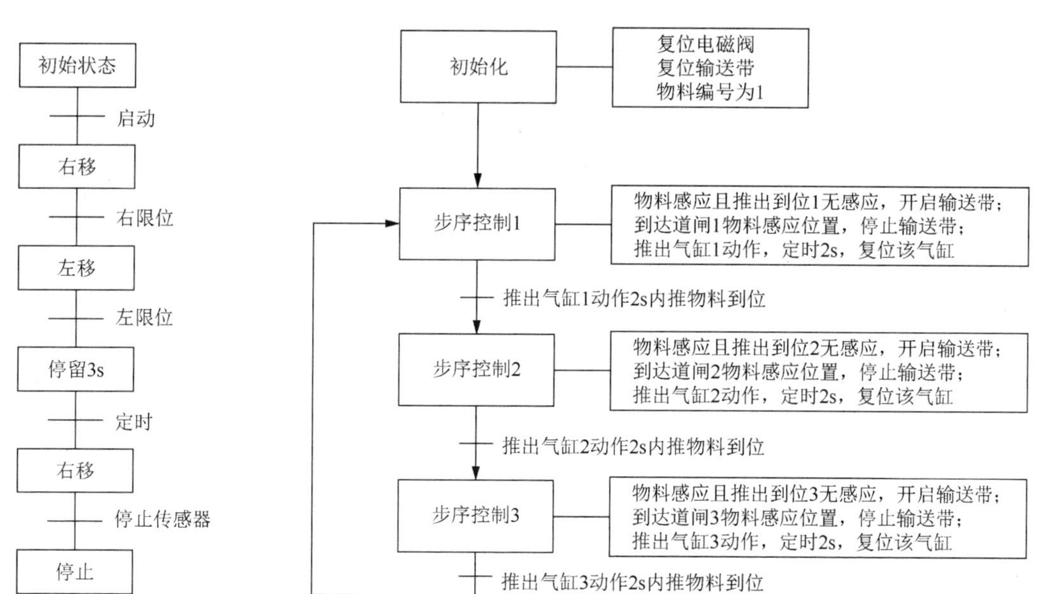

图 2-21　步序控制设计法

图 2-22　输送带物料分拣的步序控制流程图

2. 具体编程

图 2-23 所示为输送带物料分拣 PLC 系统的变量定义说明。

名称	变量表	数据类型	地址
B1物料感应	默认变量表	Bool	%I0.0
FJ1道闸1物料感应	默认变量表	Bool	%I0.1
FJ2道闸2物料感应	默认变量表	Bool	%I0.2
FJ3道闸3物料感应	默认变量表	Bool	%I0.3
DK1推出到位1感应	默认变量表	Bool	%I0.4
DK2推出到位2感应	默认变量表	Bool	%I0.5
DK3推出到位3感应	默认变量表	Bool	%I0.6
YV1推出气缸1动作	默认变量表	Bool	%Q0.0
YV2升降气缸1动作	默认变量表	Bool	%Q0.1
YV3推出气缸2动作	默认变量表	Bool	%Q0.2
YV4升降气缸2动作	默认变量表	Bool	%Q0.3
YV5推出气缸3动作	默认变量表	Bool	%Q0.4
YV6升降气缸3动作	默认变量表	Bool	%Q0.5
KA1输送带开启	默认变量表	Bool	%Q1.1
物料编号	默认变量表	Int	%MW10

图 2-23　输送带物料分拣 PLC 系统的变量定义说明

图 2-24 所示为输送带物料分拣 PLC 系统的梯形图，该程序按图 2-22 的步序控制流程图进行编写，程序解释如下。

程序段 1：上电初始化，物料编号为 1，复位电磁阀、输送带。

程序段 2：根据物料编号控制升降气缸 1、2、3 动作。

程序段 3：步序控制 1，即物料编号为 1 时的逻辑。

程序段 4：步序控制 2，即物料编号为 2 时的逻辑。

程序段 5：步序控制 3，即物料编号为 3 时的逻辑。

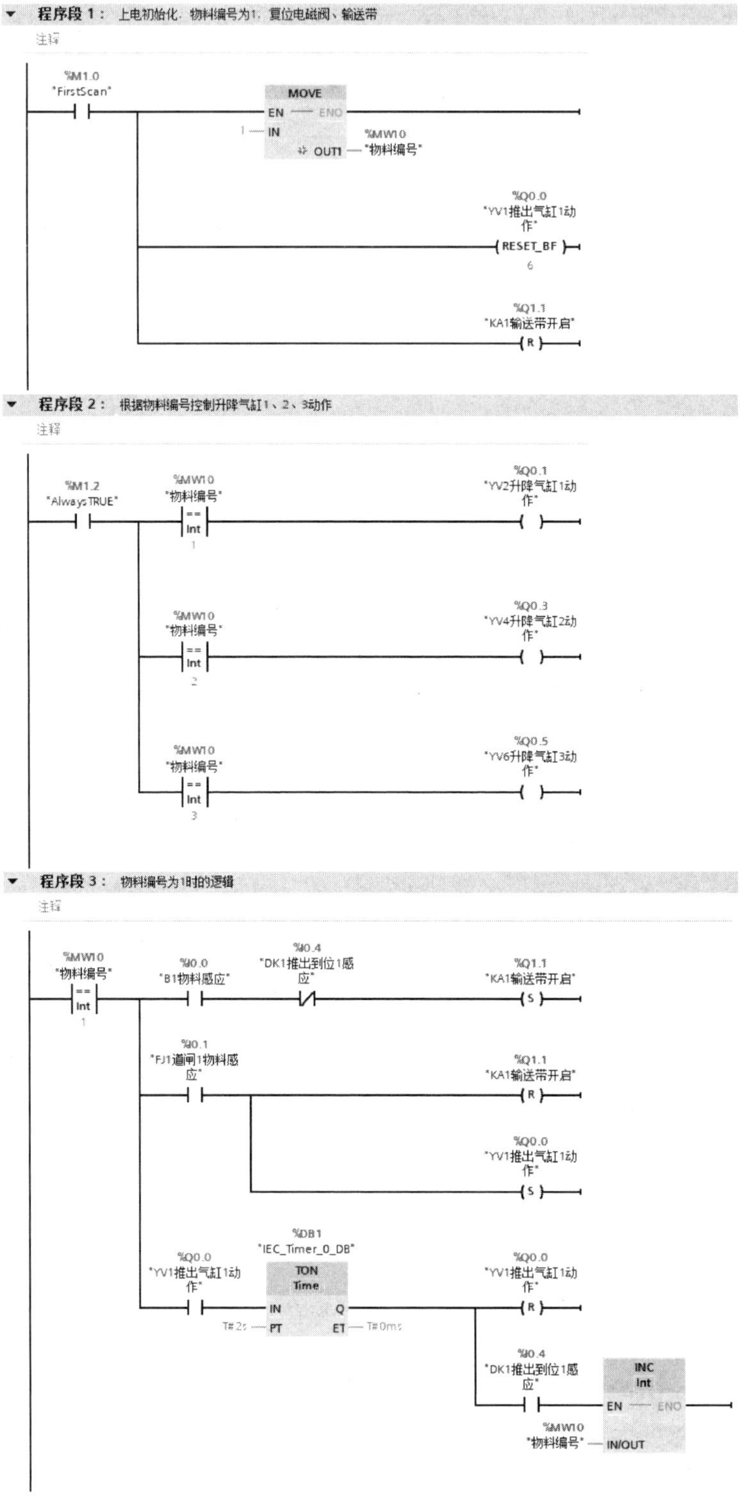

程序段 1： 上电初始化．物料编号为1．复位电磁阀、输送带

注释

%M1.0 "FirstScan"
MOVE EN ENO
1 — IN
OUT1 — %MW10 "物料编号"
%Q0.0 "YV1推出气缸1动作" RESET_BF 6
%Q1.1 "KA1输送带开启" R

程序段 2： 根据物料编号控制升降气缸1、2、3动作

注释

%M1.2 "AlwaysTRUE"
%MW10 "物料编号" == Int 1 — %Q0.1 "YV2升降气缸1动作"
%MW10 "物料编号" == Int 2 — %Q0.3 "YV4升降气缸2动作"
%MW10 "物料编号" == Int 3 — %Q0.5 "YV6升降气缸3动作"

程序段 3： 物料编号为1时的逻辑

注释

%MW10 "物料编号" == Int 1
%I0.0 "B1物料感应" — %I0.4 "DK1推出到位1感应" — %Q1.1 "KA1输送带开启" S
%I0.1 "FJ1道闸1物料感应" — %Q1.1 "KA1输送带开启" R; %Q0.0 "YV1推出气缸1动作" S
%Q0.0 "YV1推出气缸1动作" — %DB1 "IEC_Timer_0_DB" TON Time IN Q, T#2s — PT, ET — T#0ms — %Q0.0 "YV1推出气缸1动作" R
%I0.4 "DK1推出到位1感应" — INC Int EN ENO, %MW10 "物料编号" — IN/OUT

图 2-24　输送带物料分拣 PLC 系统的梯形图

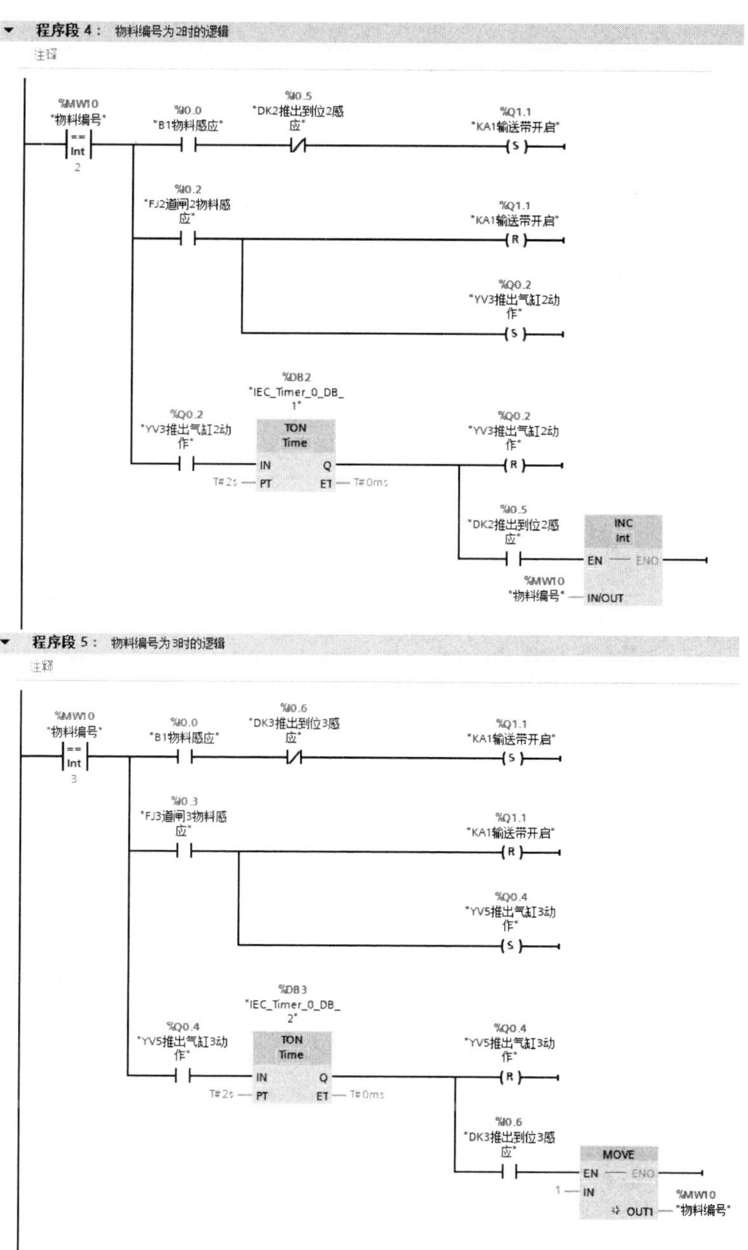

图 2-24　输送带物料分拣 PLC 系统的梯形图（续）

任务评价

按要求完成考核任务 2.1，评分标准如表 2-6 所示，具体配分可以根据实际考评情况进行调整。

表 2-6　评分标准

序号	考核项目	考核内容及要求	配分	得分
1	职业道德与课程思政	遵守安全操作规程，设置安全措施； 认真负责，团结合作，对实操任务充满热情； 对国产自研装备充满自豪感	15%	
2	系统方案制定	PLC 控制方案合理	20%	
		正确绘制步序控制流程图		
		PLC 控制电路图和气路图正确		
3	编程能力	独立完成 PLC 梯形图编程	25%	
		能使用步序控制来完成 PLC 编程		
4	操作能力	根据电气接线图正确接线，美观且可靠	25%	
		根据气路图正确连接和安装气动部件		
		正确输入程序并进行程序调试		
		根据系统功能进行正确操作演示		
5	实践效果	系统工作可靠，满足工作要求	10%	
		PLC 变量命名规范		
		按规定的时间完成任务		
6	创新实践	在本任务中有另辟蹊径、独树一帜的实践内容	5%	
合计			100%	

任务 2.2　使用函数 FC 实现输送带物料分拣

任务描述

在如图 2-1 所示的典型输送带分拣机构中，使用函数 FC 实现物料分拣逻辑功能，任务要求如下。

（1）新建函数 FC 来替代原梯形图中重复的程序，并进行结构化编程。

（2）函数 FC 需要带有形参，可以进行多次调用。

扫一扫

看微课

2.2.1　S7-1200 程序块种类

在 S7-1200 中，CPU 支持 OB、FC、FB、DB 程序块，使用它们可以创建有效的用户程序结构。

1. 组织块 OB

OB 是定义程序的结构。OB1 是用于循环执行用户程序的默认组织块，为用户程序提供

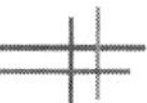

基本结构，是唯一一个用户必需的程序块。其他 OB 具有预定义的行为和启动事件，用户也可以创建具有自定义启动事件的 OB。

如果程序中包括其他 OB，这些 OB 会中断 OB1 的执行。循环中断 OB30 的工作示意如图 2-25 所示。

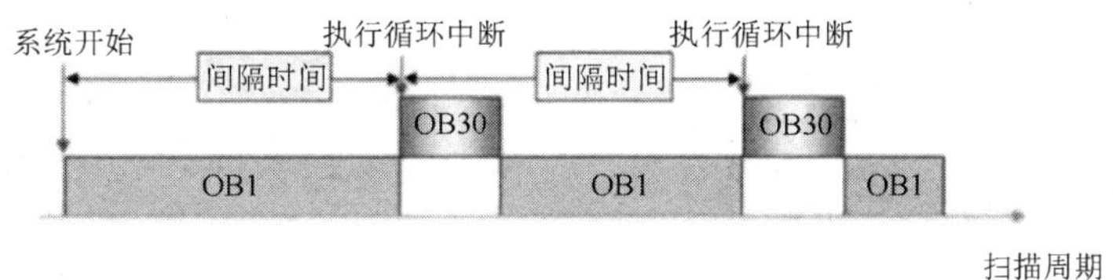

图 2-25　循环中断 OB30 的工作示意

2．函数 FC 和函数块 FB

函数 FC 和函数块 FB 包含与特定任务或参数组合相对应的程序。每个 FC 或 FB 都能提供一组输入和输出参数，其中 FB 还使用相关联的数据块（又称背景数据块）来保存执行期间的值状态。

3．数据块 DB

数据块 DB 用于存储程序块可以使用的数据，它可以手动建立或在调用指令时自动建立。

DB 分为两种，一种为优化 DB，另一种为标准 DB。每次添加一个新的全局 DB 时，其默认类型都为优化 DB。可以在 DB 的属性中修改 DB 的类型。背景数据块（IDB）的属性是由其所属的 FB 决定的，如果该 FB 为标准 FB，那么其 IDB 就是标准 DB；如果该 FB 为优化 FB，那么其 IDB 就是优化 DB。

优化 DB 和标准 DB 在 S7-1200 PLC CPU 中存储和访问的过程完全不同。标准 DB 掉电保持属性为整个 DB，DB 内变量为绝对地址访问，支持指针寻址；而优化 DB 内每个变量都可以单独设置掉电保持属性，DB 内变量只能使用符号名寻址，不能使用指针寻址。优化 DB 借助预留的存储空间，支持下载无须初始化功能，而标准 DB 则无此功能。

图 2-26 所示为标准 DB 在 PLC 内的存储及处理方式。①表示 CPU 在读取 S7 系列 PLC 时，标准 DB 编码方式与 CPU 不同，CPU 在进行读取/存储数据到标准 DB 时，需要颠倒变量的高低字节或字，这需要花费 CPU 大量时间，访问速度慢；②表示在 S7 系列 PLC 中，CPU 如果需要访问标准 DB 中的位信号，那么需要先访问该字节，再对其中的某一位进行处理，访问速度慢。

图 2-27 所示为优化 DB 在 PLC 内的存储及处理方式。①表示在 S7 系列 PLC 中，优化 DB 的编码方式与 CPU 相同，CPU 在对优化 DB 内变量进行读取/存储时，无须颠倒该变量的高低字节或字，访问速度快；②表示在 S7 系列 PLC 中，CPU 如果需要访问优化 DB 中的位信号，那么可以直接对存储该位信号的字节进行访问，访问速度快；“保留”表示优化 DB 通过预留的存储空间实现下载无须初始化功能。

由图 2-26 和图 2-27 可知，S7-1200 PLC 处理标准 DB 内的数据时，需要额外消耗 CPU 的资源，导致 CPU 效率下降，所以推荐使用优化 DB。在优化 DB 中，所有的变量都以符号形式存储，没有绝对地址，不易出错，且数据存储的编码方式与 CPU 相同，效率更高。

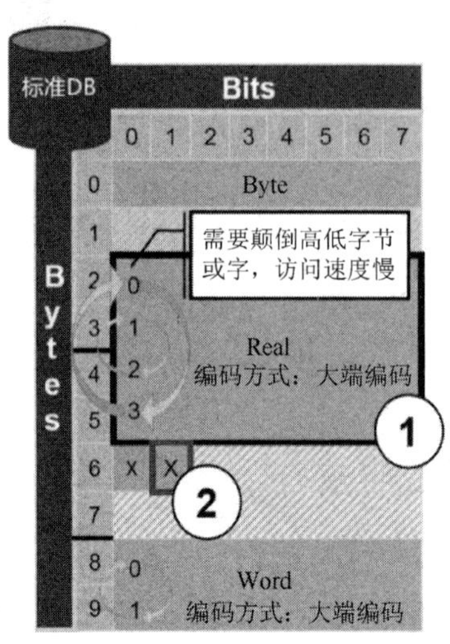

图 2-26　标准 DB 在 PLC 内的存储及处理方式

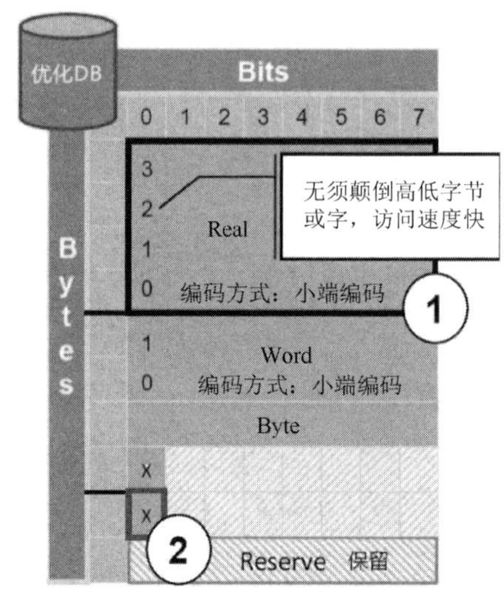

图 2-27　优化 DB 在 PLC 内的存储及处理方式

2.2.2　用户程序的结构

用户程序的执行顺序：从一个或多个在进入 RUN 模式时运行一次的可选启动 OB 开始，执行一个或多个循环执行的程序循环 OB。OB 也可以与中断事件（标准事件或错误事件）相关联，并在相应的中断事件发生时执行。

根据实际应用要求，可选择线性结构或模块化结构创建用户程序，如图 2-28 所示。线性结构按顺序逐条执行用于自动化任务的所有指令，通常线性结构将所有指令都放入用于循环执行程序的 OB（默认为 OB 1）中。模块化结构调用可执行特定任务的程序块。要创建模块化结构，需要将复杂的自动化任务划分为与过程的工艺功能相对应的更小的次级任务，每个程序块都为每个次级任务提供程序段，通过从另一个程序块中调用其中一个程序块来创建程序。

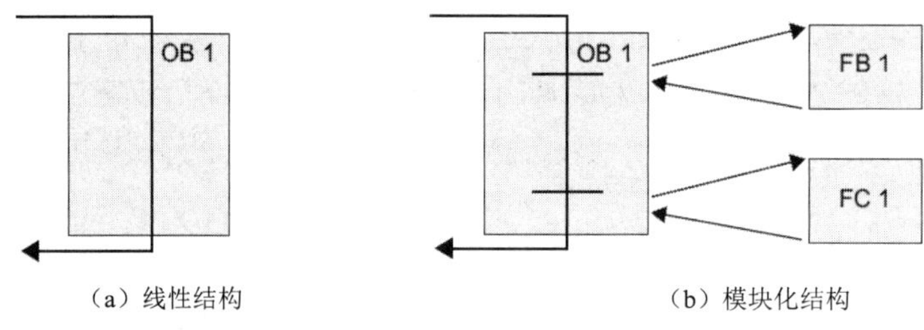

图 2-28　创建用户程序

2.2.3　函数 FC

1. FC 的定义

FC（Function）是指一段可以直接被另一段程序或代码（OB、FB 或 FC）引用的程序或代码。在 PLC 编程中，一个较大的程序一般应分为若干程序块，每个程序块都用来实现一个特定的功能。OB1 可以由若干 FC 构成，并在其中调用其他 FC，其他 FC 也可以互相调用。在 PLC 程序设计中，将一些常用的功能模块编写成 FC，放在库中供选用。善于利用 FC，以减少重复编写程序段的工作量。

FC 不具有相关的 IDB，是不带“存储器”的程序块。由于没有可以存储块参数值的存储数据区，因此在调用 FC 时，必须给所有形参分配实参。用户在 FC 中编写程序，在其他程序块中调用该 FC。

FC 一般有如下两个作用。

（1）作为子程序使用。将相互独立的控制设备分成不同的 FC 进行编写，统一由 OB 调用，这样就实现了对整个程序进行结构化划分，便于程序调试及修改，增强整个程序的条理性和易读性。

（2）可以在程序的不同位置多次调用同一 FC。FC 中通常带有形参，通过多次调用，并对形参赋值不同的实参，可统一编程和控制功能类似的设备。

扫一扫

看微课

2. FC 的形参接口区

从项目树的 PLC 处执行“程序块”→“添加新块”→“FC”命令，如图 2-29 所示，添加 FC，名称可以使用中文或英文，编号可以采用手动或自动。

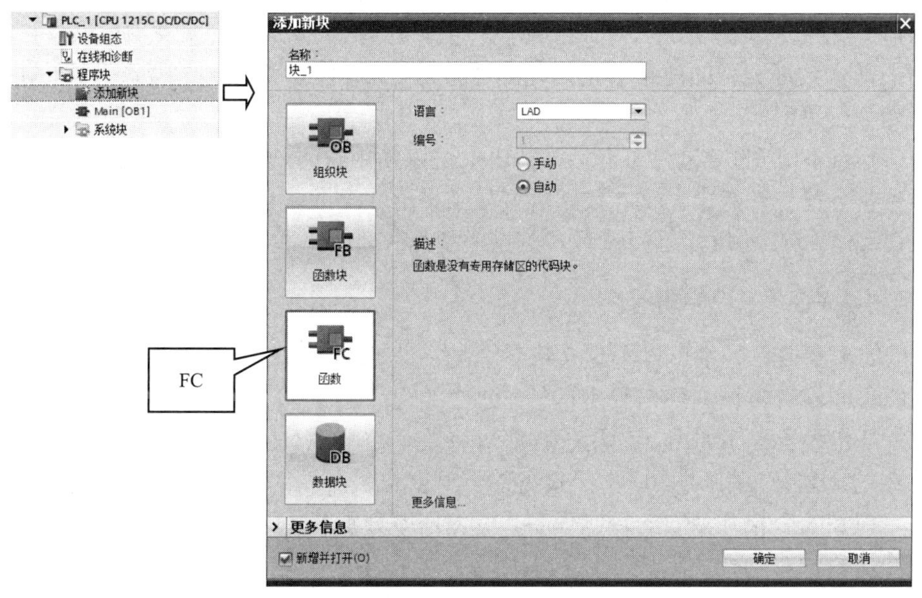

图 2-29　添加 FC

图 2-30 所示为 FC1（名称为“块_1”）的形参接口区，形参类型分为 Input、Output、InOut 和 Return 等。本地数据包括临时数据及本地常量。每种形参类型和本地数据均可以定义多个变量。

FC 形参的具体说明如下。

（1）Input：输入参数，只能读取，调用时将用户程序传递到 FC 中，实参可以为常数。

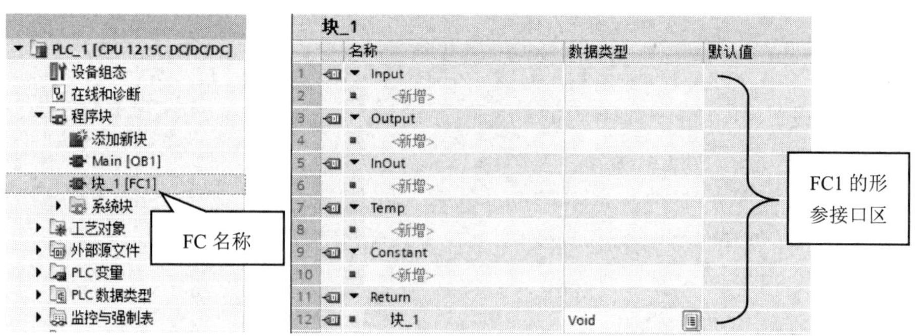

图 2-30　FC1 的形参接口区

（2）Output：输出参数，只能写入，调用时将 FC 执行结果传递到用户程序中，实参不能为常数。

（3）InOut：输入/输出参数，可读取和写入，调用时由 FC 读取其值后进行运算，执行后将结果返回，实参不能为常数。

（4）Temp：用于临时存储中间结果的变量，为本地数据区 L，只能在 FC 内部作为中间变量使用。临时变量在调用 FC 时生效，FC 执行完成后临时变量区被释放，所以临时变量不能存储中间数据。临时变量在调用 FC 时由系统自动分配，退出 FC 时系统自动回收，所以数据不能保持。因此采用上升沿/下降沿信号时，如果使用临时变量区存储上一个周期的位状态，将导致错误。如果是非优化 FC，那么临时变量的初始值为随机数；如果是优化 FC，那么临时变量中的基本数据类型的变量会初始化为“0”。例如，Bool 型变量初始化为“FALSE”，Int 型变量初始化为“0”。

（5）Constant：声明常量符号名后，程序中可以使用符号代替常量，这使得程序具有可读性且易于维护。符号常量由名称、数据类型和常量值 3 个元素组成。局部常量仅在块内使用。

（6）Return：FC 的执行返回情况，数据类型为 Void。

3．无形参 FC（子程序功能）

在 FC 的形参接口区中可以不定义形参变量，即调用程序与 FC 之间没有数据交换，只是运行 FC 中的程序，这样的 FC 可作为子程序调用。使用子程序可将整个控制程序进行结构化划分，清晰明了，便于设备的调试及维护。

例如，控制 3 个相互独立的控制设备，可将程序分别编写在 3 个子程序中，在主程序中分别调用各个子程序，实现对设备的控制。无形参 FC 的调用如图 2-31 所示。

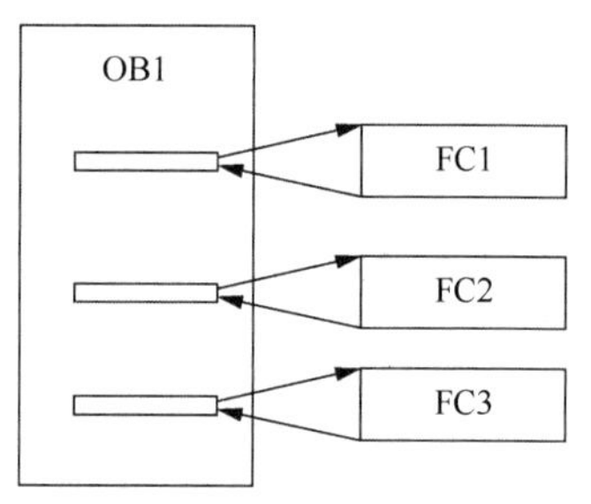

图 2-31　无形参 FC 的调用

2.2.4　物料逻辑 FC 的编程

本任务中的硬件接线和 I/O 定义与任务 2.1 相同，这里不再赘述。

图 2-32 所示为 FC 的流程图。

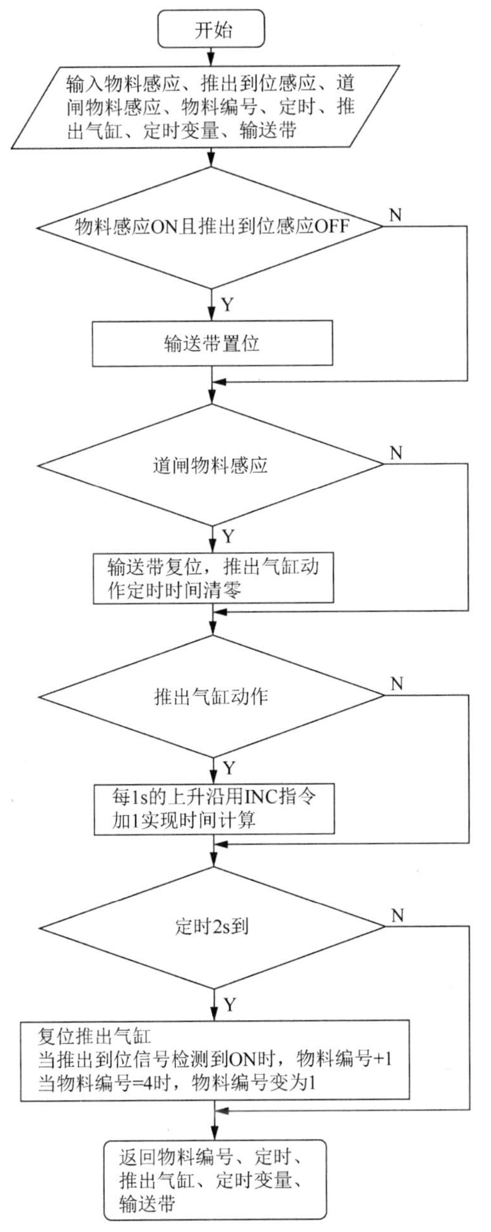

图 2-32　FC 的流程图

添加 FC，输入名称为“物料逻辑”，编程语言为“LAD”（梯形图），即可进行 FC 的新增并打开。根据流程图，可以定义 FC 的形参输入（见图 2-33），需要选择合适的数据类型，如物料编号和定时为 Int，其余均为 Bool。

名称	数据类型
▼ Input	
物料感应	Bool
推出到位感应	Bool
道闸物料感应	Bool
▼ Output	
<新增>	
▼ InOut	
物料编号	Int
定时	Int
推出气缸	Bool
定时变量	Bool
输送带	Bool

图 2-33　定义 FC1 的形参输入

图 2-34 所示为 FC1 的梯形图，其中变量均以“#”开始。程序解释如下。

程序段 1：当有物料感应，无推出到位感应时，输送带启动。

程序段 2：当有道闸物料感应时，输送带停止，并置位推出气缸。

程序段 3：推出气缸定时 2s。

程序段 4：物料编号变化。

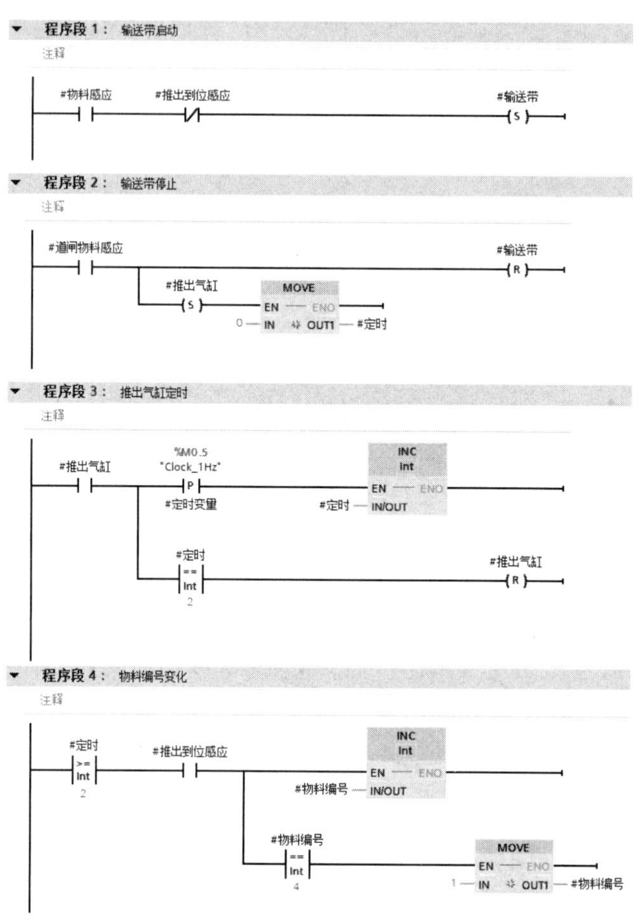

图 2-34　FC1 的梯形图

图 2-35 所示为完成后的 FC1 位置示意。

图 2-35　完成后的 FC1 位置示意

2.2.5　主程序调用 FC

图 2-36 所示为主程序 OB1 的变量说明，除了 I/O，还包括定时 1（MW12）、定时 2（MW14）、定时 3（MW16）、定时变量 1（M20.0）、定时变量 2（M20.1）、定时变量 3（M20.2）。

名称	变量表	数据类型	地址
定时1	默认变量表	Int	%MW12
定时2	默认变量表	Int	%MW14
定时3	默认变量表	Int	%MW16
定时变量1	默认变量表	Bool	%M20.0
定时变量2	默认变量表	Bool	%M20.1
定时变量3	默认变量表	Bool	%M20.2

图 2-36　主程序 OB1 的变量说明

调用 FC 的方式就是在 OB1 中直接拖曳 FC1，即可进行梯形图编程。

图 2-37 所示为主程序 OB1 调用 FC1 的梯形图，具体说明如下。

程序段 1：上电初始化，物料编号为 1，复位电磁阀、输送带。

程序段 2：根据物料编号控制升降气缸 1、2、3 动作。

程序段 3：当物料编号为 1 时，调用 FC1 控制物料编号 1，包括气缸动作、输送带动作、物料编号变化等。

程序段 4：当物料编号为 2 时，调用 FC1 控制物料编号 2。

程序段 5：当物料编号为 3 时，调用 FC1 控制物料编号 3。

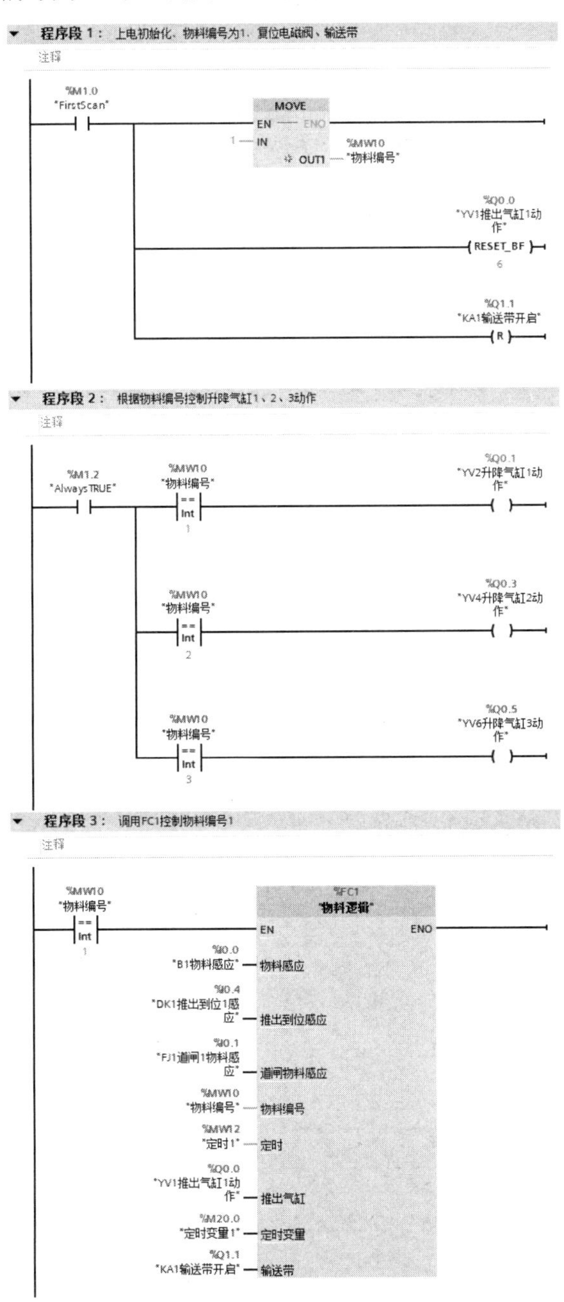

图 2-37　主程序 OB1 调用 FC1 的梯形图

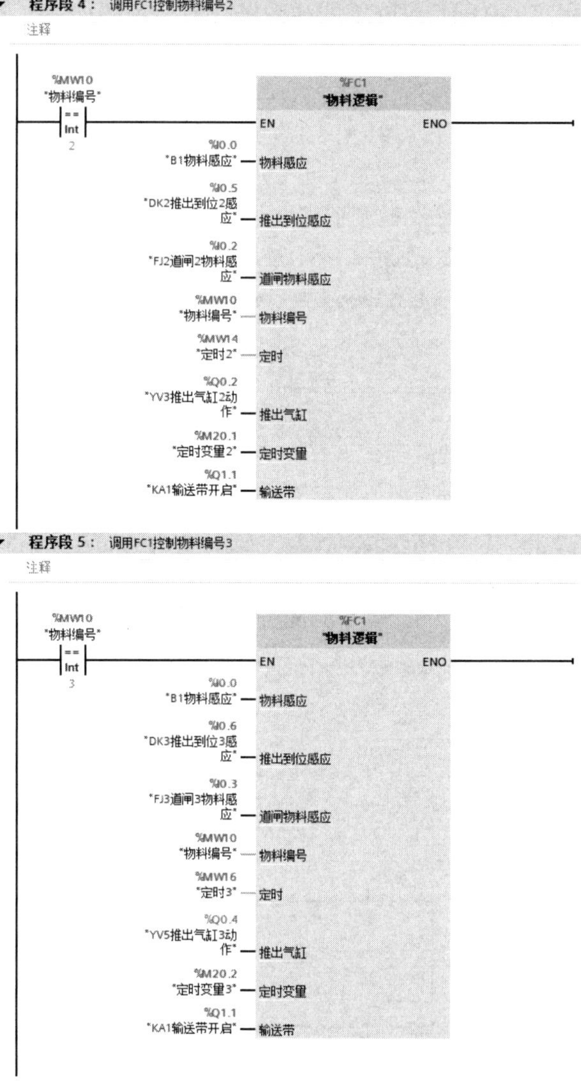

图 2-37　主程序 OB1 调用 FC1 的梯形图（续）

任务评价

按要求完成考核任务 2.2，评分标准如表 2-7 所示，具体配分可以根据实际考评情况进行调整。

表 2-7　评分标准

序号	考核项目	考核内容及要求	配分	得分
1	职业道德与课程思政	遵守安全操作规程，设置安全措施； 认真负责，团结合作，对实操任务充满热情； 正确认识我国智能制造的 4 项重点任务	15%	

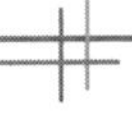

续表

序号	考核项目	考核内容及要求	配分	得分
2	系统方案制定	PLC 控制方案合理 正确绘制 FC 流程图	15%	
3	编程能力	独立完成 FC 编程 独立完成 PLC 主程序对 FC 的调用	20%	
4	操作能力	根据电气接线图正确接线，美观且可靠 正确输入程序并进行程序调试 根据系统功能进行正确操作演示	20%	
5	实践效果	系统工作可靠，满足工作要求 FC 的 I/O 参数命名规范 按规定的时间完成任务	20%	
6	创新实践	在本任务中有另辟蹊径、独树一帜的实践内容	10%	
合计			100%	

任务 2.3　使用函数块 FB 实现输送带物料分拣

任务描述

在如图 2-1 所示的典型输送带分拣机构中，使用函数块 FB 实现物料分拣逻辑功能，任务要求如下。

（1）新建 FB 来替代重复的程序，并进行结构化编程。

（2）FB 需要带有形参，可以进行多次调用。

知识探究

2.3.1　调用块

在 PLC 编程中，通过设计 FB 和 FC 来执行通用任务，可创建模块化程序块，由其他程序块调用这些可重复使用的模块来构建程序，调用块将设备特定的参数传递给被调用块，具体如图 2-38 所示。当一个程序块调用另一个程序块时，CPU 会执行被调用块中的程序。执行完被调用块后，CPU 会继续执行该块调用之后的指令。

使用可嵌套块来实现更加模块化的结构，如图 2-39 所示。

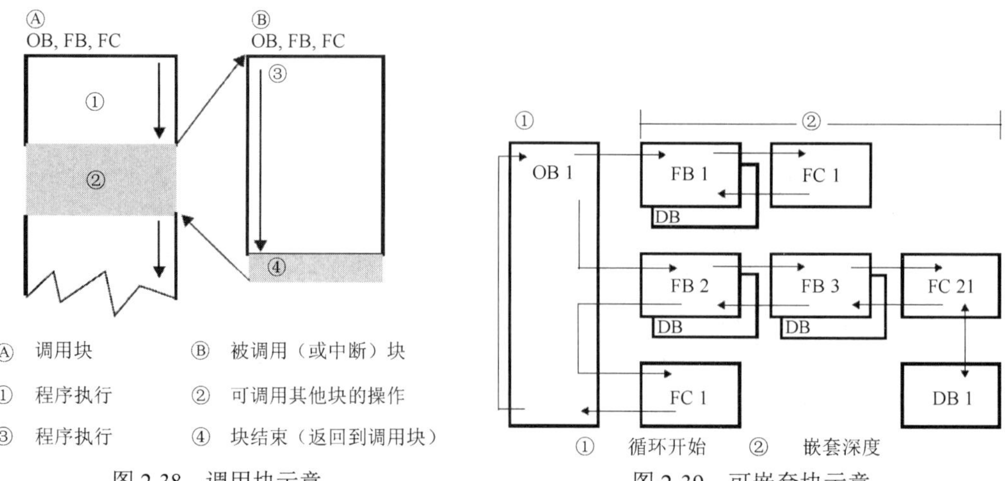

图 2-38 调用块示意

图 2-39 可嵌套块示意

2.3.2 FB 接口区

从项目树的 PLC 处执行“程序块”→“添加新块”→“FB”命令，如图 2-40 所示，添加 FB，名称可以使用中文或英文，编号可以采用手动或自动。

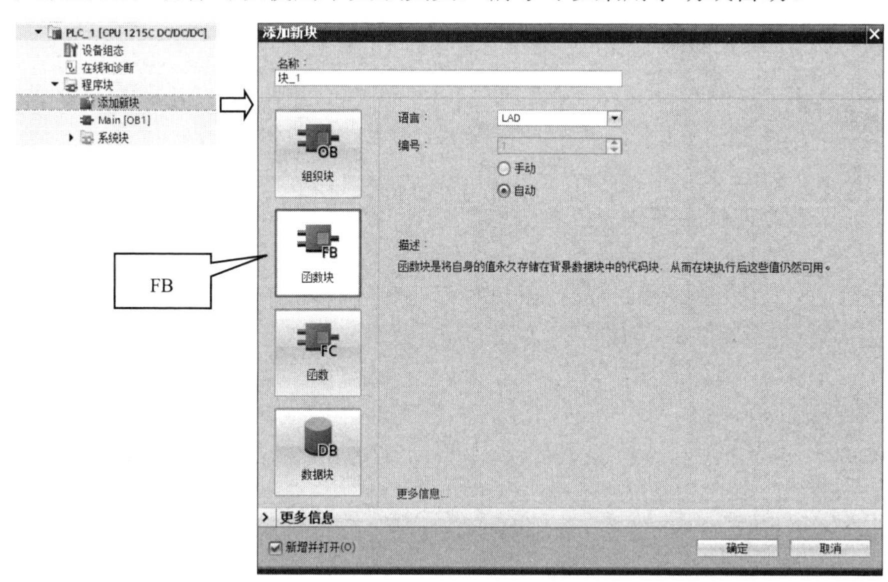

图 2-40 添加 FB

与 FC 相同，FB 也带有形参接口区。形参类型除 Input、Output、InOut、临时数据区、本地常量之外，还带有存储中间变量的静态数据区，FB1 的形参接口区如图 2-41 所示。

FB 的形参具体说明如下。

Input：输入参数，调用 FB 时，将用户程序传递到 FB 中，实参可以为常数。

Output：输出参数，调用 FB 时，将 FB 的执行结果传递到用户程序中，实参不能为常数。

InOut：输入/输出参数，调用 FB 时，由 FB 读取其值后进行运算，执行后将结果返回，实参不能为常数。

Static：静态变量，不参与参数传递，用于存储中间过程值。

Temp：用于临时存储中间结果的变量，不占用单个实例 DB 空间。临时变量在调用 FB 时生效，执行完成后，临时变量区被释放。

Constant：声明常量的符号名后，在程序中可以使用符号代替常量，这使得程序可读性增强且易于维护。符号常量由名称、数据类型和常量值 3 个元素组成。

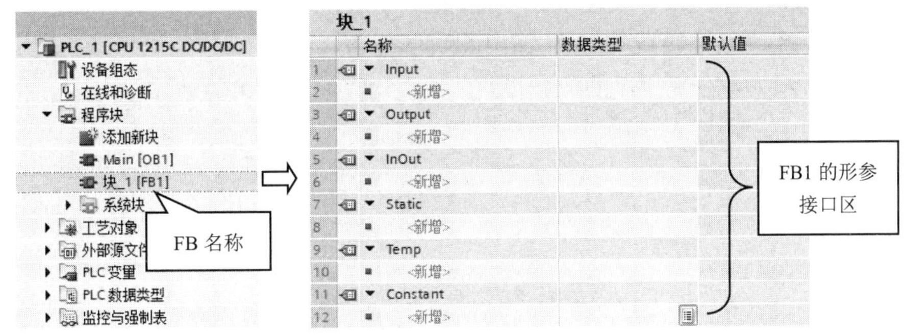

图 2-41　FB1 的形参接口区

2.3.3　FB 的数据块

相比 FC 没有存储功能来说，FB 是具有存储功能的，因为 FB 调用时需要单个实例 DB，而 FC 是没有的。图 2-42 所示为在 OB 中调用块_1[FB1]时的数据块调用选项，程序会自动建立以该 FB 命名的单个实例 DB，也就是“块_1_DB”，编号可以采用手动或自动。

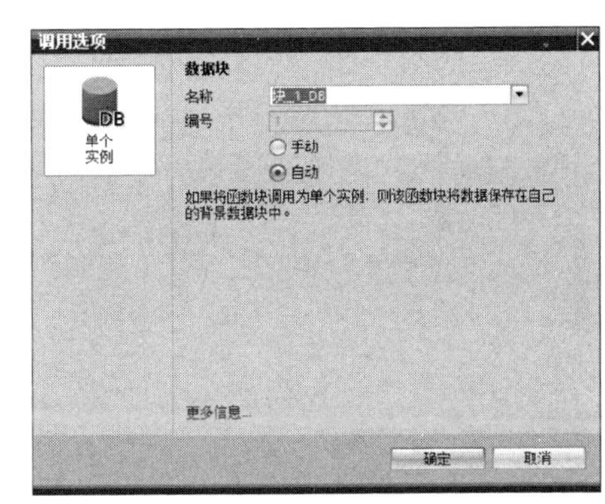

图 2-42　数据块调用选项

与 FC 的输入/输出没有实际地址对应不同，FB 的输入/输出对应单个实例 DB 地址，且 FB 参数传递的是数据。FB 的处理方式是围绕数据块处理数据展开的，它的输入/输出参数及静态变量的数据都是数据块里的数据，这些数据不会因为 FC 消失而消失，会一直保持在数据块里。在实际编程中，需要避免出现图 2-43 左侧 OB、FC 和其他 FB 直接访问某个 FB 中单个实例 DB 的方式，而是通过 FB 的接口参数来访问（见图 2-43 右侧）。

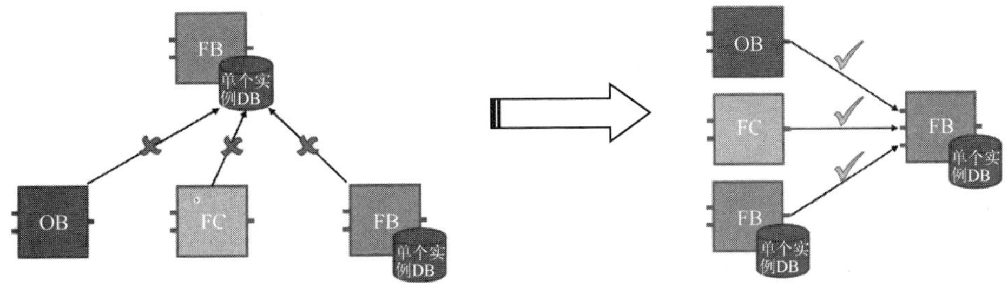

图 2-43　访问 FB 中单个实例 DB 的正确方式

扫一扫

看微课

2.3.4　物料控制 FB 的编程

本任务的 PLC 电气接线与输入/输出配置同任务 2.1 一致。

图 2-44 所示为本任务 FB 的流程图。

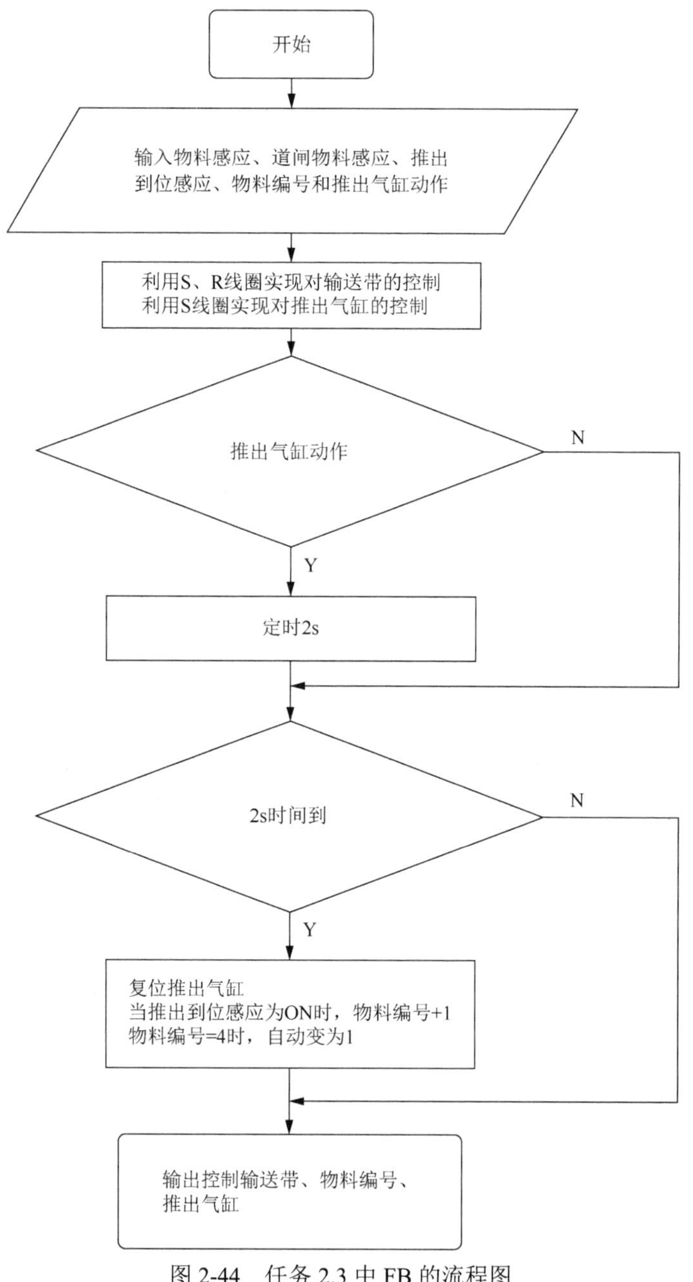

图 2-44　任务 2.3 中 FB 的流程图

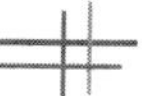

表 2-8 所示为 FB1 的输入/输出参数定义，除了定时器未出现在其中，所有的输入/输出参数均在里面。

表 2-8　FB1 的输入/输出参数定义

输入/输出参数类型	名称	数据类型
Input	物料感应	Bool
	道闸物料感应	Bool
	推出到位感应	Bool
InOut	物料编号	Int
	推出气缸	Bool
Output	输送带	Bool

由于本实例的 FB 编程时要采用 1 个定时器 TON 指令，因此在调用指令时，可以选择多重实例的调用选项，如图 2-45 所示。这样可减少在程序资源中生成过多的 IDB，否则每个定时器都会自动产生一个 IDB。采用 TON 和 SR 等组合逻辑实现延时启停功能。完成后的 FB 参数增加了 1 个接口参数，即 IEC_Timer_0_Instance，其数据类型为 TON_TIME（见图 2-46）。

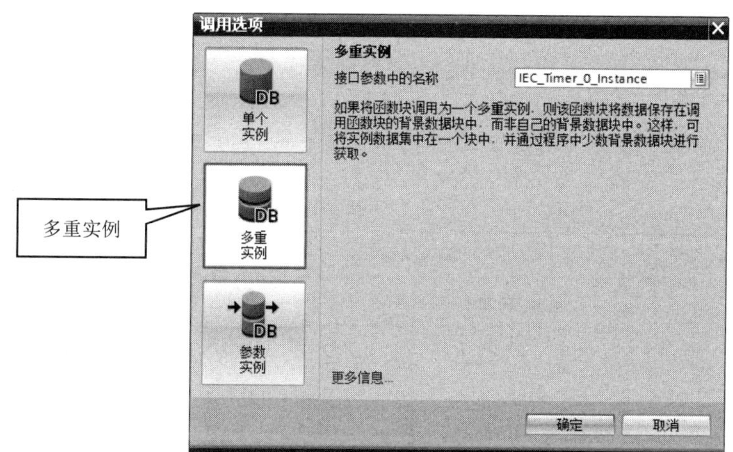

图 2-45　多重实例的调用选项

名称	数据类型	默认值
▼ Input		
物料感应	Bool	false
道闸物料感应	Bool	false
推出到位感应	Bool	false
▼ Output		
输送带	Bool	false
▼ InOut		
物料编号	Int	0
推出气缸	Bool	false
▼ Static		
▼ IEC_Timer_0_Instance	TON_TIME	
PT	Time	T#0ms
ET	Time	T#0ms
IN	Bool	false
Q	Bool	false

图 2-46　完成后的 FB 参数

图 2-47 所示为 FB1 的梯形图，程序解释如下。

程序段 1：当物料感应，推出到位无感应时，输送带启动。

程序段 2：若道闸物料感应，则输送带停止，并置位推出气缸。

程序段 3：调用多重实例 DB 进行定时控制，定时 2s 后，复位推出气缸；当推出到位感应时，物料编号加 1；若物料编号超过 3，则重新回到物料编号 1。

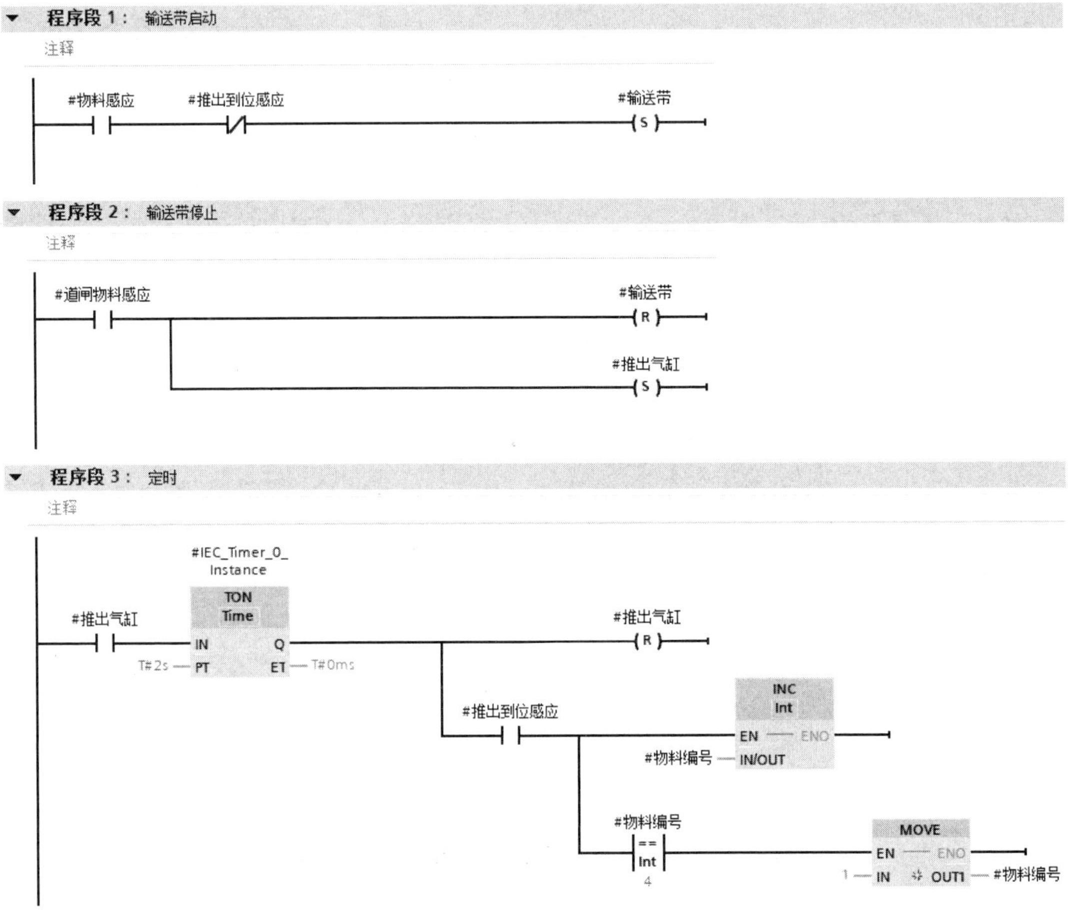

图 2-47　FB1 的梯形图

2.3.5　主程序调用 FB

在 OB1 编程时，每次拖曳 FB1 的时候，会自动生成 1 个 DB，本实例为 3 次调用 FB1 模块，生产 3 个 DB，完成后的梯形图如图 2-48 所示。

打开 IDB1（Motor_DB），可查看到在该 DB 中存放于 FB 形参接口区的各参数，在静态变量形参接口区中就存放了与定时器的 IDB 相关的数据。

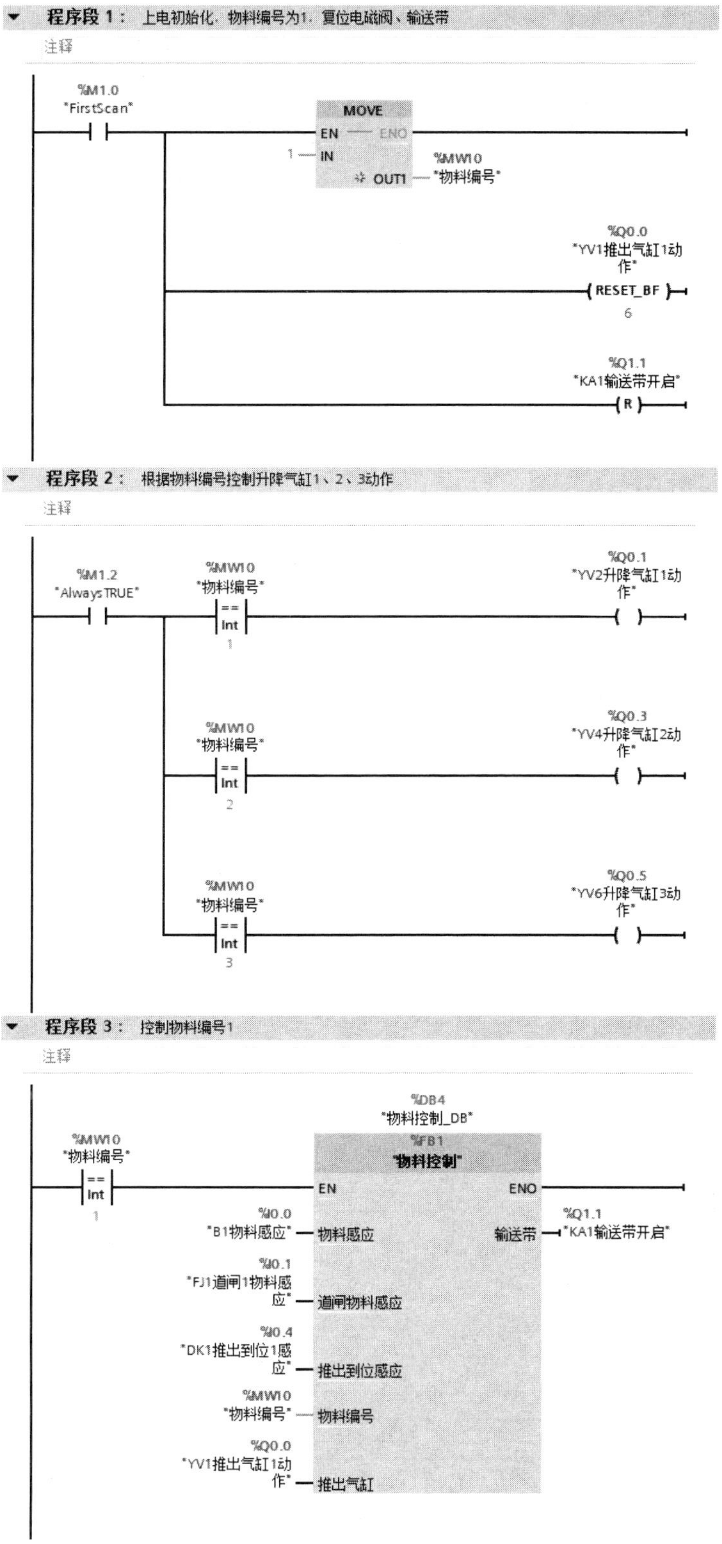

程序段 1： 上电初始化. 物料编号为1. 复位电磁阀、输送带

注释

%M1.0 "FirstScan"　MOVE　EN　ENO　1　IN　OUT1　%MW10 "物料编号"

%Q0.0 "YV1推出气缸1动作"　RESET_BF　6

%Q1.1 "KA1输送带开启"　R

程序段 2： 根据物料编号控制升降气缸1、2、3动作

注释

%M1.2 "AlwaysTRUE"　%MW10 "物料编号" == Int 1　%Q0.1 "YV2升降气缸1动作"

%MW10 "物料编号" == Int 2　%Q0.3 "YV4升降气缸2动作"

%MW10 "物料编号" == Int 3　%Q0.5 "YV6升降气缸3动作"

程序段 3： 控制物料编号1

注释

%MW10 "物料编号" == Int 1　%DB4 "物料控制_DB"　%FB1 "物料控制"　EN　ENO

%I0.0 "B1物料感应" — 物料感应　输送带 — %Q1.1 "KA1输送带开启"

%I0.1 "FJ1道闸1物料感应" — 道闸物料感应

%I0.4 "DK1推出到位1感应" — 推出到位感应

%MW10 "物料编号" — 物料编号

%Q0.0 "YV1推出气缸1动作" — 推出气缸

图 2-48　主程序 OB1 调用 FB 的梯形图

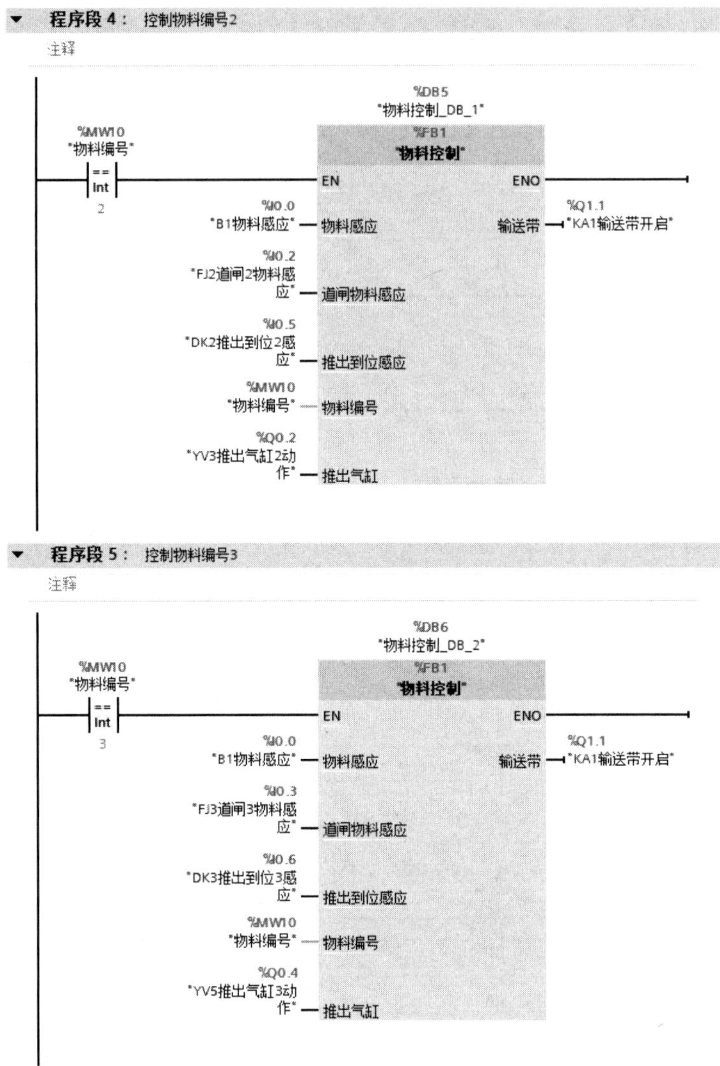

图 2-48　主程序 OB1 调用 FB 的梯形图（续）

任务评价

按要求完成考核任务 2.3，评分标准如表 2-9 所示，具体配分可以根据实际考评情况进行调整。

表 2-9　评分标准

序号	考核项目	考核内容及要求	配分	得分
1	职业道德与课程思政	遵守安全操作规程，设置安全措施； 认真负责，团结合作，对实操任务充满热情； 正确认识我国智能装备的发展趋势	15%	

续表

序号	考核项目	考核内容及要求	配分	得分
2	系统方案制定	PLC 控制方案合理	15%	
		正确绘制 FB 的流程图		
3	编程能力	独立完成 FB 参数定义和梯形图编程	20%	
		独立完成 PLC OB1 梯形图编程和 FB 调用		
4	操作能力	根据电气接线图正确接线，美观且可靠	20%	
		正确输入程序，并进行程序调试		
		根据系统功能进行正确操作演示		
5	实践效果	系统工作可靠，满足工作要求	20%	
		FB 的 I/O 参数命名规范		
		按规定的时间完成任务		
6	创新实践	在本任务中有另辟蹊径、独树一帜的实践内容	10%	
合计			100%	

拓展阅读

数控机床是“工业母机”，代表国家制造业的核心竞争力。数控系统是数控机床的“大脑”，决定了数控装备的功能和性能，更关系到我国国防安全、产业安全和经济安全。我国机床演化经历了手动机床→数字化+机床（NC MT）→互联网+数控机床（Smart MT）→智能+数控机床（Intelligent MT）的过程。随着传感器技术、网络化技术在数控机床上的不断融合，目前我国的高档数控机床与基础制造装备正呈现向高速、高精、多轴、复合等方向发展的趋势。根据国产 NC-Link 标准协议，现有国产数控系统可实现内外设备间信息的实时可靠交换、多轴耦合运动的复杂轨迹控制、高速高精运动及电动机增益宽域控制，还可实现远程监视、远程运维、可视化调试工具及基于能耗大数据的刀具寿命智能管理等。

思考与练习

习题 2.1　采用二位五通电磁阀来控制手指气缸，如图 2-49 所示，未安装磁性传感器开关，请用步序控制来实现如下功能：按下启动按钮后，从松开变为夹紧，保持 5s 后再松开的动作，重复 3 次，实现物品的夹紧、释放功能。要求如下：列出 I/O 分配表；完成电磁阀线圈等 PLC 控制外围电气接线；完成手指气缸控制的气路安装；通过编程实现手指气缸的 PLC 控制。

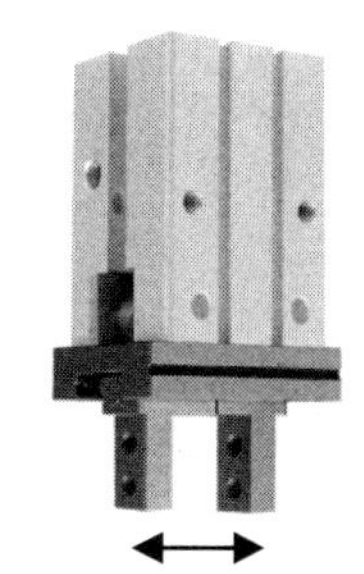

图 2-49　习题 2.1 图

习题 2.2　在图 2-50 中，共有 8 个广告灯一字排列，现有 4 种模式，模式 1 为第 1、8 灯亮，模式 2 为第 1、2、7、8 灯亮，模式 3 为第 1、2、3、6、7、8 灯亮，模式 4 为全亮。当按下启动按钮后，从模式 1 到模式 4，按间隔 5s 进行，一个循环周期结束后，广告灯全灭。要求如下：列出 I/O 分配表；完成 PLC 控制外围电气接线；通过步序控制实现 PLC 编程。

图 2-50　习题 2.2 图

习题 2.3　现有 3 台电动机，要使用 FC 编程来实现每台电动机以秒为单位的运行时长统计，每台电动机均使用独立的启动、停止按钮，还可以使用复位按钮对所有电动机进行计时复位。

习题 2.4　车间里的电动机都有一个共同的特点，就是进行启停和故障报警，如图 2-51 所示。请编写一个 FB，要求实现如下功能：电动机可以通过启动按钮进行启动，通过停止按钮实现停机；在任何时候，有一个故障报警信号（如过热信号等）连续输入时间长达 6s 后，点亮故障报警灯进行报警，同时将运行中的电动机停止。

图 2-51　习题 2.4 图

习题 2.5　某定量灌装系统如图 2-52 所示，由输送带电动机、光电开关（对射式）、定量灌装阀组成。其功能如下：按下启动按钮后，灌装指示灯亮，输送带电动机启动，当光电开关感应到空罐子时，立即停止运行，等待定量灌装阀动作，灌装 5s 后，灌装结束，输送带电动机立即启动，进入第二罐空罐的灌装，直至计数到 10，定量灌装系统停止运行，灌装指示灯闪烁，等待再次按下启动按钮进入新一轮循环。灌装过程中按下停止按钮，所有计数清零，电动机和阀门停止。请用 FB 进行编程，实现上述功能。

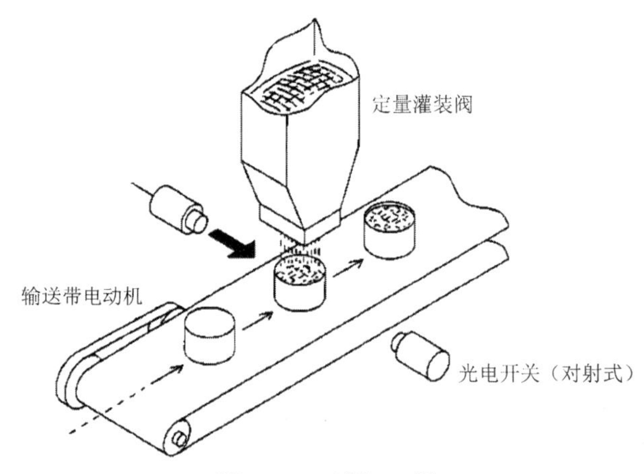

图 2-52　习题 2.5 图

习题 2.6　请用 FB 编程实现计算 1～100 中任意两数之间（包括两数）的连续自然数之和；用 FC 编程实现计算该两数（不包括两数）的自然数个数。

项目3

触摸屏控制机电设备

项目导读

触摸屏的主要功能是取代传统的控制面板和显示仪表，通过 PLC 等控制单元建立通信，实现人与控制系统的信息交换，更方便地实现对现场设备的操作和监视。西门子 KTP 系列触摸屏可以在博途软件中与 PLC 共享变量，通过 PROFINET 通信轻松实现机器设备的自动化控制。基于触摸屏丰富灵活的组网功能，它可以接入现场总线和 Internet，使用户设备的成本降到最低，实现对整个车间、不同设备的集中监视。触摸屏具有离线仿真功能，也可通过 PLCSIM 与 PLC 进行联合仿真，在不下载相关 PLC 程序和画面组态的情况下，将控制系统结果一一呈现出来，大大缩短了调试时间，提升了编程效率。本项目主要阐述触摸屏控制水泵降压启动、触摸屏实现流体搅拌模式控制和喷泉控制的联合仿真 3 个任务，充分展现触摸屏和仿真技术在机电设备控制中的最佳应用。

知识目标：

了解电阻式触摸屏和电容式触摸屏的应用原理。
掌握 KTP700 触摸屏的接线方法与组态软件的特点。
掌握触摸屏按钮、文本、图形等动画的常见制作方法。
掌握自动化仿真验证的原理。

能力目标：

会操作触摸屏与 PLC、计算机的连接。
会使用组态软件对触摸屏进行按钮、指示灯、I/O 域组态。
能使用博途软件对 KTP700 触摸屏进行动画组态。
能够根据控制要求，结合设备手册，正确下载触摸屏组态及测试程序。

素养目标：

具有实事求是的科学态度和勇于赶超的精神从事制造业数字化转型工作。
具有高度的责任心和耐心来进行电气设计与组态编程。
具有查阅资料和自学新技术、新产品的能力。

任务 3.1　触摸屏控制水泵降压启动

图 3-1 所示为本任务的控制示意图，展示了 KTP700 Basic 触摸屏与 PLC 通过 PROFINET 相连，并通过触摸屏按钮控制水泵降压启动的原理。任务要求如下。

（1）完成触摸屏的电源接线，并用网线与 PLC 进行 PROFINET 连接，实现正常通信。

（2）在触摸屏中设置“启动”“停止”按钮，并进行星/三角切换时间设置，用来控制水泵降压启动。

（3）当电动机故障导致接触器组热继电器动作时，水泵自动停机，故障指示灯闪烁，同时触摸屏上有显示。

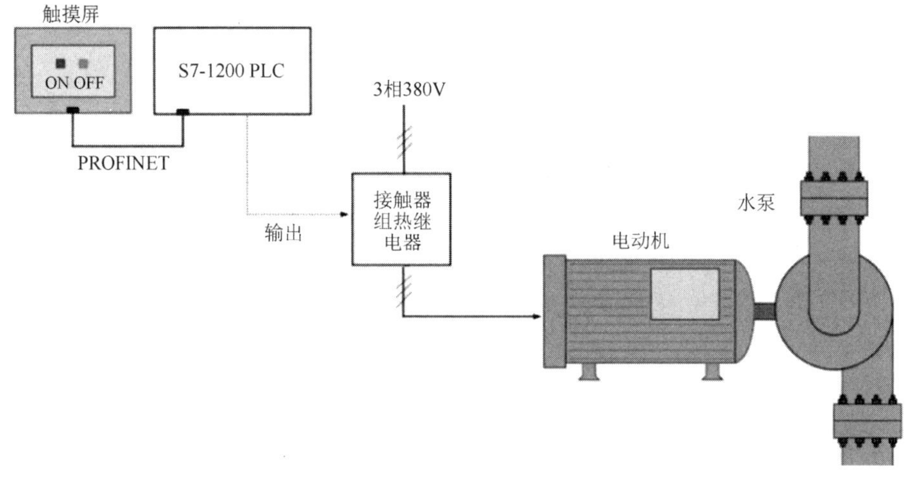

图 3-1　任务 3.1 控制示意图

扫一扫

看微课

3.1.1　电阻式触摸屏与电容式触摸屏

传统的工业控制系统一般使用按钮与指示灯来操作和监视系统，但很难实现参数的现场设置和修改，也不方便对整个系统进行集中监视。触摸屏的主要功能就是取代传统的控制面板和显示仪表（见图 3-2），通过控制单元（如 PLC）通信实现人与控制系统的信息交换，更方便地实现对现场设备的操作和监视。

按照触摸屏的工作原理和传输信息的介质，可以把触摸屏分为电阻式、电容式、红外线式及表面声波式等类型。下面介绍最常见的电阻式触摸屏和电容式触摸屏。

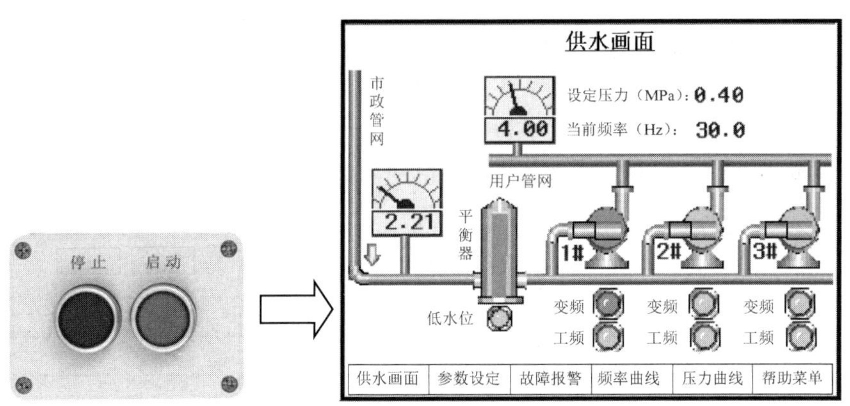

图3-2　传统的控制面板和显示仪表

1．电阻式触摸屏

电阻式触摸屏的屏体部分最下面是一层玻璃或有机玻璃，作为基层（玻璃层），其表面涂有一层透明导电层，上面再盖有一层外表面经硬化处理、光滑防刮的薄膜层；薄膜层的内表面也涂有一层透明导电层，在两层透明导电层之间有许多细小（直径小于千分之一英寸）的透明隔离点把它们隔开（绝缘），如图3-3所示。当笔触或手指接触屏幕的薄膜层时，两层透明导电层中间出现一个接触点，使得该处电压发生改变，控制器检测到这个电压信号后，进行模数转换，并将得到的电压与参考值进行比较，即可得出该笔触或手指接触点的坐标。

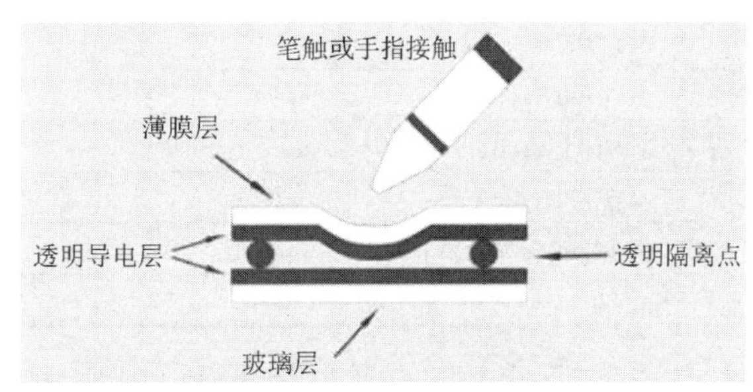

图3-3　电阻式触摸屏

2．电容式触摸屏

电容式触摸屏在其四边均匀镀上狭长的电极，在导电体内形成一个低电压交流电场，当用户手指触摸屏幕时，基于人体电场，手指与导体层间会形成一个耦合电容，驱动缓冲器的脉冲电流会流向触点，而电流强弱与手指到接收电极的距离成正比，位于触摸屏后的控制器收集电荷后计算电流的比例及强弱，准确计算出手指接触点的位置，如图3-4所示。

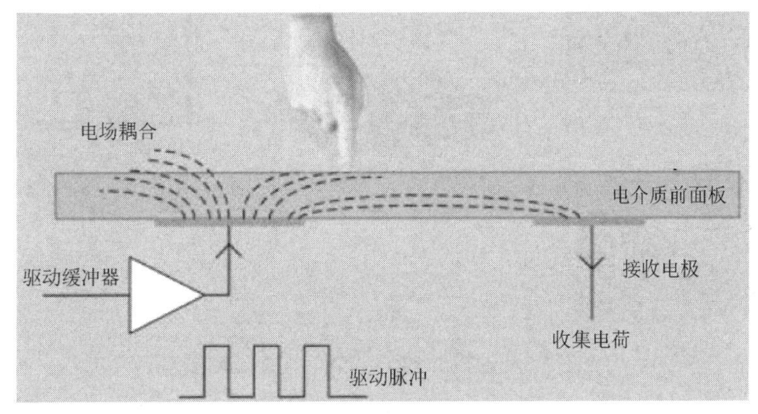

图3-4　电容式触摸屏

3.1.2 西门子精简触摸屏

西门子触摸屏产品主要分为SIMATIC精简系列面板（以下SIMATIC简称精简触摸屏）、SIMATIC精智面板和SIMATIC移动式面板，均可以通过博途软件进行组态。表3-1所示为触摸屏型号汇总。

表 3-1 触摸屏型号汇总

触摸屏类型	规格
SIMATIC 精简触摸屏	3″、4″、6″、7″、9″、10″、12″、15″显示屏
SIMATIC 精智面板	4″、7″、9″、10″、12″、15″、19″、22″显示屏
SIMATIC 移动式面板	4″、7″、9″显示屏；170s、270s 系列

其中SIMATIC精简触摸屏是面向基本应用的触摸屏，适合与S7-1200 PLC 配合使用，其常用型号如表3-2所示。

表 3-2 SIMATIC 精简触摸屏常用型号

型号	屏幕尺寸	可组态按键	分辨率	网络接口
KTP400 Basic	4.3″	4	480×272	PROFINET
KTP700 Basic	7″	8	800×480	PROFINET
KTP700 Basic DP	7″	8	800×480	PROFIBUS DP
KTP900 Basic	9″	8	800×480	PROFINET
KTP1200 Basic	12″	10	1280×800	PROFINET
KTP1200 Basic DP	12″	10	1280×800	PROFIBUS DP

图3-5所示为触摸屏与计算机、PLC（这里是S7-1200 CPU）之间通过交换机进行PROFINET连接的示意图。一个博途项目可同时包含PLC和触摸屏程序，PLC和触摸屏的变量可以共享，它们之间的通信不用编程。

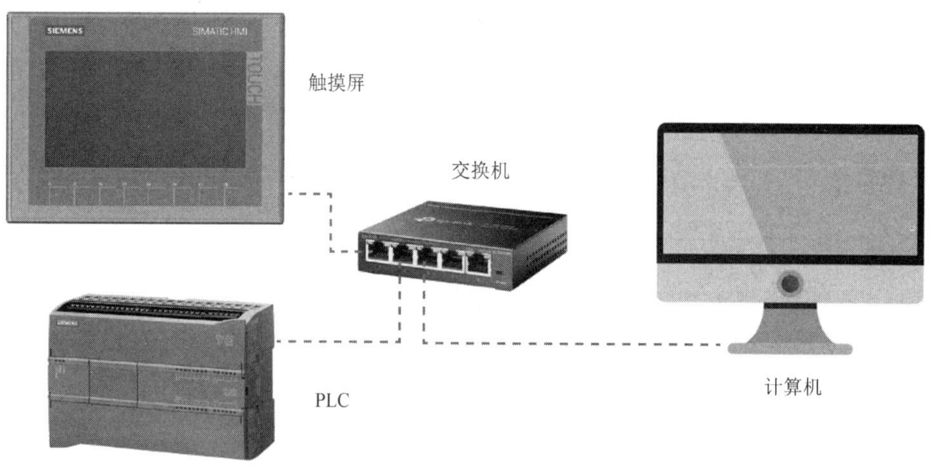

图 3-5 触摸屏 PROFINET 连接示意图

3.1.3　触摸屏的组态与使用

触摸屏的编程通常称为组态，其内涵是操作人员根据工业应用对象及控制任务的要求，配置用户应用软件的过程，包括对象的定义、制作和编辑，以及对象状态特征属性参数的设定等。不同品牌的触摸屏或操作面板所开发的组态软件不尽相同，但都具有一些通用功能，如画面、标签、配方、上传、下载、仿真等。

触摸屏组态的目的在于操作与监视设备或过程，它们之间通过 PLC 等控制器连接，并利用变量进行信息交互，如图 3-6 所示。触摸屏上的按钮对应 PLC 内部 Mx.y 的数字量“位”，按下按钮时 Mx.y 置位（为“1”），释放按钮时 Mx.y 复位（为“0”），只有建立了这种对应关系，操作人员才可以与 PLC 的 CPU 程序建立关系。由此，触摸屏上的变量值写入 PLC 存储单元（变量映像区），而触摸屏又可以从该存储单元中读取信息。

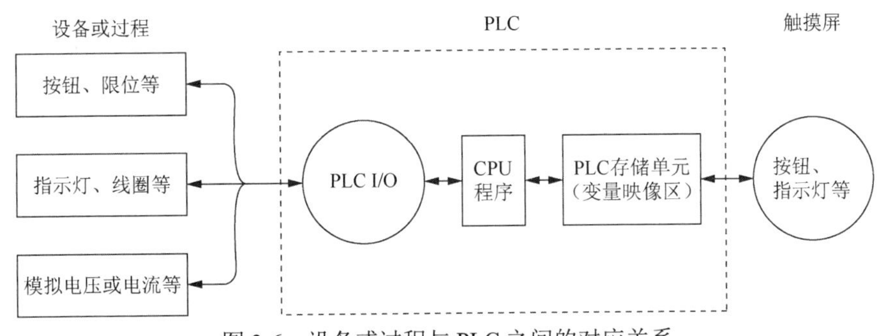

图 3-6　设备或过程与 PLC 之间的对应关系

触摸屏通常能提供多种 PLC 等硬件设备的驱动程序，能与绝大多数 PLC 进行通信，实现 PLC 的在线实时控制和显示。有些触摸屏可以提供多个通信接口，且可以同时使用，可以和任何开放协议的设备进行通信，如采用 Modbus 总线协议的设备。触摸屏在使用中都会安装于控制柜或操作盘的面板上，与控制柜内的 PLC 等连接，如图 3-7 所示，以实现开关操作、指示灯显示、数据显示、信息显示等功能。

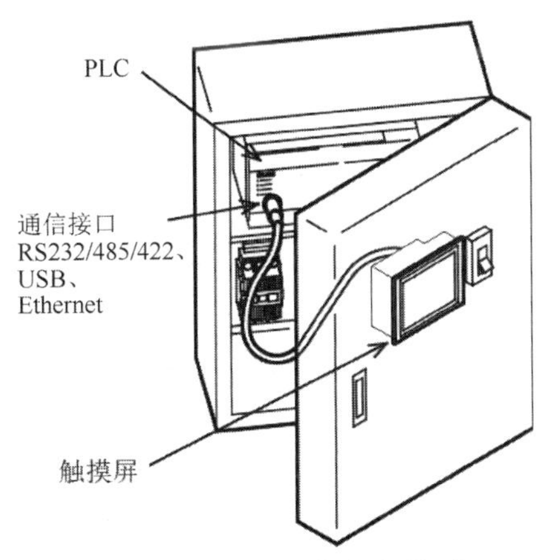

图 3-7　触摸屏的安装与使用

扫一扫看微课

3.1.4 PLC I/O 分配与电气接线

本任务在任务 1.2“PLC 控制电动机星/三角启动”的基础上，减少了现场按钮，增加了触摸屏控制。表 3-3 所示为 PLC I/O 分配表，其中热继电器动作信号输入为 FR（I0.2），指示灯为 HL1（Q0.0），接触器组就是主接触器 KM1（Q0.1）、三角形接触器 KM2（Q0.2）和星形接触器 KM3（Q0.3）。

表 3-3　PLC I/O 分配表

说明	PLC 软元件	元件符号/名称
输入	I0.2	FR/热继电器
输出	Q0.0	HL1/指示灯
	Q0.1	KA1/控制主接触器 KM1
	Q0.2	KA2/控制三角形接触器 KM2
	Q0.3	KA3/控制星形接触器 KM3

图 3-8 所示为电气接线图，其中触摸屏与 CPU1215C DC/DC/DC 之间通过 PROFINET 相连。

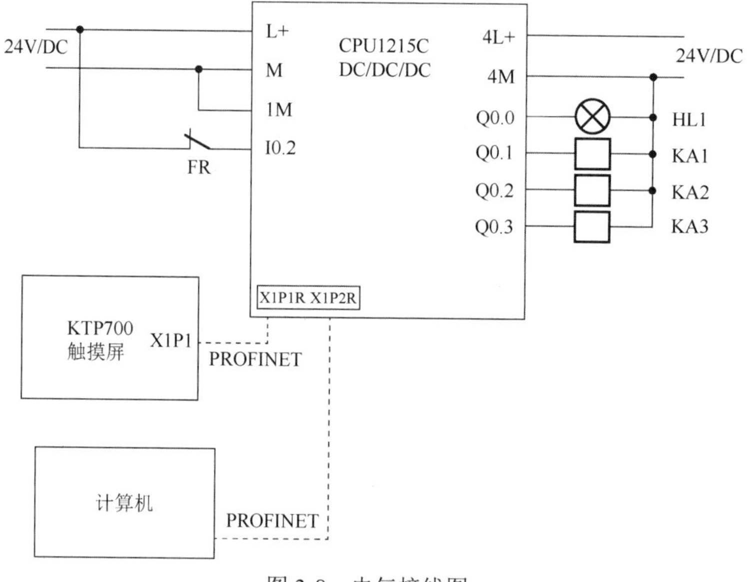

图 3-8　电气接线图

3.1.5 PLC 梯形图编程

1. 变量修改

为完成本任务，需要在触摸屏上设置“启动”“停止”按钮，并完成星/三角切换时间设置；

同时显示运行、故障。

PLC 梯形图编程也可以在任务 1.2 的基础上进行，二者的主要区别在于实际的按钮信号被替换成了触摸屏信号。在如图 3-9 所示的 PLC 变量定义中，直接将触摸屏上的按钮分别定义为 M10.0（停止按钮）、M10.1（启动按钮），以此来替换 I0.0、I0.1。

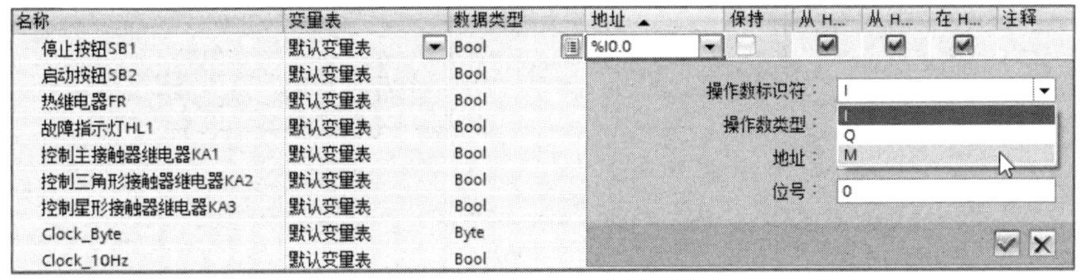

图 3-9　PLC 变量定义

星/三角切换时间设置需要从原先的固定时间 T#6s 修改为 MD12（数据类型为 Time），如图 3-10 所示。

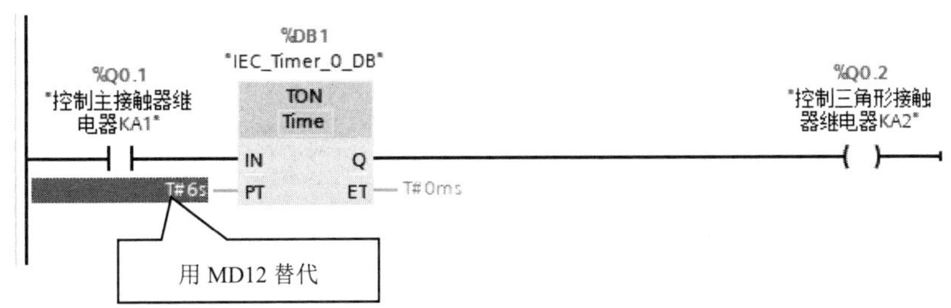

图 3-10　星/三角切换时间设置

2. 梯形图程序解释

图 3-11 所示为触摸屏控制水泵降压启动梯形图。程序解释如下。

程序段 1：上电初始化，设置降压切换时间 MD12=5s。

程序段 2：参考任务 1.2 中的程序段 1，主接触器和星形接触器动作逻辑，其中 M10.0 按钮信号与实际的按钮信号略有不同，要注意常开或常闭信号的区别。

程序段 3：参考任务 1.2 中的程序段 2，主接触器 ON 后延时设定时间，三角形接触器动作。

程序段 4：参考任务 1.2 中的程序段 3，故障指示灯闪烁。

程序段 5：设置最低切换时间为 3s。

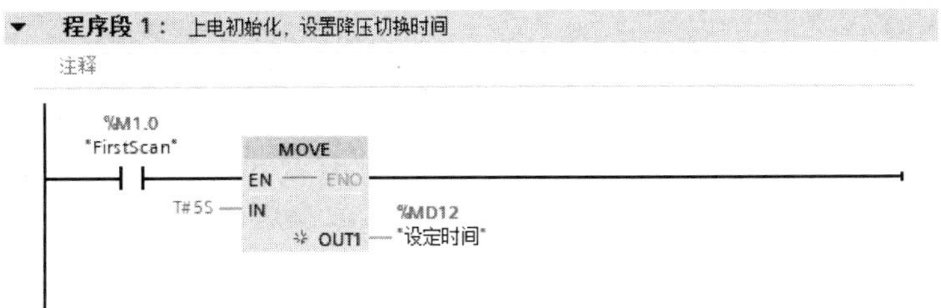

图 3-11　触摸屏控制水泵降压启动梯形图

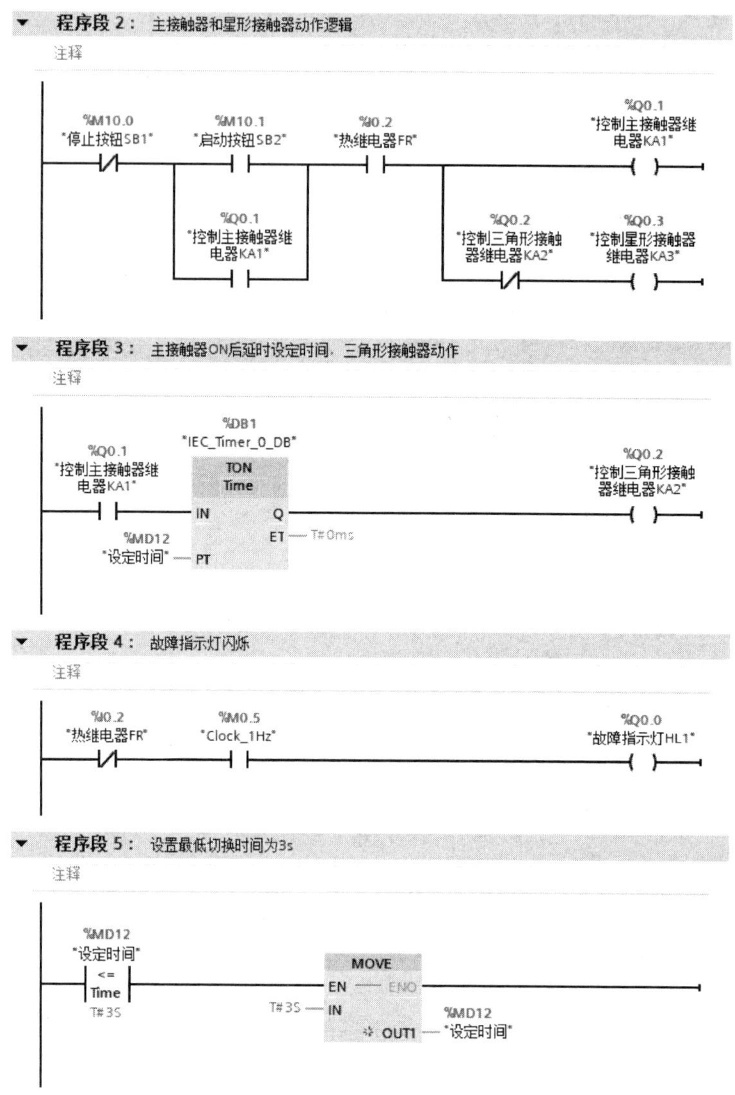

图 3-11　触摸屏控制水泵降压启动梯形图（续）

3.1.6　KTP 触摸屏组态

1．添加触摸屏

完成PLC编程之后，在项目树中添加新设备，如图3-12所示。选择本任务中用到的KTP700 Basic，确认相应的订货号和版本。这里触摸屏的订货号为 6AV2 123-2GB03-0AX0，版本为16.0.0.0。如果遇到软件版本较低的触摸屏，请选择低版本进行替换，否则无法正确下载触摸屏画面组态。

确认后（单击“确定”按钮），出现如图 3-13 所示的 HMI 设备向导界面，包括 PLC 连接、画面布局、报警、画面、系统画面和按钮 6 个步骤。这 6 个步骤可以通过单击“下一步”按钮逐一完成，也可以直接单击“完成”按钮。这里只介绍 PLC 连接，单击“浏览”下拉按钮后会出现整个项目树中的所有 PLC，本任务选择“PLC_1”，单击图标后即可出现如图 3-14 所示的 PLC 与 HMI 的通信属性界面。

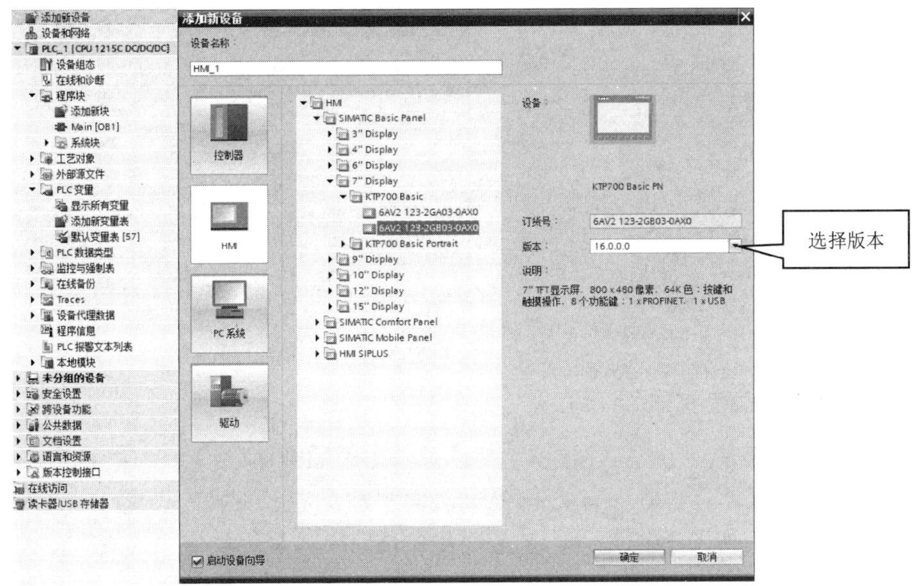

图 3-12　添加新设备

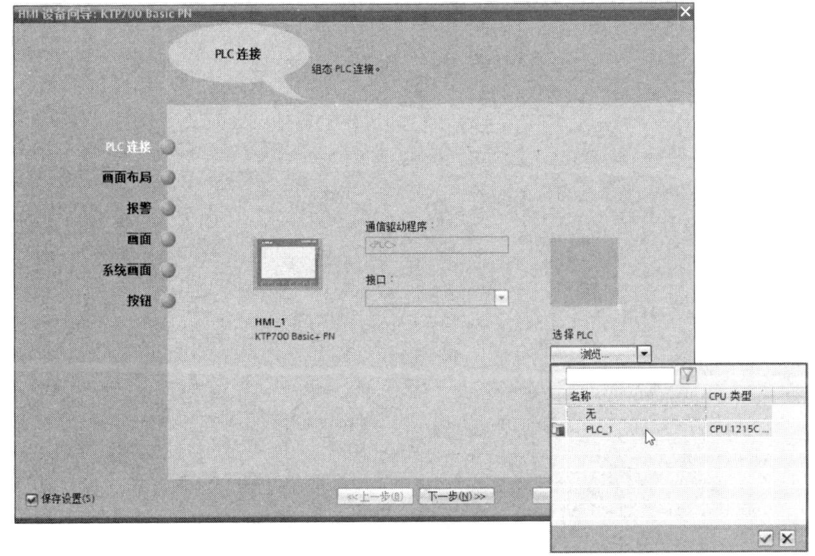

图 3-13　HMI 设备向导界面

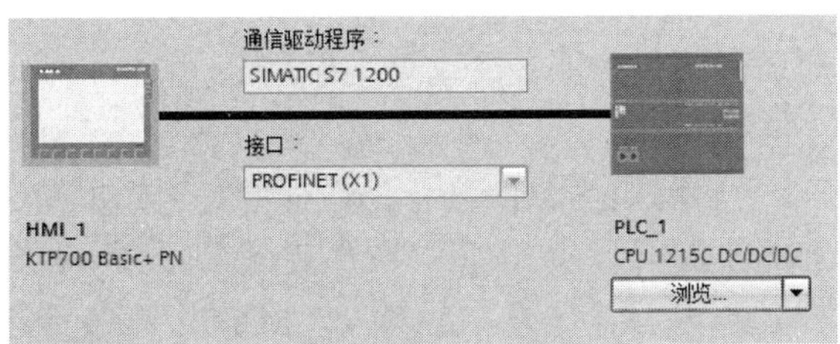

图 3-14　PLC 与 HMI 的通信属性界面

执行“项目树”→“设备和网络”命令，可以看到如图 3-15 所示的 PN/IE 通信连接示意图，即 PLC 与 HMI 之间自动连接 PROFINET 网络，并建立 PN/IE_1 连接。

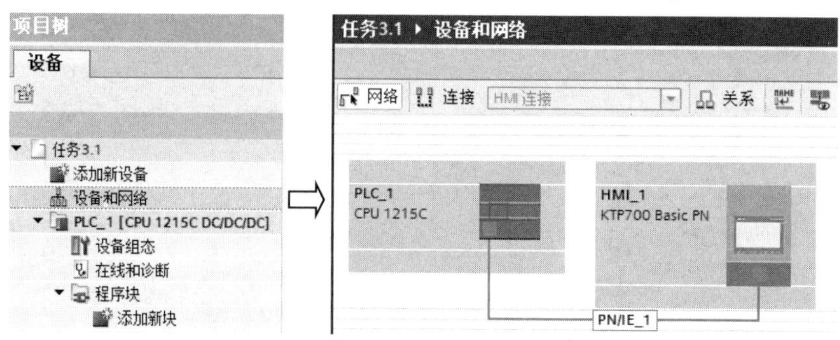

图 3-15　PN/IE 通信连接示意图

2. 触摸屏画面组态

（1）画面管理。完成上述步骤之后，就会出现如图 3-16 所示的根画面，也就是一个项目运行时的起始画面。根画面有类似 PPT 页面中的页眉、页脚的设置，可以放置 LOGO 和时间等图文信息。如图 3-17 所示，执行“根画面”→“属性”→“常规”→“样式→“模板”命令，选择模板，这里选择无页眉、页脚的模板_2（也是任何添加新模板后不编辑的起始画面）。

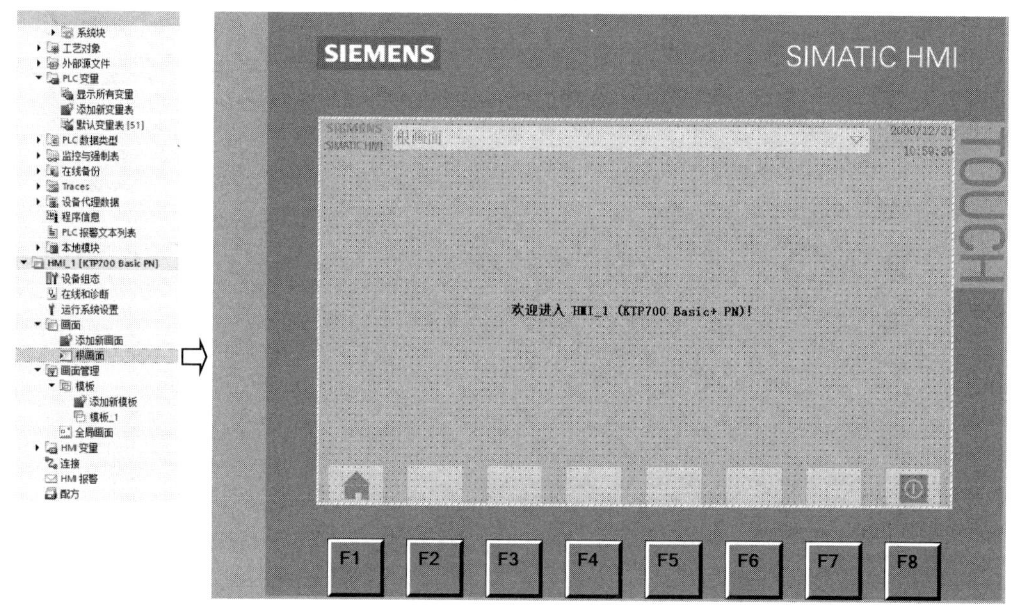

图 3-16　根画面

（2）文本组态。触摸屏画面组态就是将需要表示任务过程的基本对象插入画面，并对该对象进行组态，使之符合过程要求。

单击任意一个画面，均会出现如图 3-18 所示的画面组态对话框和工具箱。其中工具箱包括基本对象（如直线、椭圆、圆、矩形、文本域、图形视图）、元素（如 I/O 域、按钮、符号 I/O 域、图形 I/O 域、日期/时间域、棒图、开关）、控件（如报警视图、趋势视图、用户视图、HTML 浏览器、配方视图、系统诊断视图）和图形（如 WinCC 图形文件夹、我的图形文件夹）。

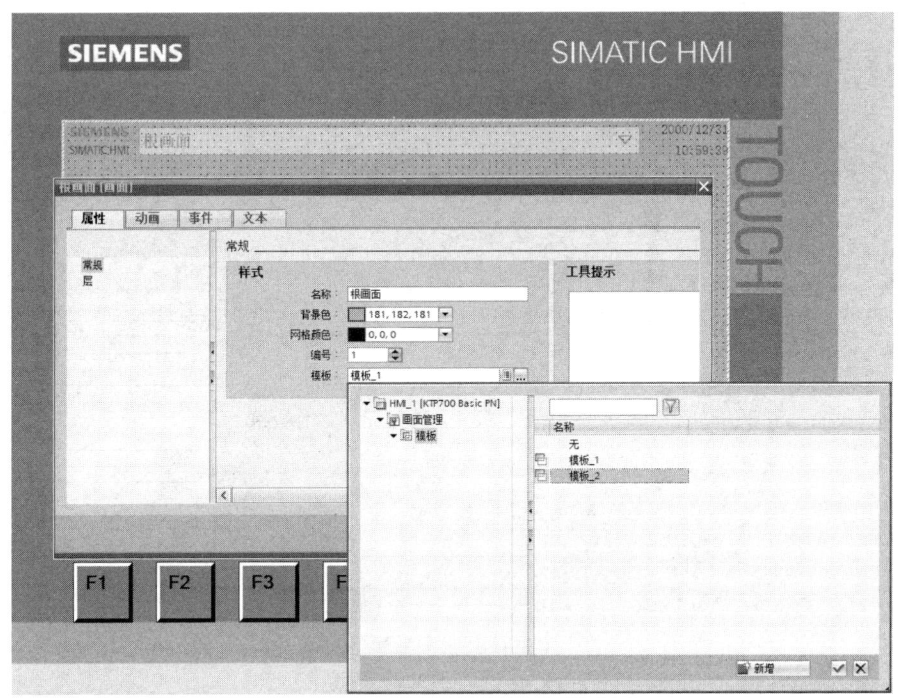

图 3-17　模板选择

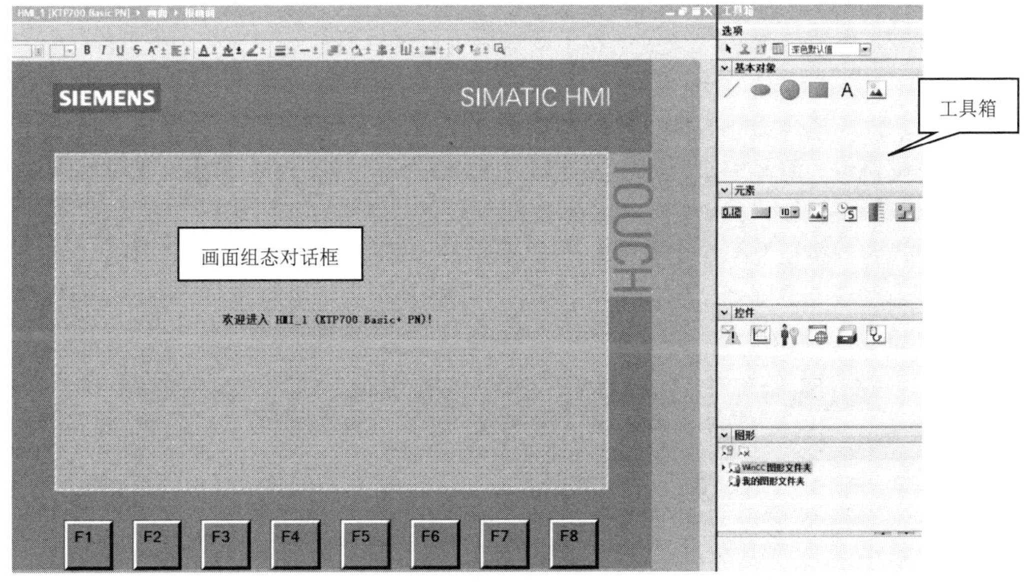

图 3-18　画面组态对话框和工具箱

在根画面中，首先单击已有的“欢迎进入 HMI_1（KTP700 Basic+ PN）!”文本域或选择基本对象中的 A 文本域工具进行新建，写入任务标题“触摸屏控制水泵降压启动”（见图 3-19），右击该文本域，执行“属性”→“常规”→“样式”命令进行修改，如字体为“宋体，23px，style=Bold”，与办公字处理类似。除此之外，还可以设置外观、布局等属性。

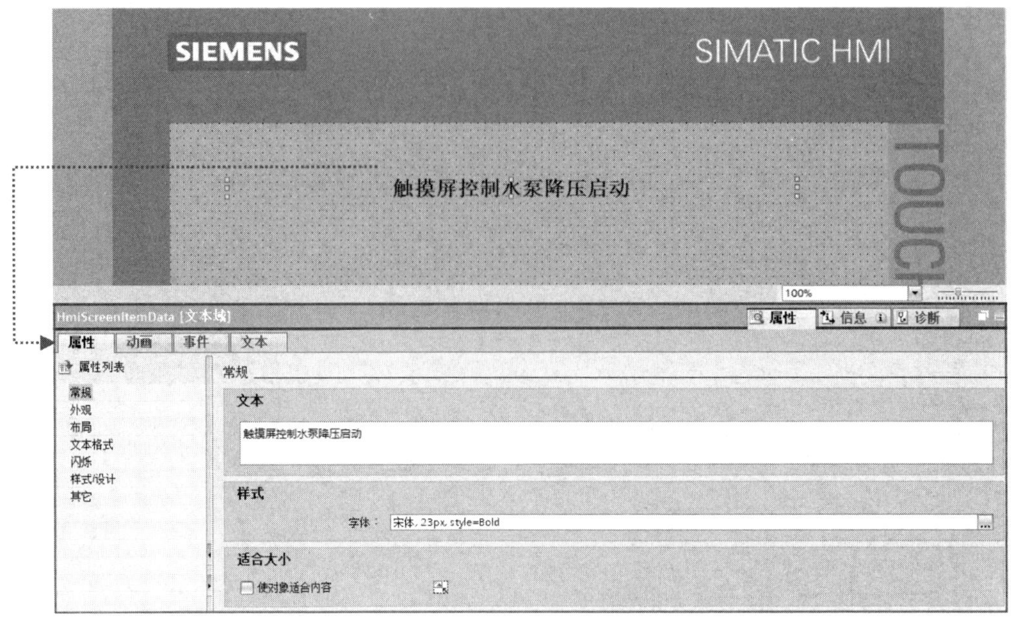

图 3-19　文本域属性

（3）按钮组态。选择按钮用于触摸屏对指示灯的启动与停止，从工具箱的元素中把对象拖曳至画面。在将按钮放置到触摸屏画面中的某个位置后，可以设置该按钮的相关属性，如文本标签，输入“启动”字符，表示该按钮可以执行彩灯按序点亮命令。

图 3-20 所示为触摸屏按钮事件，包括单击、按下、释放、激活、取消激活、更改。显然，按下和释放为与本任务相关的事件。例如，在此定义这个按钮的属性为当按下按钮时，将 PLC 的相关变量置位（该变量处于 ON 状态）；当释放按钮时，将 PLC 的相关变量复位（该变量处于 OFF 状态）。执行“编辑位”→“置位位”命令，单击按钮选择“PLC_1”中的 PLC 变量，从中找到按钮按下事件变量“启动按钮 SB2”（见图 3-21）。在图 3-22 中，的出现表示按下事件已经成立。同理，对按钮释放执行“编辑位”→“复位位”命令，其触发变量不变，仍旧为“启动按钮 SB2”。

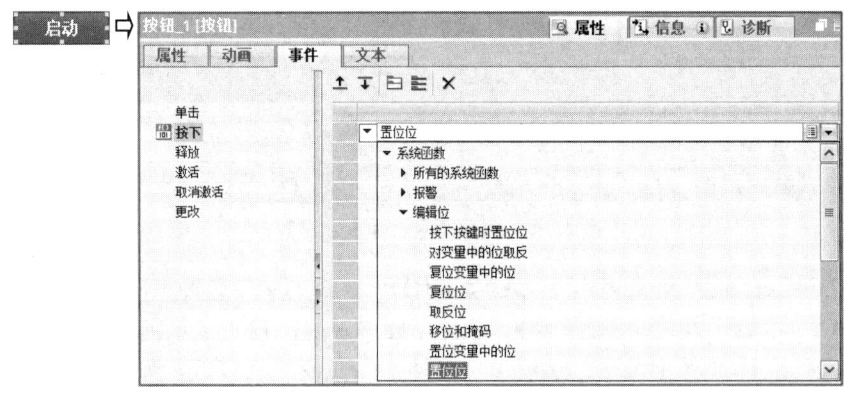

图 3-20　触摸屏按钮事件

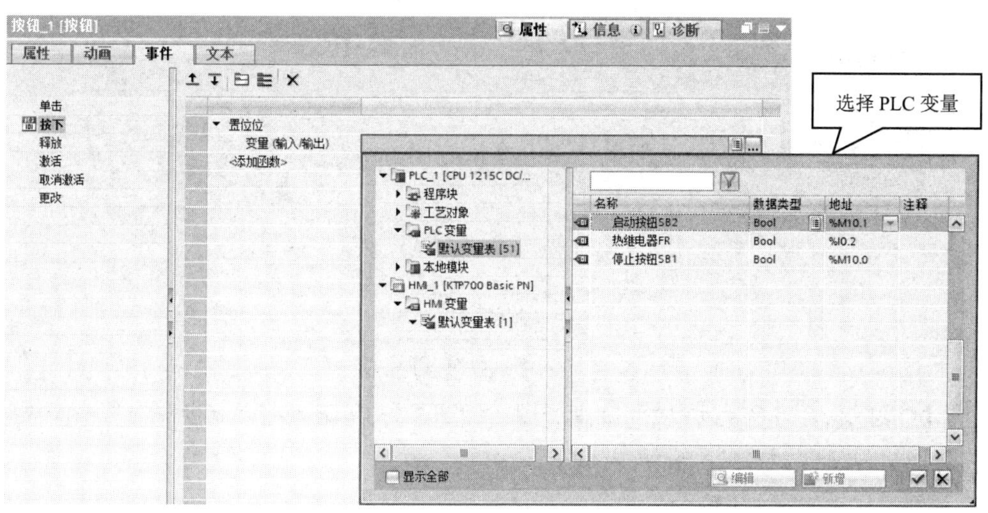

图 3-21　按钮按下事件变量

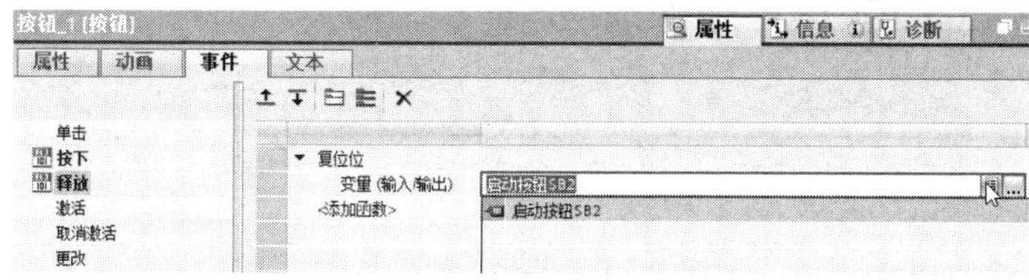

图 3-22　按钮释放事件完成

按照同样的方法增加“停止”按钮，并进行类似的按下和释放的事件组态。当然，在组态过程中，可以采取复制和粘贴的方式进行。

（4）指示灯组态。与按钮不同，指示灯是动态元素，会根据过程改变其状态。从基本对象中将拖曳至画面组态窗口。图 3-23 所示为指示灯添加动画，共有两种动画可供选择，包括外观、可见性，这里选择外观。

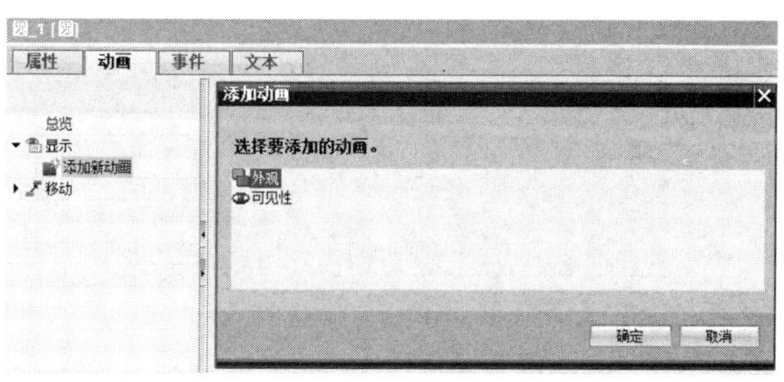

图 3-23　指示灯添加动画

一般而言，触摸屏上的指示灯要有颜色变化功能，如信号接通为红色、不接通为灰色等。将新建指示灯圆外观动画与 PLC 的“控制主接触器继电器 KA1”变量（Q0.1）关联。如图 3-24 所示，在范围“0”处设置背景色、边框颜色和闪烁等属性，这里选择背景色为灰色；同样，单击“添加”按钮，出现范围“1”，在此选择背景色为红色。故障指示灯 Q0.0 也按此步骤进行。

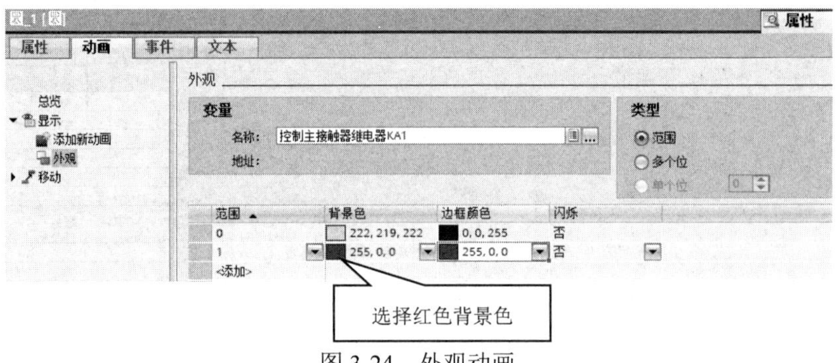

图 3-24　外观动画

（5）I/O 域组态。进行 I/O 域的动画设置，如图 3-25 所示。在“变量连接”选区中设置属性名称为“过程值”，数据类型为“Time”。

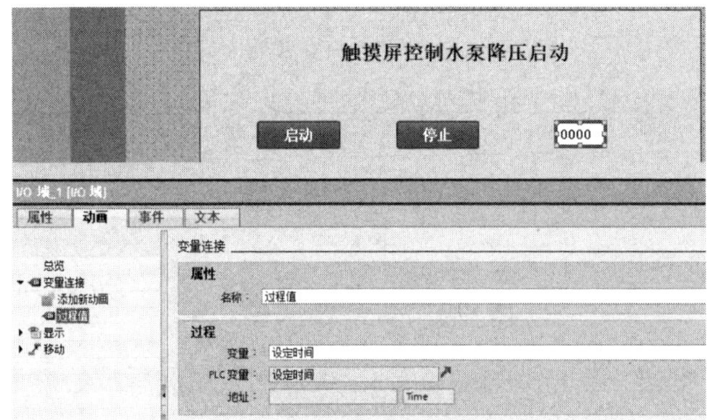

图 3-25　I/O 域的动画设置

图 3-26 所示为完成后的画面组态。

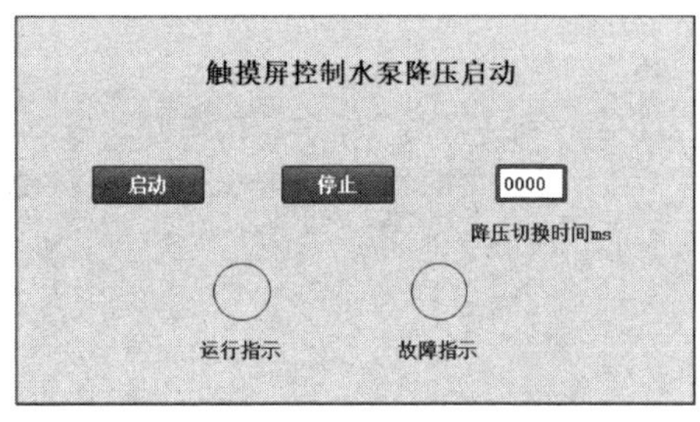

图 3-26　完成后的画面组态

完成画面组态后的 HMI 变量如图 3-27 所示，除了 Tag_ScreenNumber 为内部变量，其余按钮、灯、设定时间等变量都是从 PLC 中导入的，这也是博途软件变量共享的特征。

名称 ▲	变量表	数据类型	连接	PLC 名称	PLC 变量
Tag_ScreenNumber	默认变量表	UInt	<内部变量>		<未定义>
故障指示灯HL1	默认变量表	Bool	HMI_连接_1	PLC_1	故障指示灯HL1
控制主接触器继电器KA1	默认变量表	Bool	HMI_连接_1	PLC_1	控制主接触器继电器KA1
启动按钮SB2	默认变量表	Bool	HMI_连接_1	PLC_1	启动按钮SB2
设定时间	默认变量表	Time	HMI_连接_1	PLC_1	设定时间
停止按钮SB1	默认变量表	Bool	HMI_连接_1	PLC_1	停止按钮SB1

图 3-27　完成画面组态后的 HMI 变量

3.1.7　触摸屏程序下载和调试

1．HMI 设备组态

触摸屏就是这里的 HMI 设备，在博途软件中，用 HMI 来统一表示触摸屏。进行 HMI 设备组态，如图 3-28 所示。根据 HMI 和计算机、PLC 等在同一个 IP 频段的原则，可以设置 HMI 的 IP 地址为“192.168.0.4”，子网掩码为“255.255.255.0”。

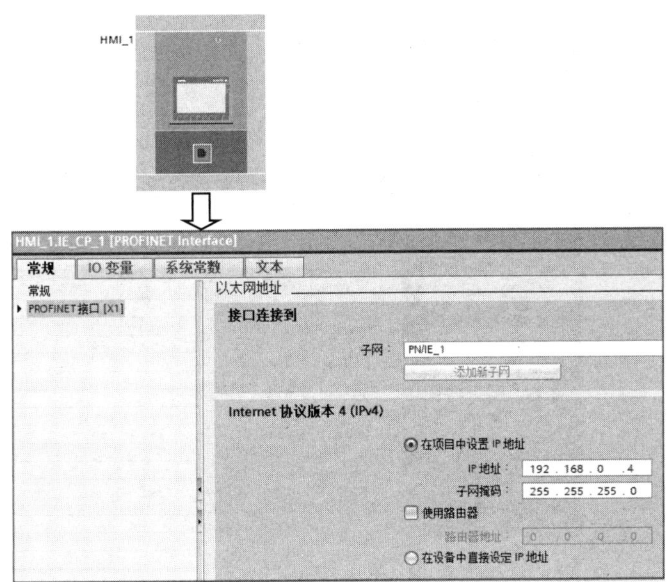

图 3-28　HMI 设备组态

2．HMI 通电并进行 PROFINET 设备的网络设置

HMI 通电之前要进行电气连接，如图 3-29 所示，包括 24V/DC 的电源线、接地线和 PROFINET 通信线。

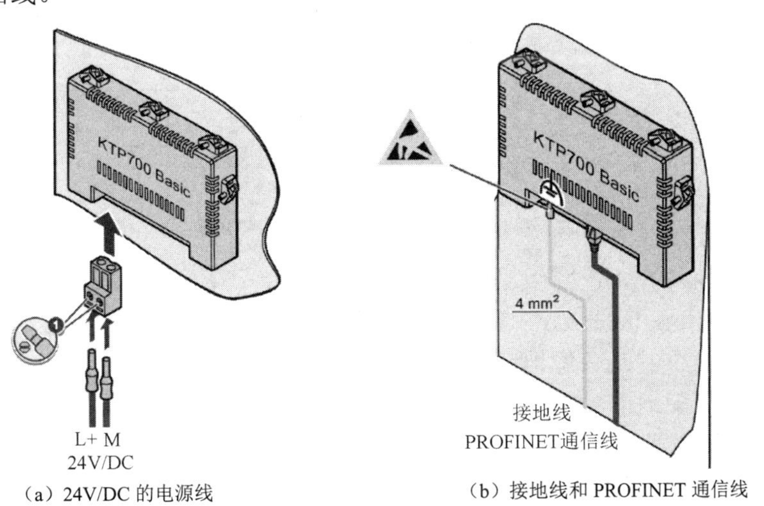

（a）24V/DC 的电源线　　（b）接地线和 PROFINET 通信线

图 3-29　HMI 电气连接

将实体 HMI 通电之后，显示 Start Center 对话框（见图 3-30），单击“Settings”按钮打开用于对 HMI 进行参数化的设置画面，具体包括操作设置、通信设置、密码保护、传输设置、屏幕保护程序、声音信号。Start Center 对话框分为导航区和工作区。如果设备配置为横向模式，那么导航区在屏幕左侧，工作区在右侧；如果设备配置为纵向模式，那么导航区在屏幕上方，工作区在下方。

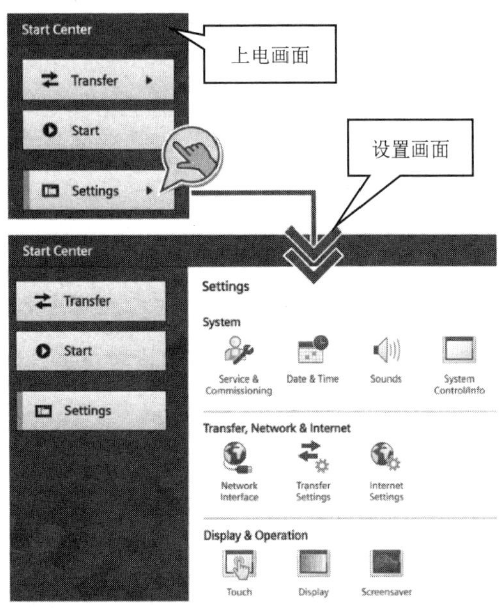

图 3-30　Start Center 对话框

如果导航区或工作区内无法显示所有按键或符号，那么将出现滚动条。可以通过滑动手势滚动导航区或工作区，如图 3-31 所示。需要注意的是，要在标记的区域内进行滚动操作，不用在滚动条上操作。

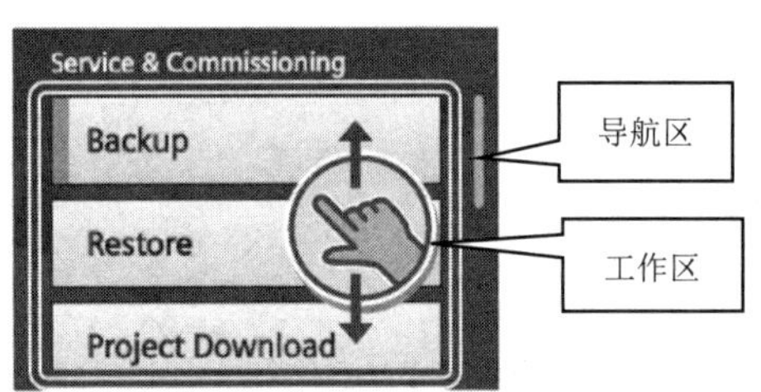

图 3-31　滑动手势滚动导航区或工作区

PROFINET 设备的网络设置如图 3-32 所示，相关序号解释如下。

① 触摸“Network Interface”图标。

② 在通过 DHCP 自动分配地址和特别指定地址之间进行选择。

③ 如果自行分配地址，就通过屏幕键盘在“IP address”（本任务中为 192.168.0.4，与博途组态的地址必须保持一致）和“Subnet mask”（本任务中为 255.255.255.0）文本框中输入有效值，有可能还需要填写“Default gateway”（本任务不需要填写）文本框。

④ 在“Ethernet parameters”选区的“Mode and speed”下拉列表中选择 PROFINET 网络

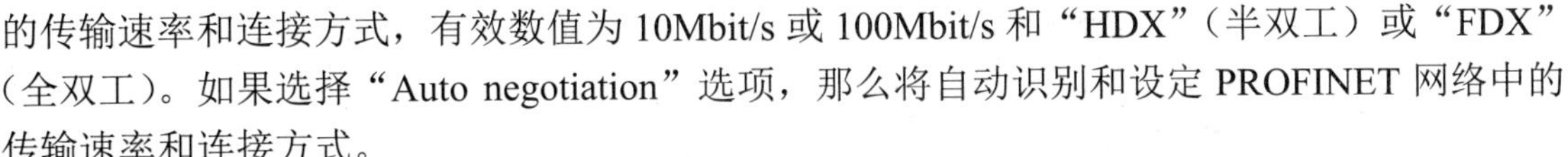

的传输速率和连接方式，有效数值为10Mbit/s或100Mbit/s和“HDX”（半双工）或“FDX”（全双工）。如果选择“Auto negotiation”选项，那么将自动识别和设定PROFINET网络中的传输速率和连接方式。

⑤ 如果激活开关“LLDP”，那么本HMI将与其他HMI交换信息。

⑥ 在“Profinet”选区的“Device name”文本框中输入HMI设备的网络名称，这里可以采用默认名称。

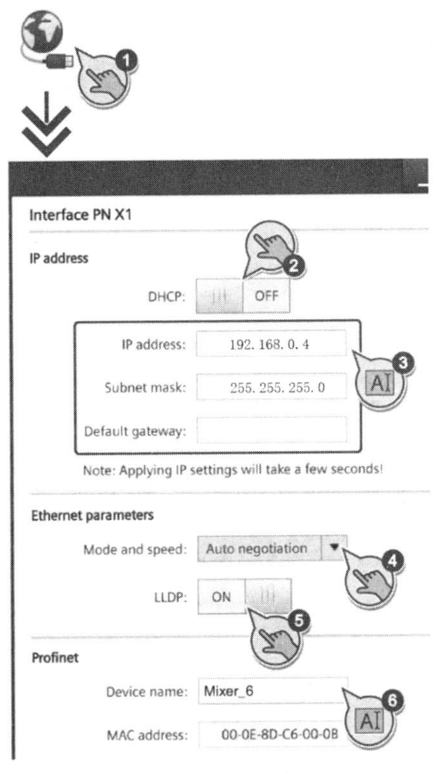

图3-32　PROFINET设备的网络设置

3. 下载并调试

将实体HMI画面切换到Transfer，单击进入后为等待传送画面，既可以采用PROFINET传送，又可以采用USB传送。本任务采用PROFINET传送，其中计算机的IP地址为192.168.0.100，与HMI的IP地址192.168.0.4处于同一个IP频段，可以通过ping命令来测试它们是否连通。需要注意的是，在实际下载中，实体HMI会根据博途软件的下载命令自动切换到Transfer。

进入博途软件，右击HMI_1，执行“下载到设备”→“软件（全部下载）”命令，此时会弹出如图3-33所示的“转至在线”对话框，如同PLC下载一样，开始搜索目标设备，直至找到实体HMI设备，即IP地址为192.168.0.4的hmi_1，单击“转至在线”按钮。图3-34所示为触摸屏实际运行画面。

需要注意的是，触摸屏的故障指示如果没有正常显示，则是因为该变量的采集周期默认为1s，刚好与PLC的变量闪烁周期同频，需要将该采集周期设置为100ms。

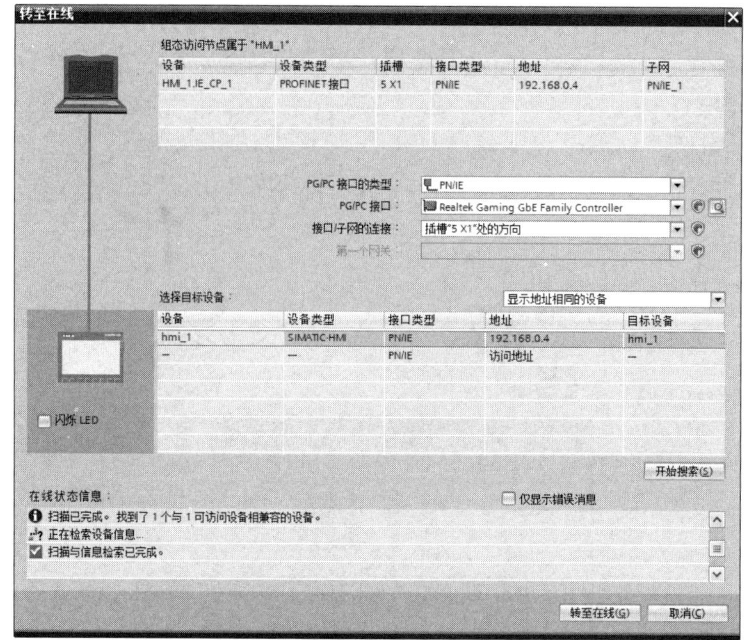

图 3-33 “转至在线”对话框

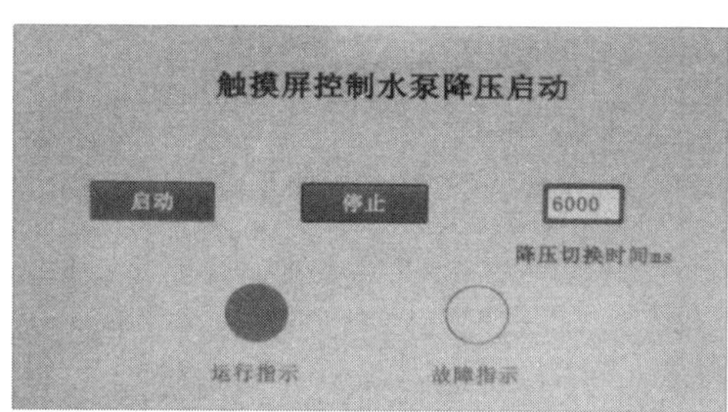

图 3-34 触摸屏实际运行画面

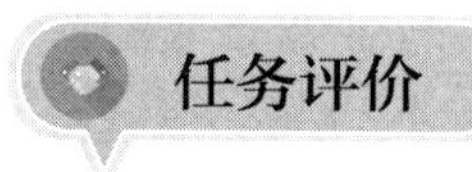

任务评价

按要求完成考核任务 3.1，评分标准如表 3-4 所示，具体配分可以根据实际考评情况进行调整。

表 3-4 评分标准

序号	考核项目	考核内容及要求	配分	得分
1	职业道德与课程思政	遵守安全操作规程，设置安全措施； 认真负责，团结合作，对实操任务充满热情； 了解国产工业互联网操作系统的特点	15%	
2	系统方案制定	触摸屏与 PLC 控制对象说明与分析	20%	
		组态控制方案合理		
		选用合适的触摸屏		
		触摸屏与 PLC 控制电路图正确		

续表

序号	考核项目	考核内容及要求	配分	得分
3	编程能力	独立完成触摸屏的添加与画面组态	15%	
		建立触摸屏与PLC变量共享		
4	操作能力	根据电气接线图对PLC和触摸屏进行正确接线	20%	
		通过博途软件下载触摸屏程序，并进行程序调试		
		根据系统功能进行正确操作演示		
5	实践效果	系统工作可靠，满足工作要求	20%	
		触摸屏与PLC变量命名规范		
		按规定的时间完成任务		
6	创新实践	在本任务中有另辟蹊径、独树一帜的实践内容	10%	
合计			100%	

任务3.2　触摸屏实现流体搅拌模式控制

任务描述

图3-35所示为本任务的控制示意图，展示了KTP700 Basic触摸屏与PLC通过PROFINET相连，并通过触摸屏实现4台搅拌机的模式控制。任务要求如下。

（1）正确完成触摸屏的电源接线，并用网线与PLC进行PROFINET连接。

（2）在触摸屏中设置模式切换按钮，使搅拌工作模式为1～4。模式1时，搅拌机1#～4#按照定时5s的方式按顺序运行，每次只有1台搅拌机运行；模式2时，搅拌机按照定时6s的方式，每次相邻2台搅拌机运行；模式3时，搅拌机按照定时7s的方式，每次相邻3台搅拌机运行；模式4时，4台搅拌机一直运行。每次切换都从1#搅拌机开始运行。

（3）在触摸屏中设置启动和停止按钮。每次按下启动按钮，均从1#搅拌机开始运行；按下停止按钮，立即停止当前动作。

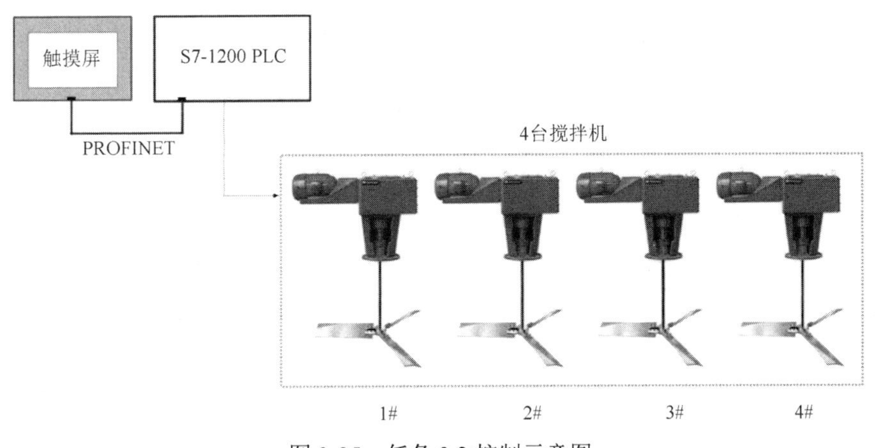

图3-35　任务3.2控制示意图

3.2.1 触摸屏周期设定

触摸屏中的周期用于控制运行系统中定期执行的操作，即在运行系统中，定期执行的操作由周期控制。一般应用的周期是采集周期、记录周期和更新周期。

1．采集周期

采集周期决定触摸屏设备何时从 PLC 中取外部变量的过程值。对采集周期进行设置，使其适合过程值的改变速率。例如，烤炉的温度变化明显比电气驱动的速度慢。不要将所有采集周期都设置得很小，因为这将不必要地增加信号传输过程的负荷。

2．记录周期

记录周期决定何时将过程值保存在记录数据库中。记录周期始终是采集周期的整数倍。记录周期的最小值取决于项目所使用的触摸屏设备。对大多数触摸屏来说，该值为 100ms。所有其他周期的数值始终为其最小值的整数倍。

3．更新周期

在博途软件中，触摸屏变量的采集周期可以进行选择，如图 3-36 所示（100ms、500ms、1s、2s、5s、10s、1min、5min、10min 和 1h 等），用户可以根据实际情况进行调整。对于动画，需要选择 100ms。

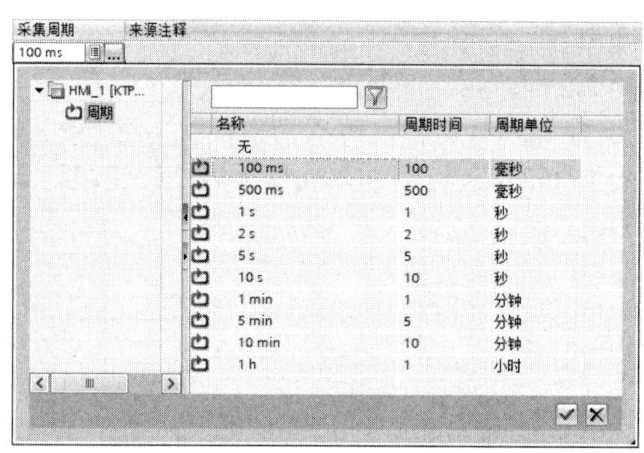

图 3-36 触摸屏变量采集周期的选择

3.2.2 触摸屏动画组态

触摸屏上的动画可以分为以下几种简单的方式。

1．可见和不可见

在同一个区域重叠放置两张或两张以上的图片，利用人眼的视觉停留特性，在一定的周期内进行图片替换（任一时刻只有一张图片可见，其余图片不可见），就会产生类似“电影帧”的效应。图 3-37 所示为多幅时钟动画示意。如果周期设置得较长，就是一般的图片或文字切换。

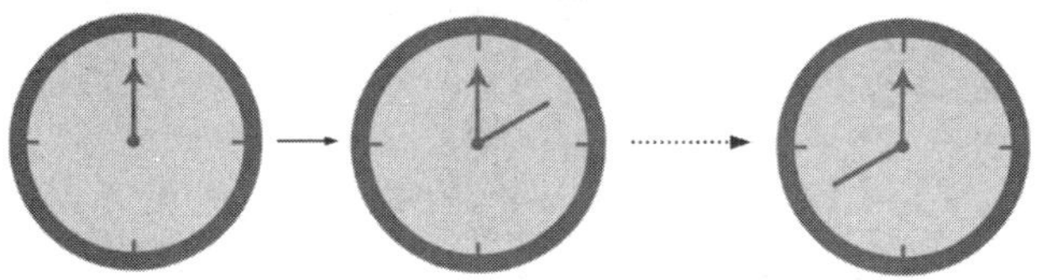

图 3-37　多幅时钟动画示意

2．移动

移动是反映物品运动轨迹最直接的方式，在博途软件中可以进行直接移动、对角线移动、水平移动和垂直移动，如图 3-38 所示。图 3-39 所示为输送带运送物品的动画示意，物品先从起始位置水平移动到中间位置，然后移动到最终位置。

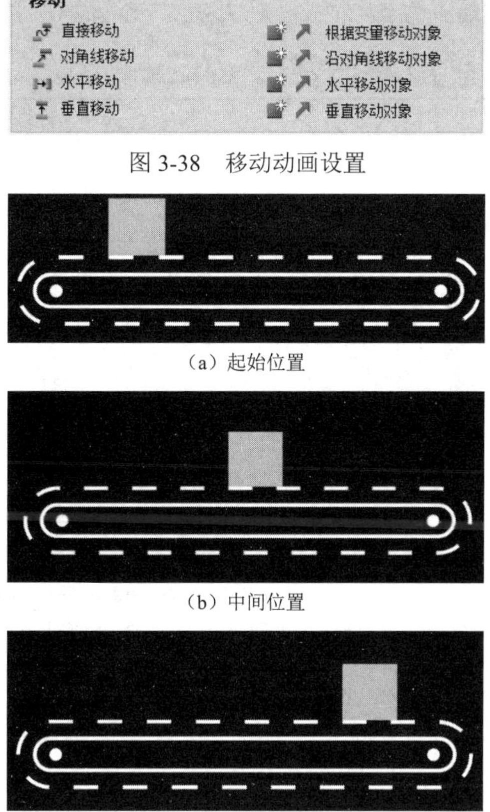

图 3-38　移动动画设置

（a）起始位置

（b）中间位置

（c）最终位置

图 3-39　输送带运送物品的动画示意

3．棒图

棒图含有刻度指示，可以直接反映某个物理量的大小变化，这也是动画的一种。液位高低的棒图动画如图 3-40 所示。

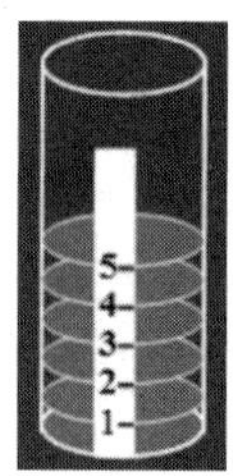

图 3-40　液位高低的棒图动画

3.2.3　PLC I/O 分配与电气接线

表 3-5 所示为触摸屏实现流体搅拌模式控制的 PLC I/O 分配，主要控制搅拌机 1#～4#。

表 3-5　触摸屏实现流体搅拌模式控制的 PLC I/O 分配

说明	PLC 软元件	元件符号/名称
输出	Q0.0	KA1/控制搅拌机 1#接触器 KM1
	Q0.1	KA2/控制搅拌机 2#接触器 KM2
	Q0.2	KA3/控制搅拌机 3#接触器 KM3
	Q0.3	KA4/控制搅拌机 4#接触器 KM4

图 3-41 所示为本任务的电气接线图，其中触摸屏与 CPU1215C DC/DC/DC 之间用 PROFINET 相连。

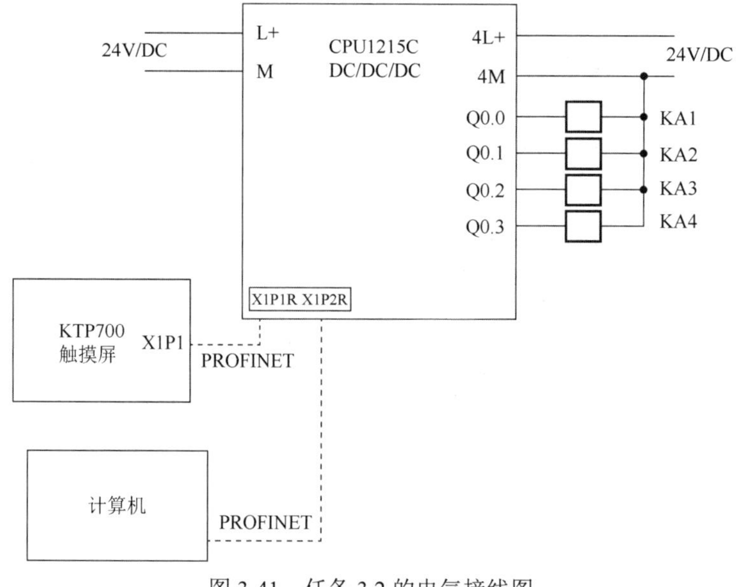

图 3-41　任务 3.2 的电气接线图

3.2.4　PLC 梯形图编程

1．定时切换 FB

根据题意，除了模式 4，其他 3 个模式（Mode=1,2,3）的定时切换都有规律可循，即切换的状态共 4 种，State 的取值为 1～4。当然，切换的时间需要注意模式的不同。因此，可以先建立一个定时切换 FB。表 3-6 所示为定时切换 FB I/O 参数定义。

表 3-6　定时切换 FB I/O 参数定义

I/O 参数类型	名称	数据类型
Input	Mode	Int
InOut	State	Int
	TimeEdge	Bool
	TimeNum	Int

定时切换 FB 的梯形图如图 3-42 所示，程序解释如下。

程序段 1：对 1s 周期的脉冲进行计时，计入 TimeNum 变量。

程序段 2：当 Mode=1,2,3 时，定时 5s、6s、7s 动作，即切换状态值 State 变量加 1、TimeNum 变量清零。

程序段 3：切换状态值限于 1～4 之间。

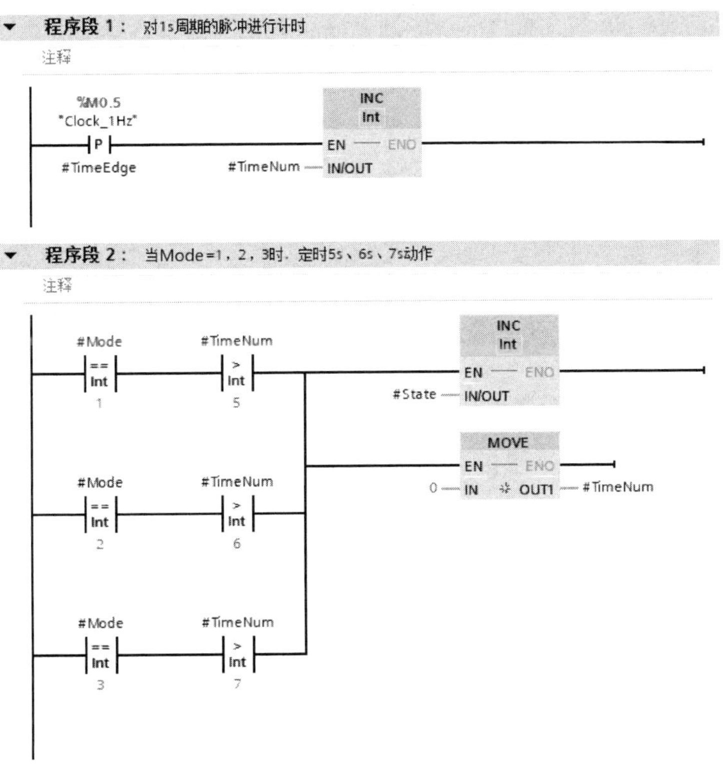

图 3-42　定时切换 FB 的梯形图

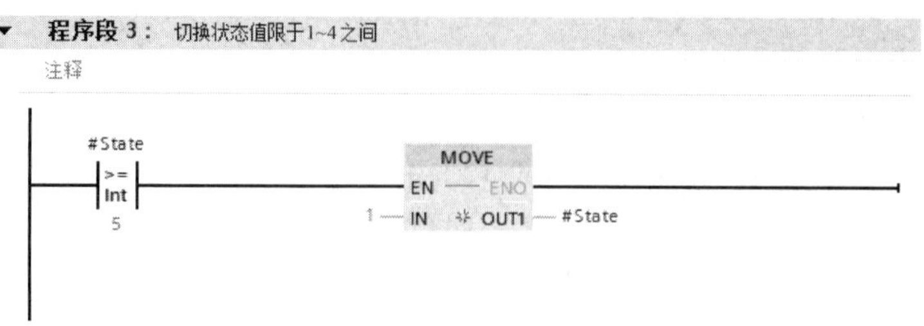

图 3-42　定时切换 FB 的梯形图（续）

2．旋转动画 FB

搅拌机动画最简单的就是采用 4 个叶片依次变色，即（时钟 0）→（时钟 3）→（时钟 6）→（时钟 9），这里就采用了旋转动画 FB。表 3-7 所示为旋转动画 FB I/O 参数定义。

表 3-7　旋转动画 FB I/O 参数定义

I/O 参数类型	名称	数据类型
InOut	TimeEdge1	Bool
	TimeNum1	Int

旋转动画 FB 的梯形图如图 3-43 所示，程序解释如下。

程序段 1：每 0.2s 累加 1，即 TimeNum1= TimeNum1+1。

程序段 2：TimeNum1 计数在 1～4 之间进行，等同于旋转叶片的 4 个位置（时钟 0、3、6、9）。

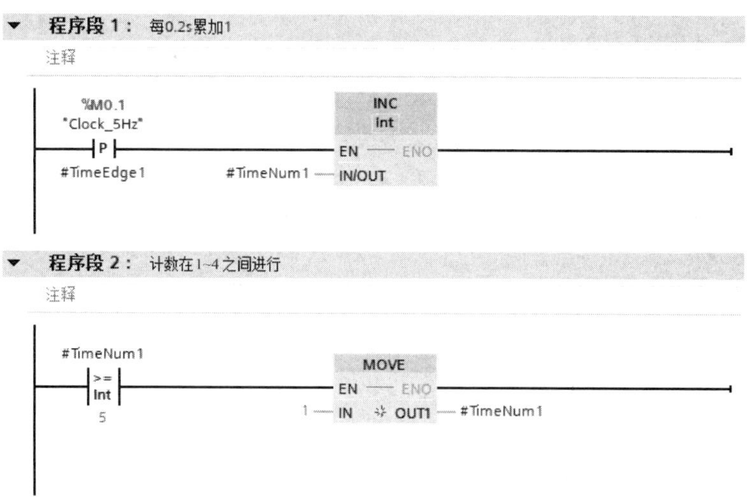

图 3-43　旋转动画 FB 的梯形图

3．主程序 OB1

表 3-8 所示为主程序中间变量定义。除了触摸屏的停止按钮 SB1、启动按钮 SB2 和模式切换按钮 SB3，主要是运行状态（M10.2）、动画变量 A1（M11.0）、动画变量 B1（M11.1）、

动画变量 C1（M11.2）、动画变量 D1（M11.3）等。

表 3-8　主程序中间变量定义

名称	数据类型	地址
停止按钮 SB1	Bool	M10.0
启动按钮 SB2	Bool	M10.1
运行状态	Bool	M10.2
上升沿变量 1	Bool	M10.3
模式切换按钮 SB3	Bool	M10.4
上升沿变量 2	Bool	M10.5
动画变量 A1	Bool	M11.0
动画变量 B1	Bool	M11.1
动画变量 C1	Bool	M11.2
动画变量 D1	Bool	M11.3
模式当前值	Int	MW12
切换状态值	Int	MW14
实时值	Int	MW16
动画变量 A2	Int	MW20
动画变量 B2	Int	MW22
动画变量 C2	Int	MW24
动画变量 D2	Int	MW26

图 3-44 所示为本任务的 OB1 梯形图，程序解释如下。

程序段 1：上电初始化，设置模式当前值 MW12 为 1、切换状态值 MW14 为 1、实时值 MW16 为 0。

程序段 2：触摸屏按钮启停控制，运行状态为 M10.2。

程序段 3：通过触摸屏按钮更改模式当前值 MW12，同时改变的有切换状态值 MW14 为 1，以及所有的搅拌机动画处于时钟 0 状态（动画变量 A2、动画变量 B2、动画变量 C2、动画变量 D2 均为 0）。

程序段 4：模式 1～4 时，调用定时切换，实现切换状态值 MW14 和实时值 MW16 的改变。

程序段 5：根据模式 1～4，输出指示灯 Q0.0，即 1#搅拌机。

程序段 6：根据模式 1～4，输出指示灯 Q0.1，即 2#搅拌机。

程序段 7：根据模式 1～4，输出指示灯 Q0.2，即 3#搅拌机。

程序段 8：根据模式 1～4，输出指示灯 Q0.3，即 4#搅拌机。

程序段 9：动画显示 1#搅拌机。

程序段 10：动画显示 2#搅拌机。

程序段 11：动画显示 3#搅拌机。

程序段 12：动画显示 4#搅拌机。

程序段 1： 上电初始化，设置模式当前值、切换状态值为1、实时值为0

注释

%M1.0
"FirstScan"

MOVE
EN ENO
1 IN
OUT1 %MW12 "模式当前值"

MOVE
EN ENO
1 IN
OUT1 %MW14 "切换状态值"

MOVE
EN ENO
0 IN
OUT1 %MW16 "实时值"

程序段 2： 触摸屏按钮启停控制

注释

%M10.0
"停止按钮SB1"

%M10.1
"启动按钮SB2"

%M10.2
"运行状态"

%M10.2
"运行状态"

程序段 3： 通过触摸屏按钮更改模式当前值

注释

%M1.2
"AlwaysTRUE"

%M10.4
"模式切换按钮SB3"
P
%M10.5
"上升沿变量2"

INC
Int
EN ENO
%MW12 "模式当前值" IN/OUT

MOVE
EN ENO
1 IN
OUT1 %MW14 "切换状态值"

MOVE
EN ENO
1 IN
OUT1 %MW20 "动画变量A2"

MOVE
EN ENO
1 IN
OUT1 %MW22 "动画变量B2"

MOVE
EN ENO
1 IN
OUT1 %MW24 "动画变量C2"

MOVE
EN ENO
1 IN
OUT1 %MW26 "动画变量D2"

%MW12
"模式当前值"
==
Int
5

MOVE
EN ENO
1 IN
OUT1 %MW12 "模式当前值"

程序段 4： 模式1~4时，调用定时切换

注释

%M10.2
"运行状态"

%MW12
"模式当前值"
<>
Int
4

%DB2
"定时切换_DB"
%FB1
"定时切换"
EN ENO
%MW12 "模式当前值" Mode
%MW14 "切换状态值" State
%M10.3 "上升沿变量1" TimeEdge
%MW16 "实时值" TimeNum

图 3-44 任务 3.2 的 OB1 梯形图

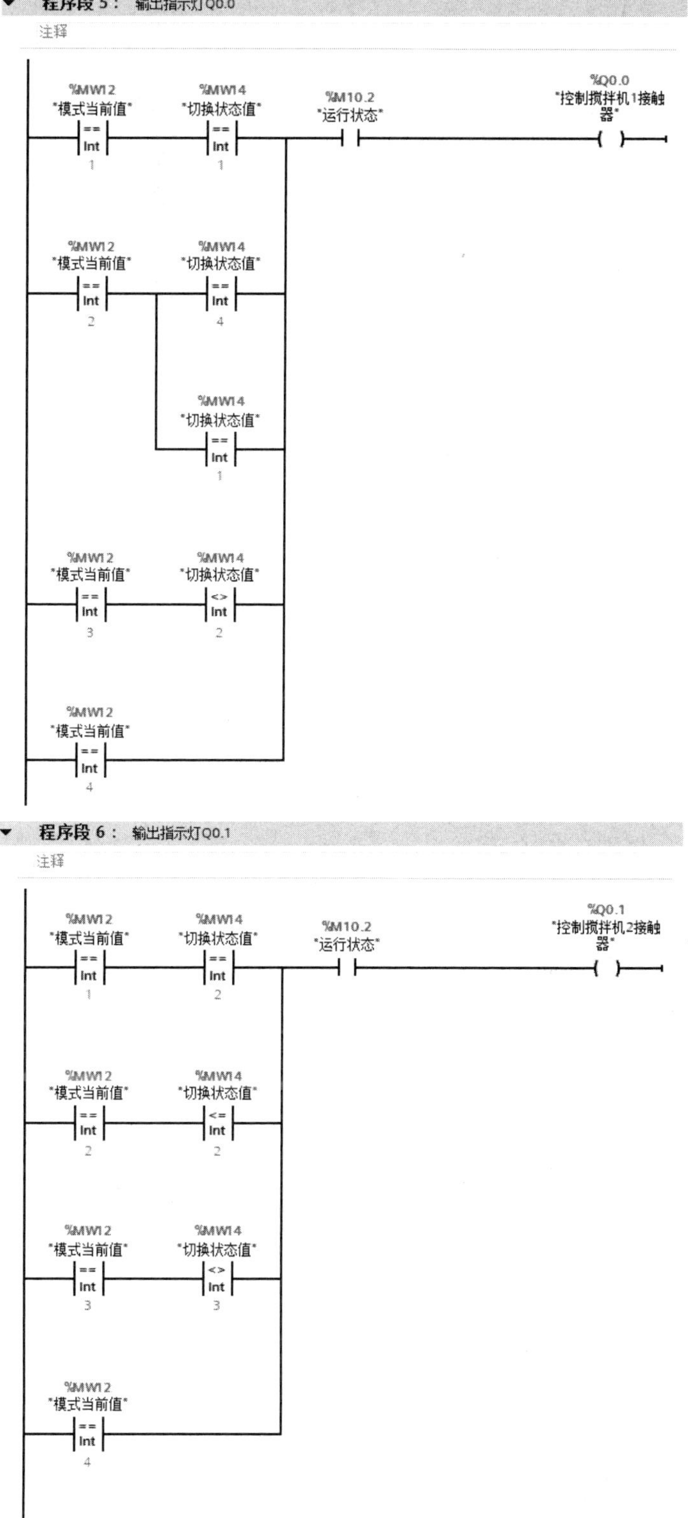

图 3-44 任务 3.2 的 OB1 梯形图（续）

▼ **程序段 7：** 输出指示灯Q0.2

注释

%MW12
"模式当前值"
==
Int
1

%MW14
"切换状态值"
==
Int
3

%M10.2
"运行状态"

%Q0.2
"控制搅拌机3接触器"

%MW12
"模式当前值"
==
Int
2

%MW14
"切换状态值"
==
Int
2

%MW14
"切换状态值"
==
Int
3

%MW12
"模式当前值"
==
Int
3

%MW14
"切换状态值"
<>
Int
4

%MW12
"模式当前值"
==
Int
4

▼ **程序段 8：** 输出指示灯Q0.3

注释

%MW12
"模式当前值"
==
Int
1

%MW14
"切换状态值"
==
Int
4

%M10.2
"运行状态"

%Q0.3
"控制搅拌机4接触器"

%MW12
"模式当前值"
==
Int
2

%MW14
"切换状态值"
>=
Int
3

%MW12
"模式当前值"
==
Int
3

%MW14
"切换状态值"
<>
Int
1

%MW12
"模式当前值"
==
Int
4

图 3-44　任务 3.2 的 OB1 梯形图（续）

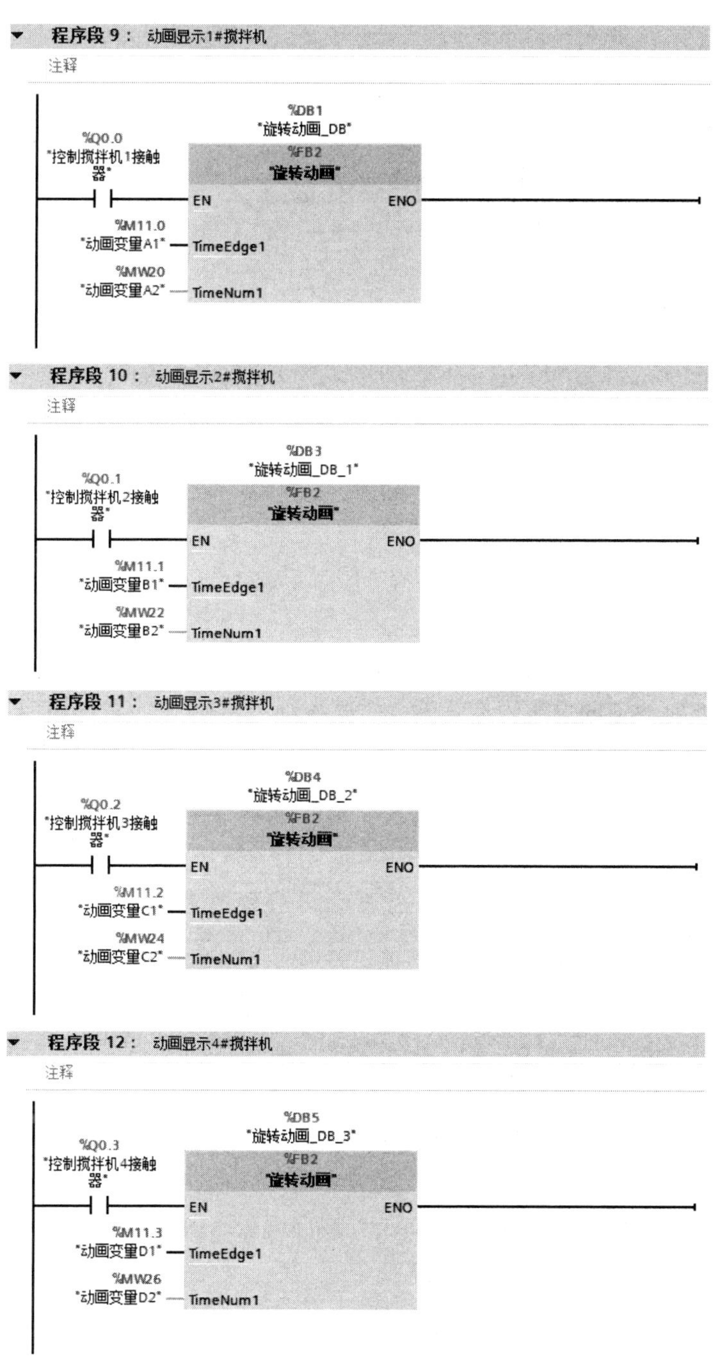

图 3-44 任务 3.2 的 OB1 梯形图（续）

3.2.5 触摸屏画面组态

图 3-45 所示为触摸屏画面组态，具体包括启动、停止和模式切换按钮，运行指示，模式值 I/O 域显示，搅拌机 1#～4#的动画显示。搅拌机动画属性如图 3-46 所示。

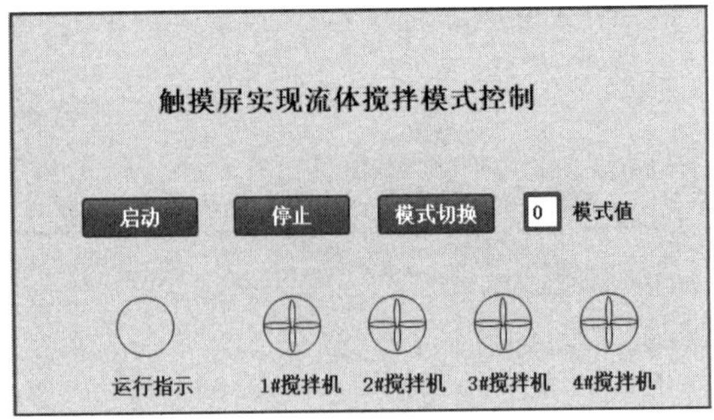

图 3-45　触摸屏画面组态

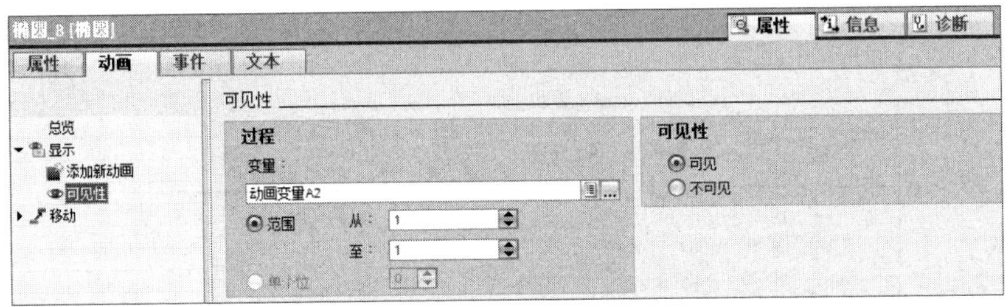

图 3-46　搅拌机动画属性

动画显示需要有快速的采集周期，因此需要按照图 3-47 修改采集周期为 100ms。

名称	变量表	数据类型	连接	PLC...	PLC变量	地址	访问模式	采集周期
运行状态	默认变量表	Bool	HMI_连接_1	PLC_1	运行状态		<符号访问>	1 s
停止按钮SB1	默认变量表	Bool	HMI_连接_1	PLC_1	停止按钮SB1		<符号访问>	1 s
启动按钮SB2	默认变量表	Bool	HMI_连接_1	PLC_1	启动按钮SB2		<符号访问>	1 s
模式切换按钮SB3	默认变量表	Bool	HMI_连接_1	PLC_1	模式切换按钮SB3		<符号访问>	1 s
模式当前值	默认变量表	Int	HMI_连接_1	PLC_1	模式当前值		<符号访问>	1 s
控制搅拌机4接触器	默认变量表	Bool	HMI_连接_1	PLC_1	控制搅拌机4接触器		<符号访问>	100 ms
控制搅拌机3接触器	默认变量表	Bool	HMI_连接_1	PLC_1	控制搅拌机3接触器		<符号访问>	100 ms
控制搅拌机2接触器	默认变量表	Bool	HMI_连接_1	PLC_1	控制搅拌机2接触器		<符号访问>	100 ms
控制搅拌机1接触器	默认变量表	Bool	HMI_连接_1	PLC_1	控制搅拌机1接触器		<符号访问>	100 ms
动画变量D2	默认变量表	Int	HMI_连接_1	PLC_1	动画变量D2		<符号访问>	100 ms
动画变量C2	默认变量表	Int	HMI_连接_1	PLC_1	动画变量C2		<符号访问>	100 ms
动画变量B2	默认变量表	Int	HMI_连接_1	PLC_1	动画变量B2		<符号访问>	100 ms
动画变量A2	默认变量表	Int	HMI_连接_1	PLC_1	动画变量A2		<符号访问>	100 ms

图 3-47　触摸屏变量采样周期设置

3.2.6　触摸屏实现流体搅拌模式控制系统调试

将 PLC 程序和触摸屏组态全部下载后，进行调试。图 3-48 所示为触摸屏实际调试画面。此时，模式值=1，即 1#搅拌机刚处于旋转状态。

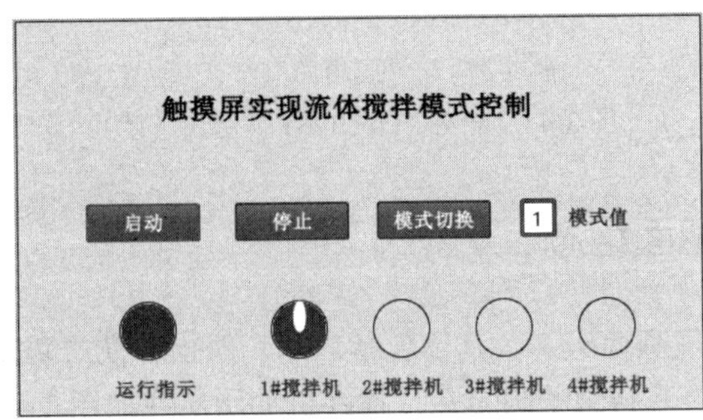

图 3-48　触摸屏实际调试画面

任务评价

按要求完成考核任务 3.2，评分标准如表 3-9 所示，具体配分可以根据实际考评情况进行调整。

表 3-9 评分标准

序号	考核项目	考核内容及要求	配分	得分
1	职业道德与课程思政	遵守安全操作规程，设置安全措施； 认真负责，团结合作，对实操任务充满热情； 正确认识智能制造技术攻关等系列行动的意义	15%	
2	系统方案制定	触摸屏、PLC 控制对象说明与分析	15%	
		触摸屏、PLC 控制方案合理		
		触摸屏动画显示方案正确		
3	编程能力	独立完成触摸屏的添加与画面组态	20%	
		建立触摸屏与 PLC 变量共享		
		触摸屏动画的组态		
4	操作能力	根据电气接线图对 PLC 和触摸屏进行正确接线	25%	
		通过博途软件下载触摸屏程序，并进行程序调试		
		根据系统功能进行正确动画演示		
5	实践效果	系统工作可靠，满足工作要求	15%	
		触摸屏动画显示符合任务要求		
		按规定的时间完成任务		
6	创新实践	在本任务中有另辟蹊径、独树一帜的实践内容	10%	
合计			100%	

任务 3.3 喷泉控制的联合仿真

任务描述

图 3-49 所示为本任务的控制示意图，展示了 KTP700 Basic 触摸屏与 PLC 通过 PROFINET 相连，并通过触摸屏实现喷泉控制。任务要求如下。

（1）该喷泉设有阀门 1、阀门 2-1～阀门 2-4（顺时针）、阀门 3-1～阀门 3-8（顺时针），共 13 个阀门，用于展示不同的造型；同时设有内圈灯带和外圈灯带，用于展示灯光效果。

（2）在触摸屏中设置启动和停止按钮，使喷泉按照以下方式运行：第 1 步，阀门 1 动作 ON，间隔 3s；第 2 步，阀门 2-1 动作 ON，间隔 3s，依次执行到阀门 2-4；第 3 步，内圈灯带亮起；第 4 步，阀门 3-1 动作 ON，间隔 3s，依次执行到阀门 3-8；第 5 步，外圈灯带亮起，间隔 3s。全部阀门 OFF，灯带关闭，进入下一个循环，直至按下停止按钮后处于初始状态。

（3）正确完成喷泉控制的电气设计后进行 PLC、触摸屏的硬件组态，先使用 PLC 仿真软件进行测试，然后使用触摸屏和 PLC 联合仿真实现喷泉控制。

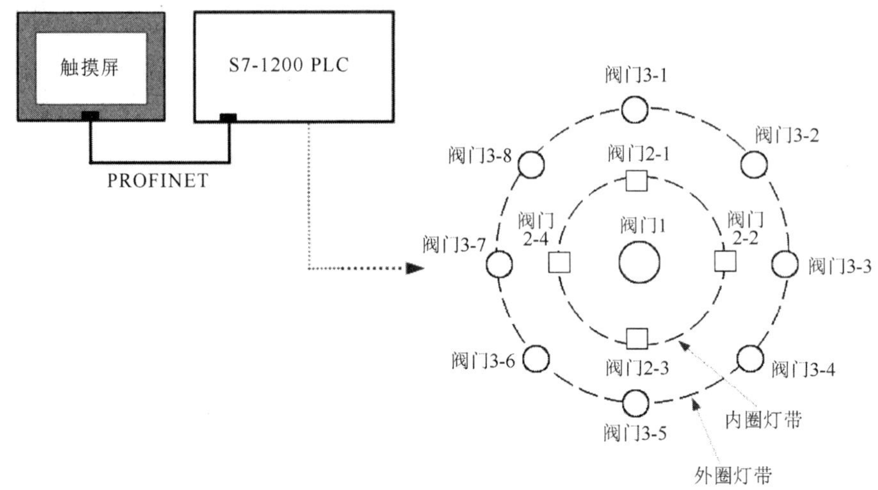

图 3-49　任务 3.3 控制示意图

知识探究

3.3.1　自动化仿真

西门子的自动化仿真是在工程文件尚未正式投入前使用的，可以分为 PLC 离线仿真、触摸屏离线仿真和 PLC 触摸屏联合仿真 3 种情况。其中 PLC 离线仿真还需要安装与 PLC 版本对应的 PLCSIM 软件，安装后的图标为▣。

在一般情况下，离线仿真不会从 PLC 等外部真实设备中获取数据，只从本地地址读取数据，因此所有的数据都是静态的，但离线仿真方便了用户直观地预览效果，不必每次都下载程序到 PLC 或触摸屏中，可以极大地提高编程效率。在调试时使用离线仿真，可以节省大量由于重复下载而花费的工程时间。

3.3.2　PLC 离线仿真

在项目树中选择需要仿真的 PLC 后，在主菜单中执行“在线”→“仿真”→“启动”命令，或者直接在菜单栏中单击“仿真启动”按钮▣，就可以看到如图 3-50 所示的“扩展下载到设备”对话框。除了 PG/PC 接口是 PLCSIM，其余与实际 PLC 下载一样。选择接口/子网的连接、确认目标设备，完成后就是如图 3-51 所示的 PLCSIM 仿真器精简视图，包括项目 PLC 名称、运行灯、按钮和 X1 的 IP 地址。

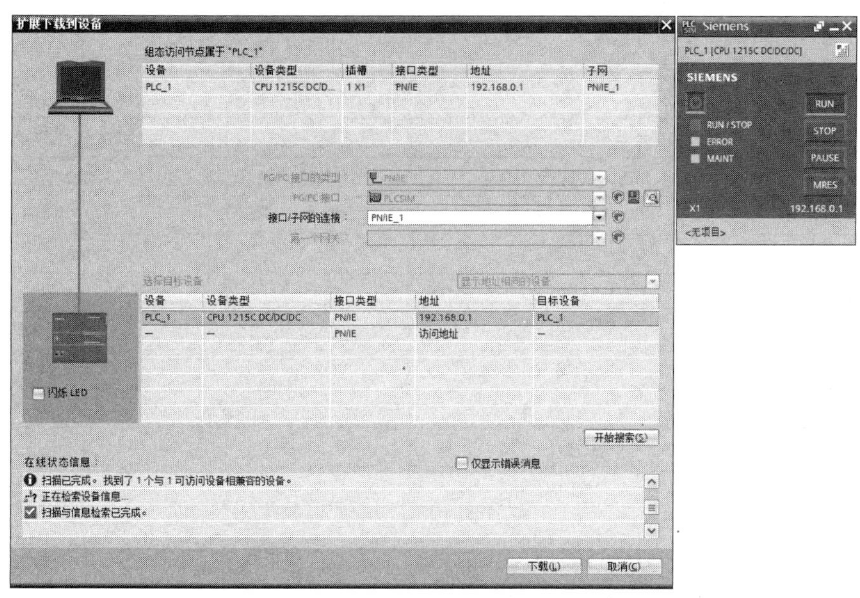

图 3-50　“扩展下载到设备”对话框

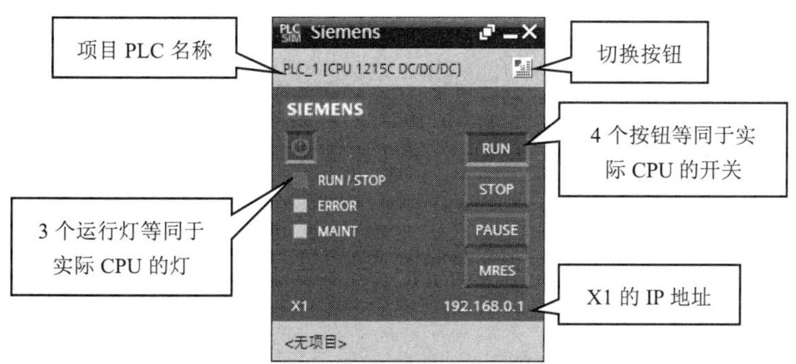

图 3-51　PLCSIM 仿真器精简视图

3.3.3　触摸屏离线仿真

触摸屏的离线仿真器是 WinCC RT Simulator，可以在主菜单中执行“在线”→“仿真”→“启动”命令，或者在菜单栏中单击“仿真启动”按钮。

可使用仿真器来测试 HMI 系统的一些功能，如检查限制级别和报警输出、中断的一致性、组态的中断仿真、组态的警告、组态的错误消息、检查状态显示等。

除此之外，触摸屏离线仿真还可以使用变量仿真器或脚本调试器。

3.3.4　PLC 输入 I/O 分配和扩展模块使用

表 3-10 所示为喷泉控制 I/O 分配，PLC 选用 S7-1200 CPU1215C DC/DC/DC，根据任务

要求，需要增加扩展模块 SM1222 8×DQ，其安装示意图如图 3-52 所示。

表 3-10　喷泉控制 I/O 分配

主 CPU 输出	电气元件符号/名称	扩展模块输出	电气元件符号/名称
Q0.0	YV31/阀门 3-1	Q8.0	YV21/阀门 2-1
Q0.1	YV32/阀门 3-2	Q8.1	YV22/阀门 2-2
Q0.2	YV33/阀门 3-3	Q8.2	YV23/阀门 2-3
Q0.3	YV34/阀门 3-4	Q8.3	YV24/阀门 2-4
Q0.4	YV35/阀门 3-5	Q8.4	LED1/内圈灯带
Q0.5	YV36/阀门 3-6	Q8.5	LED2/外圈灯带
Q0.6	YV37/阀门 3-7		
Q0.7	YV38/阀门 3-8		
Q1.0	YV1/阀门 1		

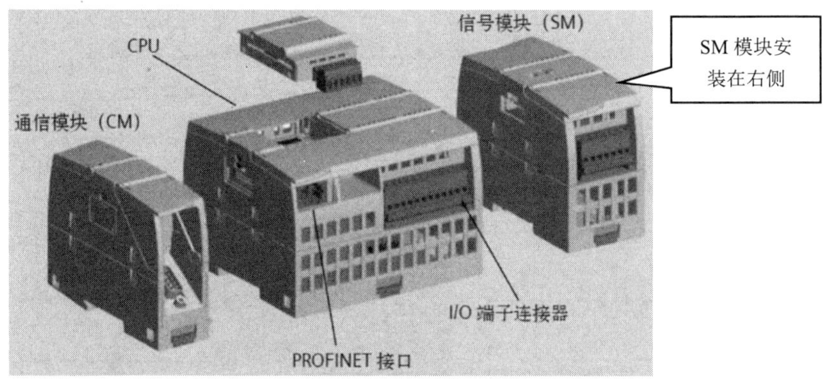

图 3-52　扩展模块 SM1222 8×DQ 的安装示意图

图 3-53 所示为 PLC 控制电气原理图，电磁阀线圈均采用 24V/DC。如果喷泉电磁阀为交流 220V，请采用中间继电器进行信号转换。

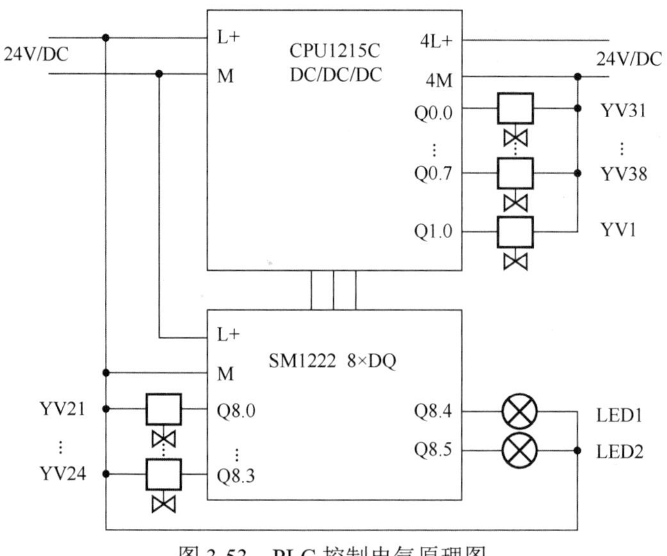

图 3-53　PLC 控制电气原理图

3.3.5　PLC 硬件配置与梯形图编程

1. 编程思路

将信号模块 SM1222 8×DQ 放置在 CPU 模块的右侧，从硬件目录中执行“DQ”→“DQ 8×24VDC”→“6ES7 222-1BF32-0XB0”命令，如图 3-54 所示。完成后的硬件配置如图 3-55 所示。按照 I/O 定义确定输出地址，即起始地址为 8（见图 3-56）。

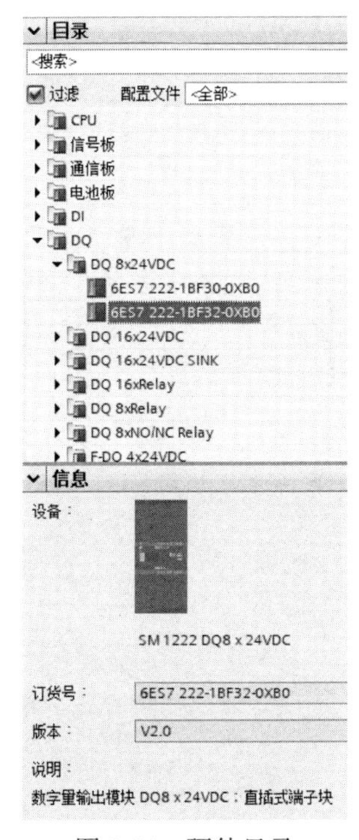

图 3-54　硬件目录

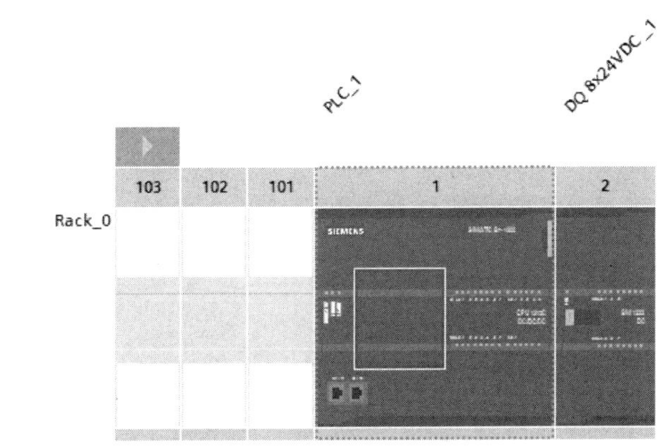

图 3-55　完成后的硬件配置

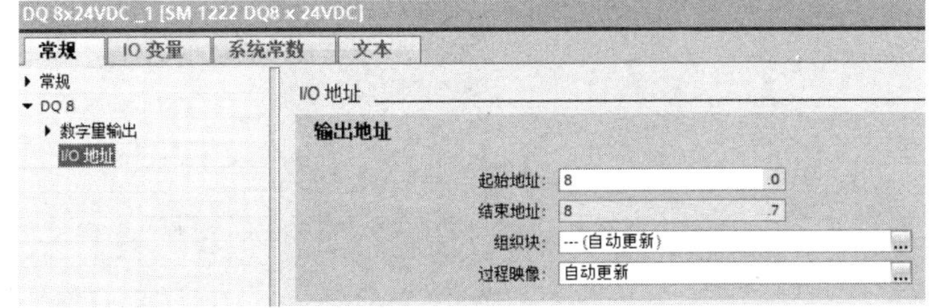

图 3-56　确定输出地址

2. 编程思路

本任务建议采用步序控制流程进行编程，具体步骤如下。

步序 1：进入状态 1，即阀门 1 动作 ON，间隔 3s。

步序 2：进入状态 2-1，即阀门 2-1 动作 ON，间隔 3s；依次进入状态 2-2、状态 2-3、状态 2-4。

步序 3：进入状态 3，即内圈灯带亮起。

步序 4：进入状态 4-1，即阀门 3-1 动作 ON，间隔 3s，依次进入状态 4-2、状态 4-3……状态 4-8。

步序 5：进入状态 5，即外圈灯带亮起，间隔 3s，全部阀门 OFF，灯带关闭。

重复以上步骤。

3. 具体编程

图 3-57 所示为变量定义说明，其中步序控制字为 MW14，其余均为位变量。为了自定义各个状态所持续的时间间隔，采用如图 3-58 所示的数据块_1 的时间变量定义，其中，T1～T5

分别对应步序控制字 1～5 中的时间设定；T2、T4 为数组类型，分别对应阀门组的间隔时间；T6 为一个循环结束等待的时间。

名称	变量表	数据类型	地址
停止按钮SB1	默认变量表	Bool	%M10.0
启动按钮SB2	默认变量表	Bool	%M10.1
运行状态	默认变量表	Bool	%M10.2
上升沿变量1	默认变量表	Bool	%M10.3
模式切换按钮SB3	默认变量表	Bool	%M10.4
上升沿变量2	默认变量表	Bool	%M10.5
状态1	默认变量表	Bool	%M11.0
状态2-1	默认变量表	Bool	%M11.1
状态2-2	默认变量表	Bool	%M11.2
状态2-3	默认变量表	Bool	%M11.3
状态2-4	默认变量表	Bool	%M11.4
状态3	默认变量表	Bool	%M11.5
状态4-1	默认变量表	Bool	%M12.0
状态4-2	默认变量表	Bool	%M12.1
状态4-3	默认变量表	Bool	%M12.2
状态4-4	默认变量表	Bool	%M12.3
状态4-5	默认变量表	Bool	%M12.4
状态4-6	默认变量表	Bool	%M12.5
状态4-7	默认变量表	Bool	%M12.6
状态4-8	默认变量表	Bool	%M12.7
状态5	默认变量表	Bool	%M13.0
一个循环结束	默认变量表	Bool	%M13.1
步序控制字	默认变量表	Int	%MW14

图 3-57　变量定义说明

名称	数据类型
▼ Static	
▸ T1	IEC_TIMER
▸ T2	Array[0..3] of IEC_TIMER
▸ T3	IEC_TIMER
▸ T4	Array[0..7] of IEC_TIMER
▸ T5	IEC_TIMER
▸ T6	IEC_TIMER

图 3-58　数据块_1 的时间变量定义

图 3-59 所示为本任务的梯形图，程序解释如下。

程序段 1：上电初始化，设置步序控制字为 0。

程序段 2：触摸屏按钮启停控制。

程序段 3：进入步序 1。

程序段 4：步序 1 动作，即阀门 1 控制。

程序段 5：步序 2 动作，即阀门组 2 控制。

程序段 6：步序 3 动作，即内圈灯带控制。

程序段 7：步序 4 动作，即阀门组 3 控制。

程序段 8：步序 5 动作，即外圈灯带控制。

程序段 9：阀门控制，即将状态变量直接输出到阀门电磁阀线圈中。

程序段 10：灯带控制。

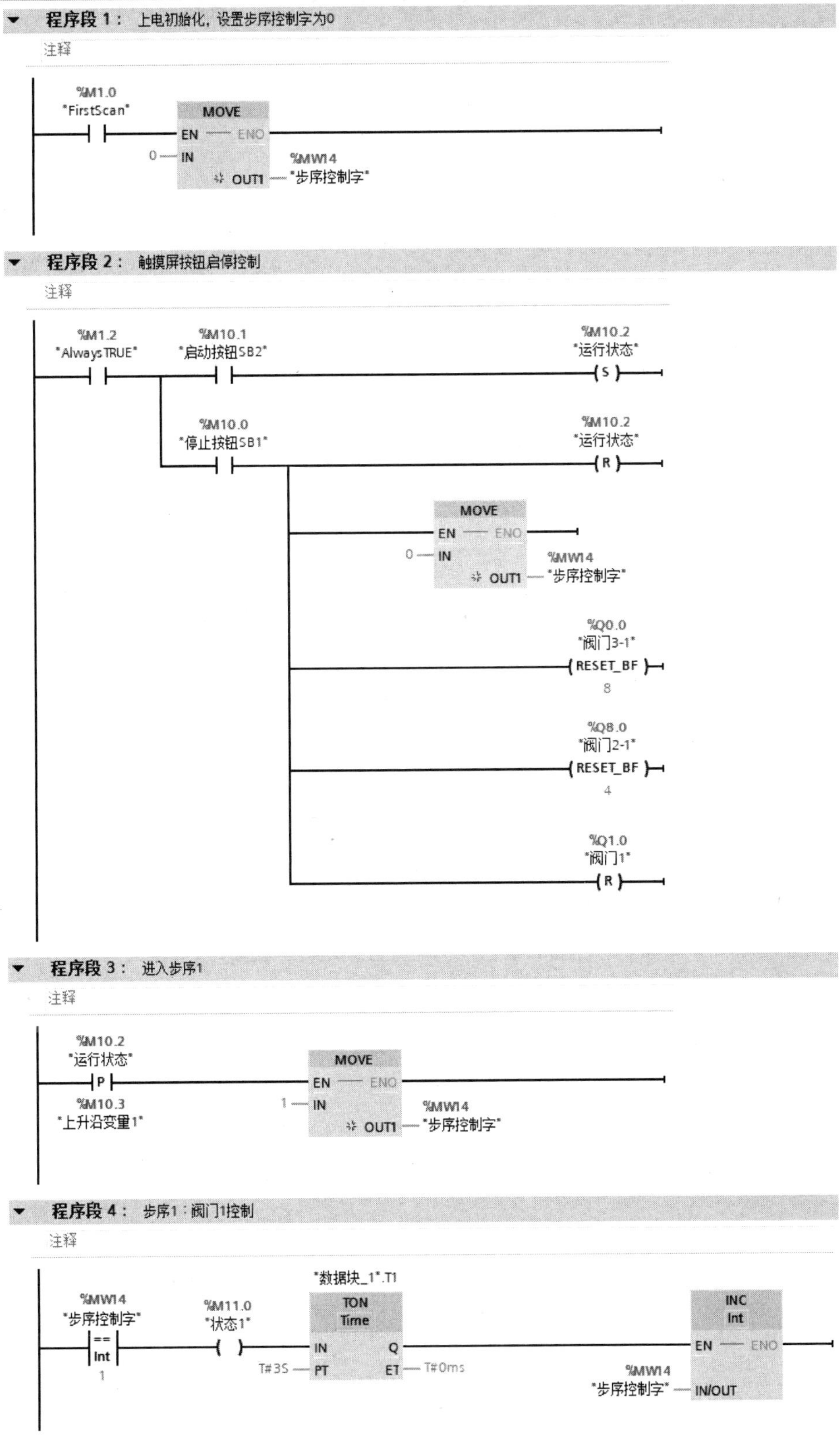

程序段1：上电初始化，设置步序控制字为0
注释
%M1.0
"FirstScan"
MOVE
EN — ENO
0 — IN
OUT1 — %MW14 "步序控制字"

程序段2：触摸屏按钮启停控制
注释
%M1.2 "AlwaysTRUE"
%M10.1 "启动按钮SB2"
%M10.2 "运行状态" (S)
%M10.0 "停止按钮SB1"
%M10.2 "运行状态" (R)
MOVE
EN — ENO
0 — IN
OUT1 — %MW14 "步序控制字"
%Q0.0 "阀门3-1" RESET_BF 8
%Q8.0 "阀门2-1" RESET_BF 4
%Q1.0 "阀门1" (R)

程序段3：进入步序1
注释
%M10.2 "运行状态" P
%M10.3 "上升沿变量1"
MOVE
EN — ENO
1 — IN
OUT1 — %MW14 "步序控制字"

程序段4：步序1：阀门1控制
注释
%MW14 "步序控制字" == Int 1
%M11.0 "状态1" ( )
"数据块_1".T1
TON Time
IN Q
T#3S — PT ET — T#0ms
INC Int
EN — ENO
%MW14 "步序控制字" — IN/OUT

图3-59 任务3.3的梯形图

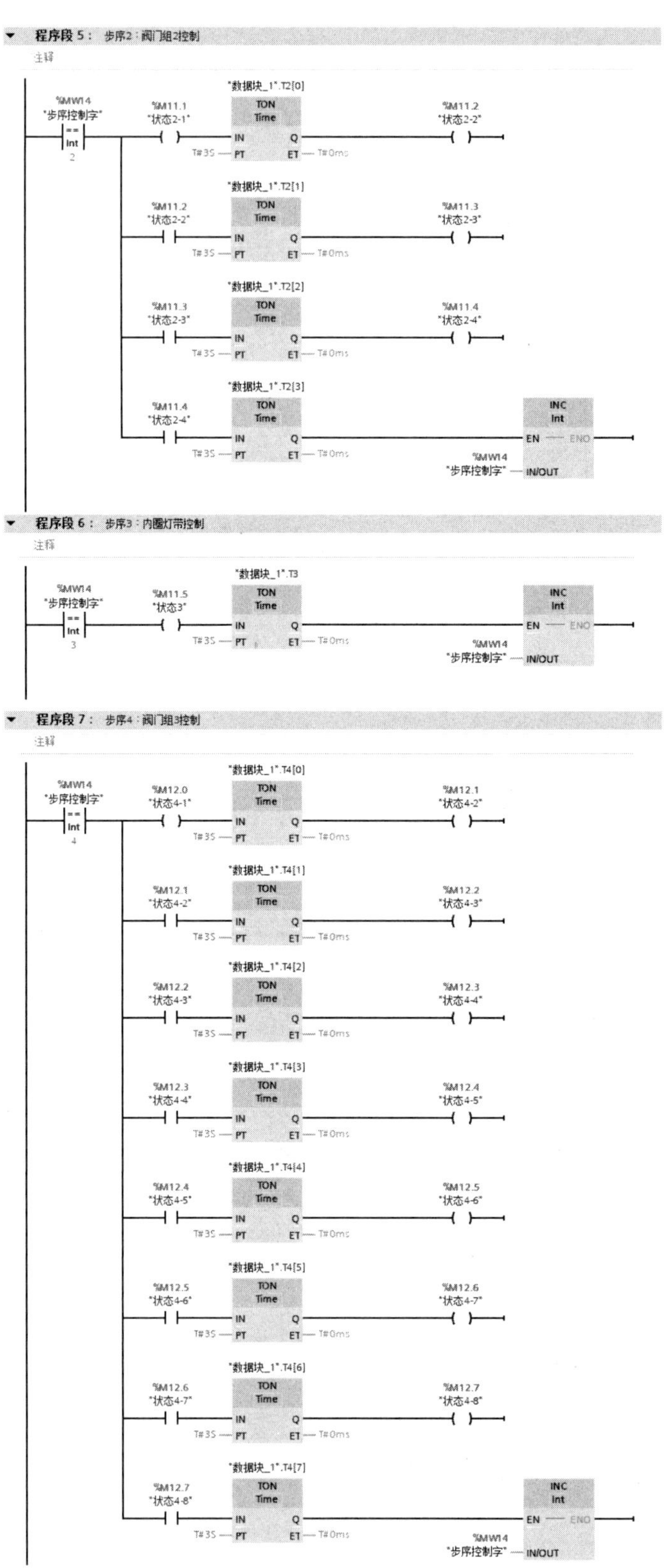

图 3-59 任务 3.3 的梯形图（续）

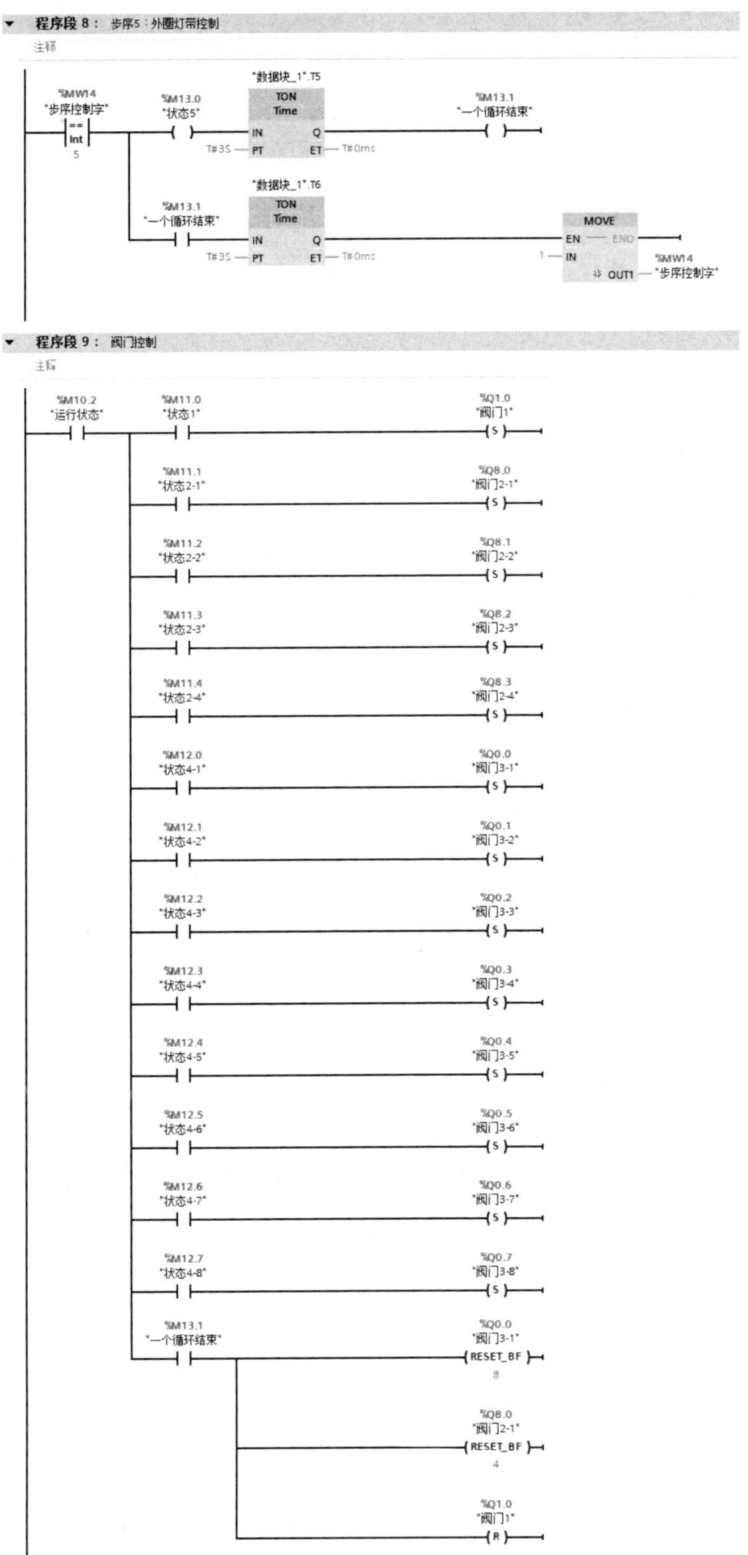

图 3-59　任务 3.3 的梯形图（续）

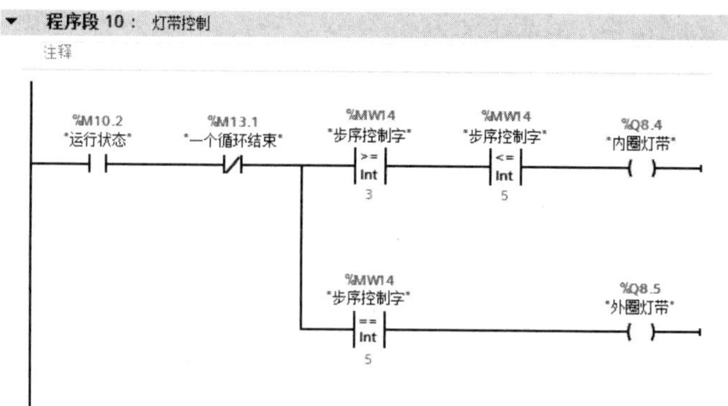

图 3-59　任务 3.3 的梯形图（续）

3.3.6　喷泉控制 PLC 仿真

在项目树中选择 PLC，激活 PLC 仿真器，通过图 3-51 中的切换按钮可以切换仿真器的精简视图和项目视图，这里选择项目视图后执行“项目”→“新建”命令，创建新项目（见图 3-60），仿真项目的后缀名为“.sim17”（V17 版本）。

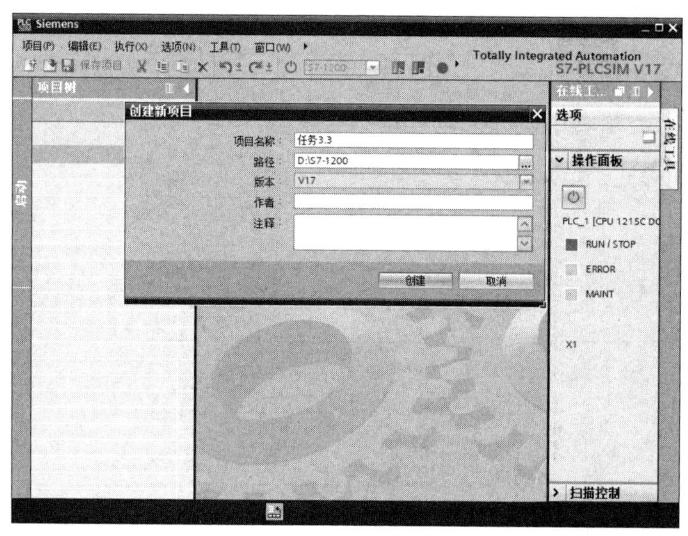

图 3-60　创建新项目

在 PLCSIM 项目中，可以按照图 3-61 创建 SIM 表。PLCSIM 项目中的 SIM 表可用于修改仿真输入并设置仿真输出，与 PLC 站点中的监视表功能类似。一个仿真项目可包含一个或多个 SIM 表。双击打开 SIM 表，在表中输入需要监视的变量，在“名称”栏中可以查询变量的名称。在“监视/修改值”栏中显示变量当前的过程值，可以直接键入修改值，按 Enter 键确认修改。如果监视的是字节类型变量，那么可以展开以位信号格式进行显示，单击对应位信号的方格进行置位、复位操作。

在进行 PLC 仿真时，可以与实体 PLC 一样进行在线访问，如图 3-62 所示。

可以通过“修改为 0”“修改为 1”“修改操作数”几个选项来实现 PLC 仿真时的变量赋值，如图 3-63 所示。

图 3-61　创建 SIM 表

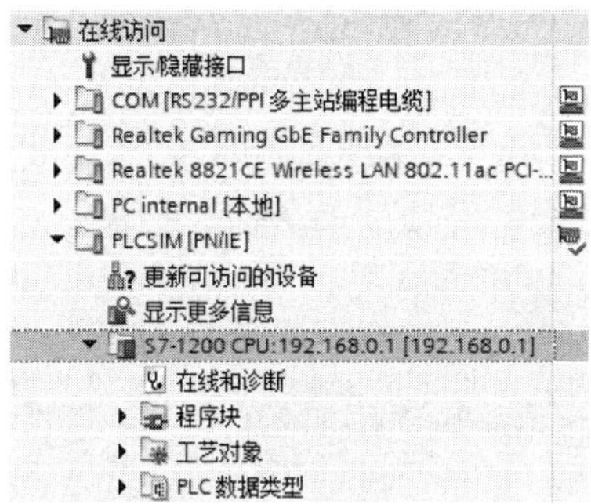

图 3-62　在线访问

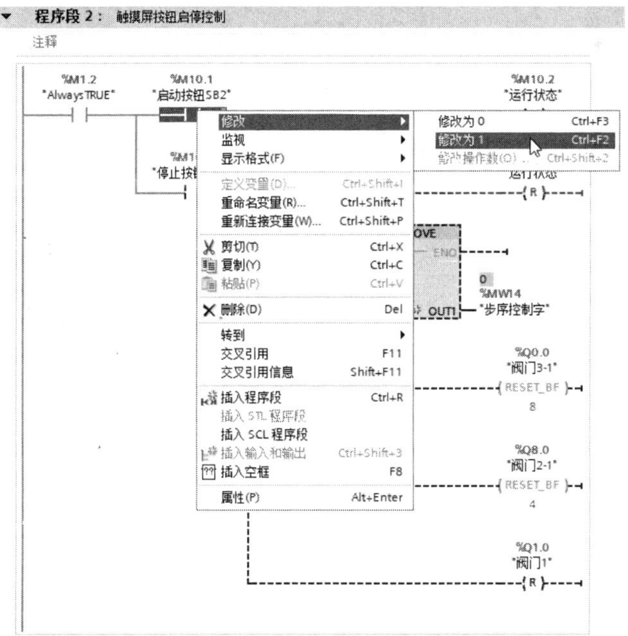

图 3-63　PLC 仿真时的变量赋值

3.3.7 触摸屏组态与喷泉控制联合仿真

图 3-64 所示为触摸屏画面组态，相对比较简单，就是文本、按钮和指示灯。

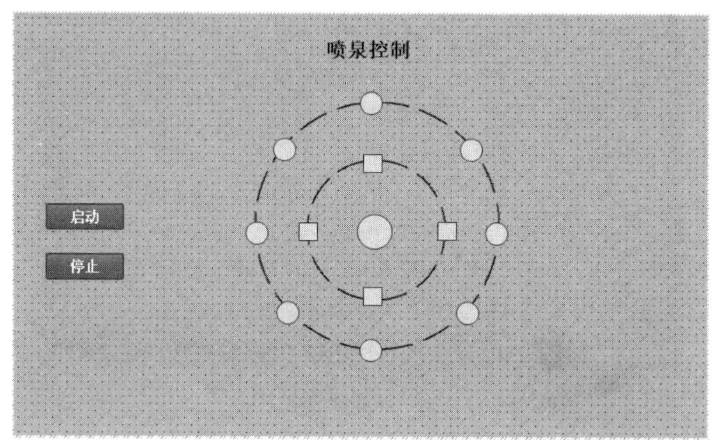

图 3-64 触摸屏画面组态

将 PLC 进入 PLCSIM 仿真，同时将触摸屏进入 RT Simulator 仿真。此时，PLC 的变量赋值不需要采用菜单了，可以直接触击触摸屏的按钮，即图 3-65 中的“启动”“停止”按钮，最后所显示的就是喷泉控制的联合仿真效果。

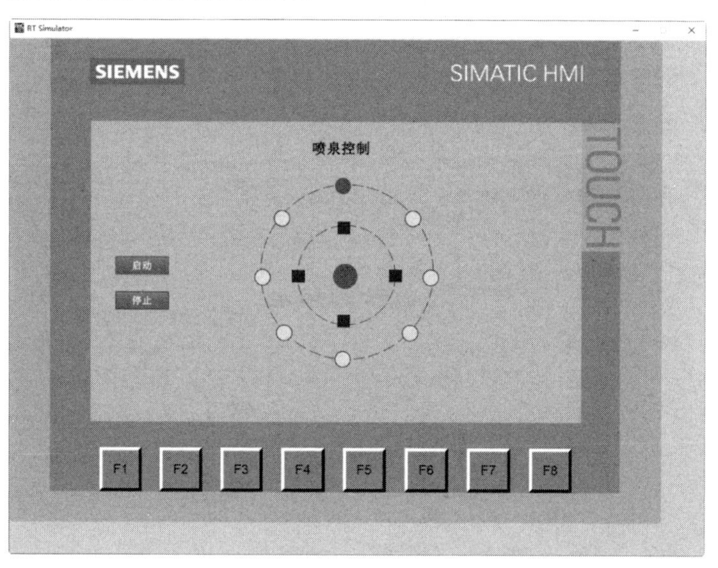

图 3-65 喷泉控制的联合仿真效果

任务评价

按要求完成考核任务 3.3，评分标准如表 3-11 所示，具体配分可以根据实际考评情况进行调整。

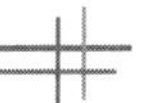

表 3-11　评分标准

序号	考核项目	考核内容及要求	配分	得分
1	职业道德与课程思政	遵守安全操作规程，设置安全措施； 认真负责，团结合作，对实操任务充满热情； 了解国产液晶显示屏发展的历史	15%	
2	系统方案制定	触摸屏、PLC 控制对象说明与分析	15%	
		触摸屏、PLC 联合仿真方案选用合理		
3	编程能力	独立完成 PLC 的编程	20%	
		独立完成触摸屏的组态		
4	操作能力	进行 PLC 仿真	25%	
		完成触摸屏和 PLC 的联合仿真		
		根据系统功能进行正确操作演示		
5	实践效果	系统工作可靠，满足工作要求	15%	
		联合仿真实现既定功能		
		按规定的时间完成任务		
6	创新实践	在本任务中有另辟蹊径、独树一帜的实践内容	10%	
合计			100%	

拓展阅读

在过去很长一段时间内，液晶显示屏都被国外高科技公司垄断。中国第一台彩色电视机（彩电）于 1970 年 12 月 26 日在天津无线电厂诞生，拉开了中国彩电生产的序幕。之后随着长虹、TCL、康佳、海信等世界彩电巨头诞生，1987 年，中国彩电年产量达到 1934 万台，跃居全球第一。然而，就在中国彩电如日中天之际，因为缺乏技术，不得不高价购买外资厂商的液晶面板等关键零部件，陷入了对国外供应商高度依赖的困境。1993 年，王东升创办了京东方。1997 年 6 月 10 日，京东方 B 股在深交所上市后，公司高层决定从传统领域向新型显示器工业进军。从 1998 年开始，京东方迎来了做大做强的黄金期，开始进入创新技术研发和商用阶段，其独有的 ADSDS 超硬屏技术是全球显示领域三大技术标准之一；8K 显示屏分辨率是目前主流的高清电视分辨率的 16 倍；柔性 AMOLED 显示技术工艺极其复杂、技术难度极高，在全球首屈一指。京东方经过长期坚持研发投入，打破了国外垄断，为中国企业带来了物美价廉的屏幕。而这一生态的改变，要归功于京东方。作为国内屏幕制造业的领头羊，京东方还有很长的路要走。

思考与练习

习题 3.1　使用 S7-1200 PLC 与 KTP700 触摸屏相连实现交通灯控制，如图 3-66 所示。控制要求如下：在触摸屏上按下启动按钮，东西方向的绿灯亮 4s 后闪 2s 灭，黄灯亮 2s 灭，红灯亮 8s，绿灯亮，进入下一个循环；对应南北方向的红灯亮 8s，绿灯亮 4s 后闪 2s 灭，黄灯亮 2s 后，红灯亮，进入下一个循环。请画出控制电气原理图，并进行 PLC 编程和 KTP700 触摸屏组态。

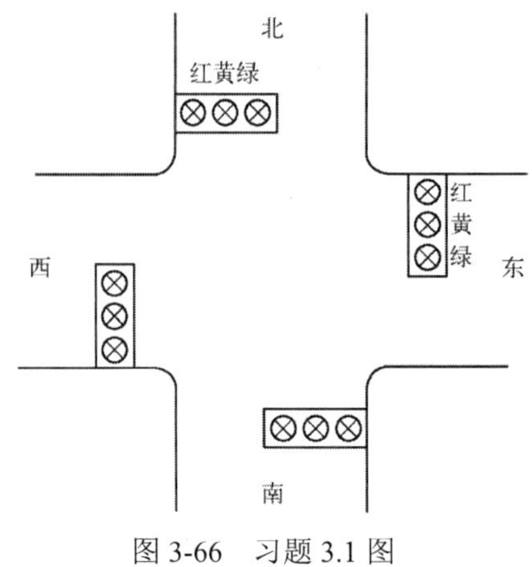

图 3-66　习题 3.1 图

习题 3.2　用 KTP700 触摸屏对由 S7-1200 PLC 控制的 4 台电动机 M1、M2、M3、M4 进行顺序控制（见图 3-67）。在触摸屏上按下启动按钮后 M1 启动，延时 5s 后 M2 启动，延时 5s 后 M3 启动，延时 5s 后 M4 启动；按下停止按钮后，M1 先停机，依次从 M2 到 M4，延时 4s 间隔停机；按下紧急停止按钮后，所有电动机全部停机。请画出控制电气原理图，并进行 PLC 编程和 KTP700 触摸屏组态。

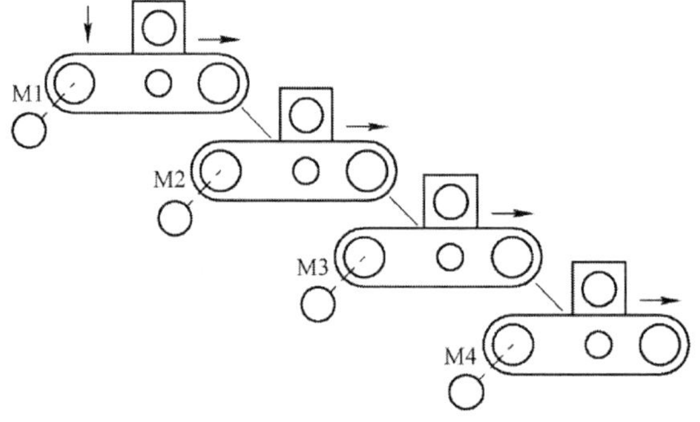

图 3-67　习题 3.2 图

习题 3.3　选择 KTP700 触摸屏和 S7-1200 PLC 实现瓶装生产线控制（见图 3-68），其工作流程如下：按下触摸屏上的启动按钮，输送带带动瓶子向右运行；当到位检测动作时，输送带停止运行进行灌装，灌装需要电磁阀先动作，液体进入瓶子，等液位开关动作后，电磁阀关闭，表示灌装结束；延时 5s 后，输送带启动，进入旋盖阶段，旋盖也采用电磁阀，定时 6s；旋盖结束后，输送带启动，将瓶子送入包装阶段。请分配 I/O 后画出 PLC 控制电气原理图，并进行 PLC 编程和 KTP700 触摸屏组态。

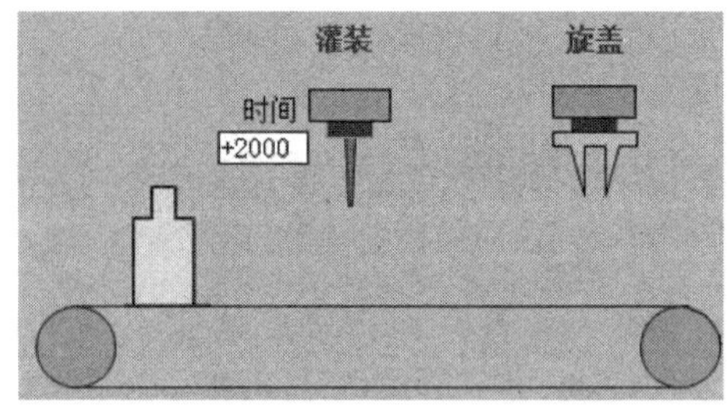

图 3-68　习题 3.3 图

习题 3.4　选择 KTP700 触摸屏和 S7-1200 PLC 实现生产线物料大、中、小的识别（见图 3-69）。具体流程如下：在触摸屏上，每按下一次供给按钮，机械手就随机供给一个大物料、中物料或小物料；按下启动按钮，输送带带动该物料正转；当物料通过上限位、中限位、下限位 3 个传感器时，物料的大、中、小被识别，并在触摸屏上用 3 个指示灯显示，直至物料被移动到输送带末端的传感器位置，显示大、中、小的指示灯熄灭，同时显示该物料的类型（大、中、小）。请在 KTP700 触摸屏上进行模拟该物料的输送与识别全过程。

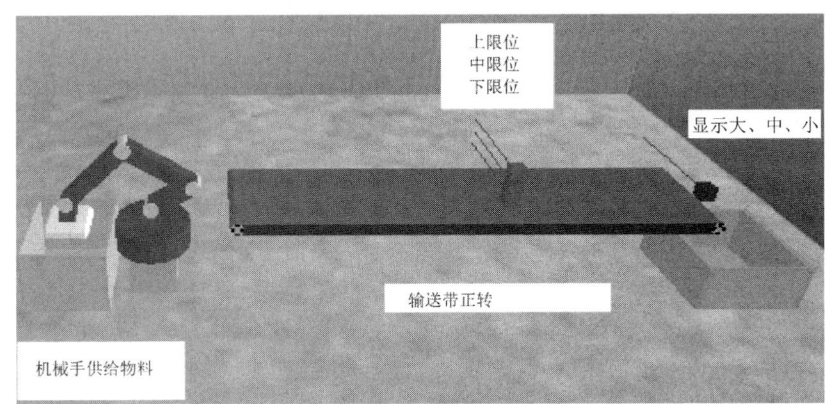

图 3-69　习题 3.4 图

习题 3.5　请用 PLC 和触摸屏联合仿真的方式实现气动机械手从原位出发，将工件从 *A* 点移动至 *B* 点，加工 10s，又将工件从 *B* 点移动至 *A* 点，具体如图 3-70 所示。

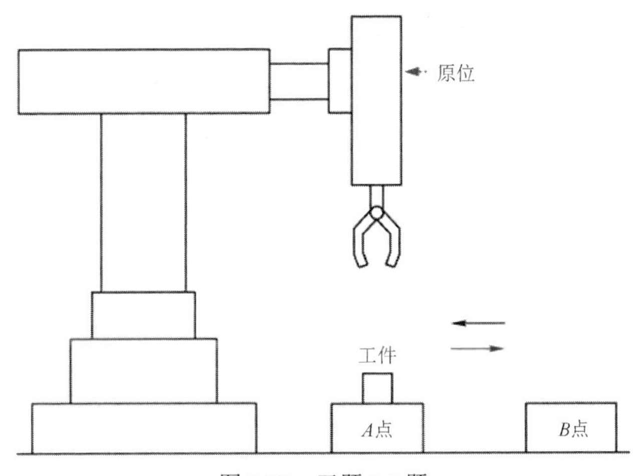

图 3-70　习题 3.5 题

习题 3.6　请用 PLC 和触摸屏联合仿真的方式实现整数 1 到 *N* 之间的和，其中 *N* 可以在触摸屏上任意设置（2～200）。

习题 3.7　请用 PLC 和触摸屏联合仿真的方式实现 *N* 个广告灯的顺序、逆序或随机点亮，其中 *N* 可以在触摸屏上任意设置，其值在 10～20 之间；点亮模式也可以在触摸屏上设定。

项目 4

S7-1200 PLC 控制 G120 变频器

项目导读

变频调速以其自身所具有的调速范围广、调速精度高且动态响应好等优点，在许多需要精确速度控制的电动机应用中发挥着巨大的作用。它的作用是既可以提高产品质量，又可以提升生产效率，还可以实现节能运行。变频器常见的频率指令主要有操作面板给定、接点信号给定、模拟量给定、脉冲信号给定和通信给定等；变频器的启动指令方式包括操作面板控制、端子控制和通信控制等。PLC 控制变频器的控制方式有很多种，目前最先进的方式就是通过通信方式来控制变频器启停和进行速度设定，尤其是对多台变频器来说，接线尤其简单，一根通信线就解决了很多问题。本项目主要介绍 PLC 端子控制 G120 变频器、PLC 通信控制 G120 变频器 2 个任务。

知识目标：

了解通用变频器的基本组成。
掌握变频器的调速原理。
掌握变频器运转指令、频率给定方式和参数设置。
掌握变频器 PROFINET 通信报文的含义。

能力目标：

会根据控制要求，使用 Startdrive 工具调试电动机运行。
会根据控制要求，进行 PLC 端子控制 G120 变频器的电气接线与编程。
能设计包含 PLC 和变频器的 PROFINET 控制系统。

素养目标：

遵循电气安全操作规范和标准，养成良好的电工作业习惯。
善于通过查阅图书文献等方式来拓展思维，展示独特的创造力。
努力扎根自己的岗位并发挥奉献精神。

任务 4.1　PLC 端子控制 G120 变频器

任务描述

某生产线的速度采用变频调速控制，选用西门子 G120 变频器（功率为 0.75kW）来带动三相异步电动机（功率为 0.4kW），现需要根据图 4-1 采用 S7-1200 PLC 来控制 G120 变频器所带动的电动机，其中 PLC 外接启停按钮、速度切换按钮，并输出多段速控制信号到 G120 变频器，完成从低到高生产线 3 个速度的控制。

任务要求如下。

（1）能通过 Startdrive 工具调试 G120 变频器。

（2）能完成 PLC 控制变频器的启停控制。

（3）能完成 G120 变频器的多段速控制。

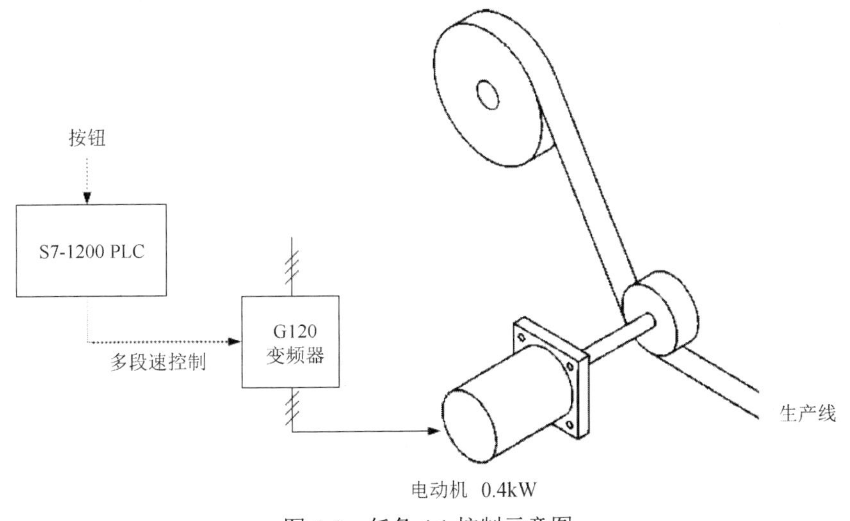

图 4-1　任务 4.1 控制示意图

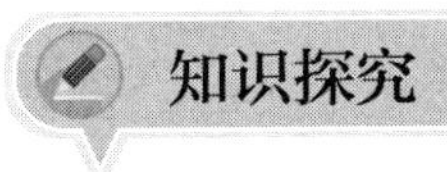

知识探究

4.1.1　变频器概述

根据电力电子原理，变频器是一种将交流电源先整流成直流再逆变成频率、电压可变的交流电源的专用装置，主要由 AC/DC、DC/AC 功率模块主电路、超大规模专用单片机控制电路构成（见图 4-2）。利用变频变压原理，通过改变三相异步电动机输入电源的频率，就可以在 0～400Hz 之间进行无级调速。变频器接线非常简单，只需将变频器安装在进线电源与交流电动机中间，即电动机转轴直接与负载连接，电动机由变频器供电。

将变频器输出电压波形展开后可以看出，输出电压是占空比符合一定规律的矩形波，即

PWM 脉冲宽度调制波；变频器输出电流波形则为正弦波，如图 4-3 所示。

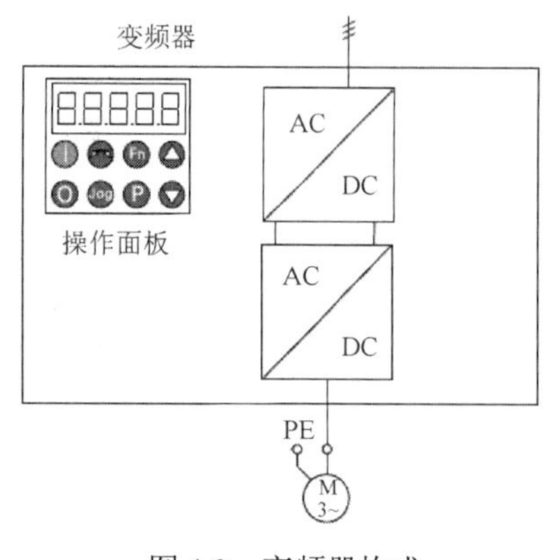

图 4-2　变频器构成

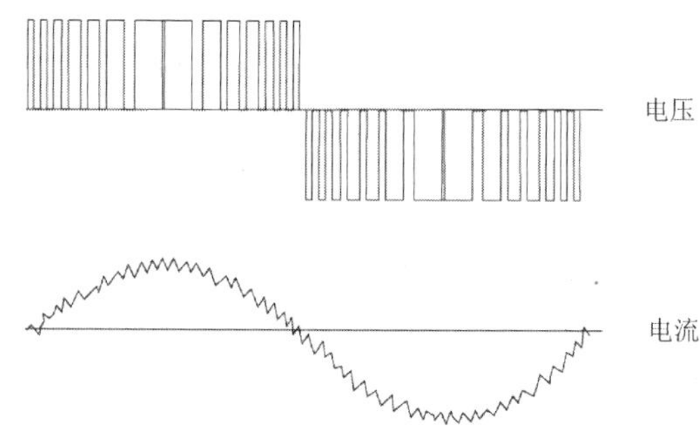

图 4-3　变频器输出电压和电流波形

4.1.2　变频器的频率指令方式

变频器的频率指令方式就是调节变频器输出频率的具体方法，也就是提供频率给定信号的方式。常见的频率指令方式主要有操作面板给定、接点信号给定、模拟量给定、脉冲信号给定和通信给定等。

1．操作面板给定

操作面板给定是变频器最简单的频率指令，用户可以通过变频器操作面板上的电位器、旋钮、数字键或上升下降键来直接改变变频器的设定频率。操作面板给定的最大优点就是简单、方便、醒目，同时具有监视功能，即能够将变频器运行时的电流、电压、实际转速、母线电压等实时显示出来。图 4-4 所示为西门子 SINAMICS G120 变频器（以下简称 G120 变频器）及智能操作面板，它可以利用 OK 旋钮快速设定频率，并通过大屏幕液晶面板将更多的变频器运行信息显示在一个页面，方便用户操作和维护使用。

图 4-4　G120 变频器及智能操作面板

2．模拟量给定

模拟量给定即通过变频器的模拟量端子从外部输入模拟量信号（电流或电压）进行给定，

并通过调节模拟量的大小来改变变频器的输出频率。模拟量给定通常采用电流或电压信号，电流信号一般为 0～20mA 或 4～20mA，电压信号一般为 0～10V、2～10V、0～±10V、0～5V、1～5V、0～±5V 等。

3. 通信给定

通信给定就是指 PLC、工控机、DCS 等上位机通过通信口按照特定的通信协议、特定的通信介质传输数据到变频器，以改变变频器设定频率的方式。PLC 作为上位机通过交换机的 RJ45 端口以 PROFINET 协议与变频器进行频率通信给定，如图 4-5 所示。

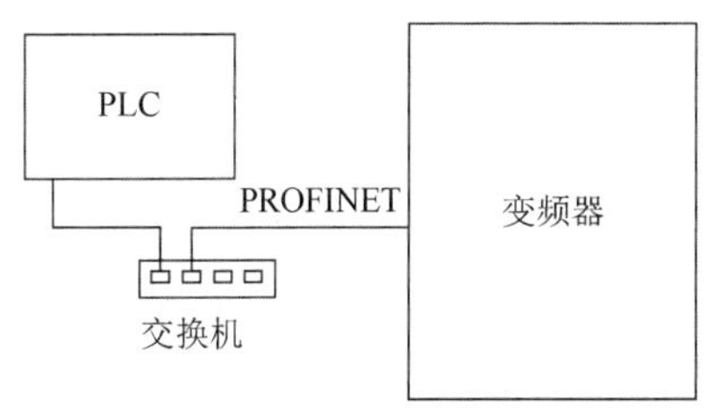

图 4-5　通信给定

4.1.3　变频器的启动指令方式

变频器的启动指令方式是指控制变频器的启动、停止、正转与反转、正向点动与反向点动、复位等基本运行功能。与变频器的频率指令类似，变频器的启动指令有操作面板控制、端子控制和通信控制 3 种。

1. 操作面板控制

操作面板控制是变频器最简单的启动指令，用户可以通过变频器操作面板上的运行键、停止键、点动键和复位键来直接控制变频器的运转。操作面板控制的最大特点就是方便实用，同时起到报警故障功能，即能够将变频器是否运行、故障或报警都告知用户。

2. 端子控制

端子控制是指变频器的运转指令通过其外接输入端子从外部输入开关信号（或电平信号）来进行控制的方式。在图 4-6 中，按钮、选择开关、继电器、PLC 的继电器模块替代了变频器操作面板上的运行键、停止键、点动键和复位键，可以输入信号到 DI1～DI5 来控制变频器的正转、反转、点动、复位和使能，一般而言，这些信号可以通过变频器参数进行自由定义。

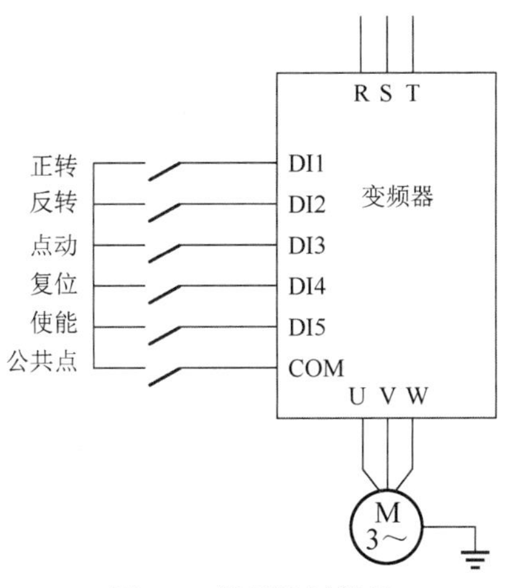

图 4-6　端子控制原理

3．通信控制

通信控制与通信给定相同，在不增加线路的情况下，只需将上位机给变频器的传输数据改一下，即可对变频器进行正反转、点动、故障复位等控制。

扫一扫

看微课

4.1.4 G120 变频器的硬件与 Startdrive 集成工程工具

1．G120 变频器概述

G120 变频器可以给交流电动机提供经济的高精度速度和转矩控制，按照结构尺寸从 FSA 到 FSGX，其功率范围覆盖 0.37～250kW（见表 4-1），广泛适用于各种应用场合。

表 4-1　G120 变频器的结构尺寸与功率范围一览表

结构尺寸	FSA	FSB	FSC	FSD	FSE	FSF	FSGX
功率范围/kW	0.37～1.5	2.2～4	7.5～15	18.5～30	37～45	55～132	160～250

G120 变频器的特点是模块化，由功率模块（PM）、控制单元（CU）和操作面板组合而成，如图 4-7 所示。

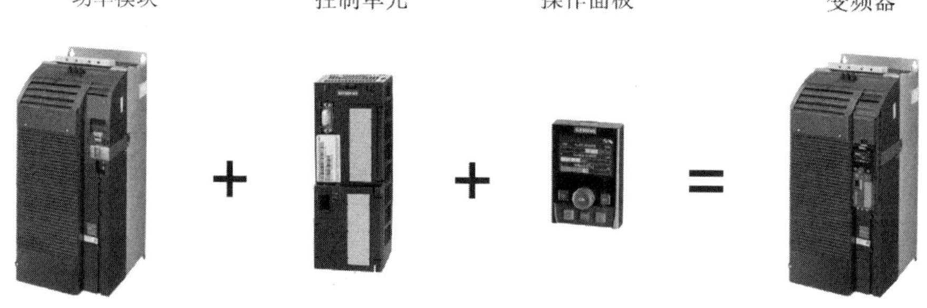

图 4-7　G120 变频器的组成

G120 变频器控制单元能通过 V/f 控制、无编码器的矢量闭环控制、带编码器的矢量控制等多种方式对功率模块和所接的电动机进行控制和监视。同时，支持与本地或中央控制器的通信。表 4-2 所示为不同控制单元支持的通信协议列表。

表 4-2　不同控制单元支持的通信协议列表

名称	订货号	现场总线
CU250S-2	6SL3246-0BA22-1BA0	USS、Modbus RTU
CU250S-2 DP	6SL3246-0BA22-1PA0	PROFIBUS
CU250S-2 PN	6SL3246-0BA22-1FA0	PROFINET、EtherNet/IP
CU250S-2 CAN	6SL3246-0BA22-1CA0	CANopen

G120 变频器功率模块的型号有 PM340 1AC、PM240、PM240-2 IP20 型和穿墙式安装型、PM250、PM260 等。图 4-8 所示为 G120 变频器功率模块的电气接线示意图。

2．Startdrive 集成工程工具

Startdrive 集成工程工具是无缝集成在博途软件中的一个软件，它可以进行变频器驱动配

置和参数设置。安装与博途软件同版本的“SINAMICS Startdrive Advanced”驱动包完成后的Startdrive 集成工程工具如图 4-9 所示，与 PLC、HMI 等可以直接在项目树中一同呈现。图 4-10和图 4-11 所示为添加新设备、添加驱动设备后的项目树。

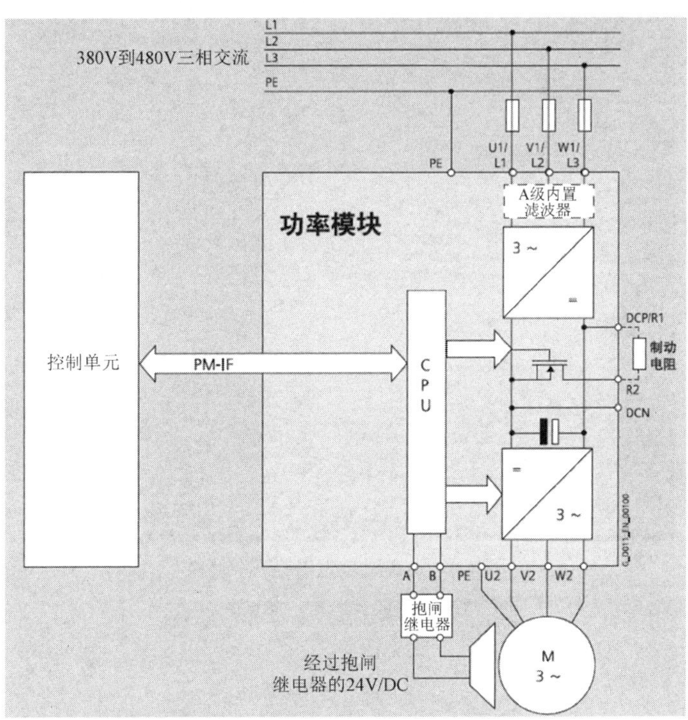

图 4-8　G120 变频器功率模块的电气接线示意图

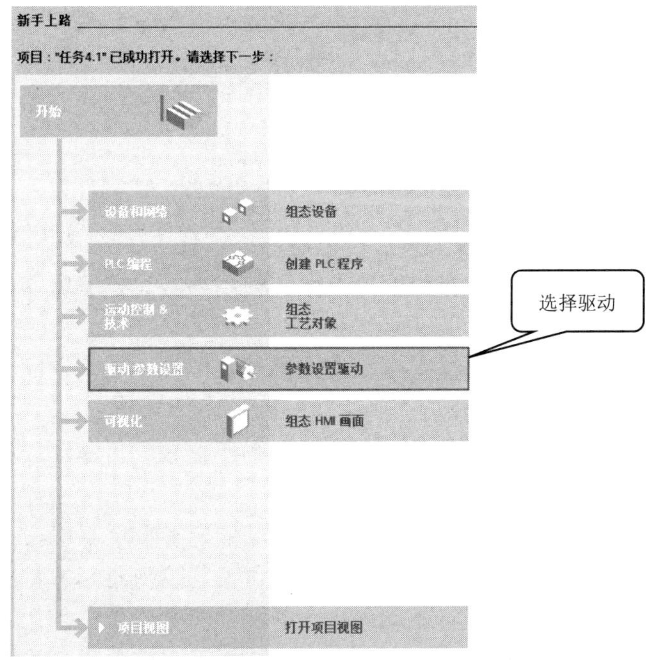

图 4-9　安装完成后的 Startdrive 集成工程工具

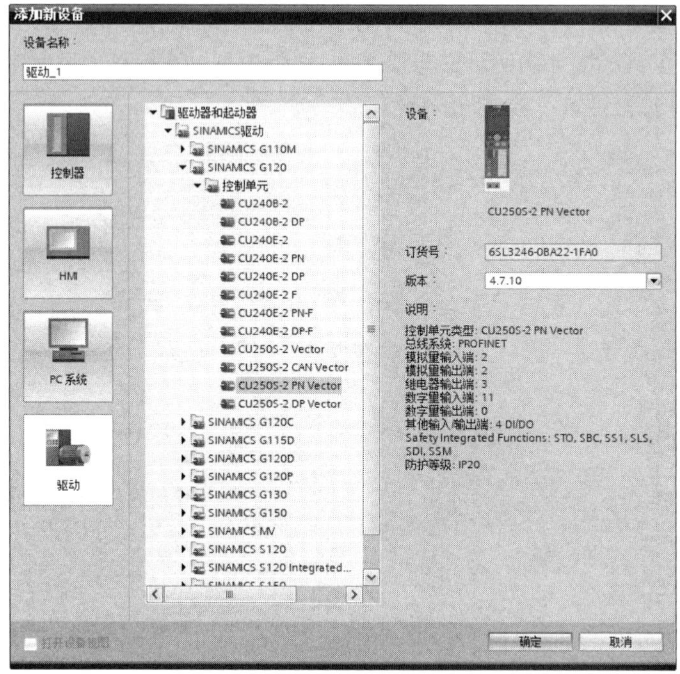

图 4-10　添加新设备后的项目树

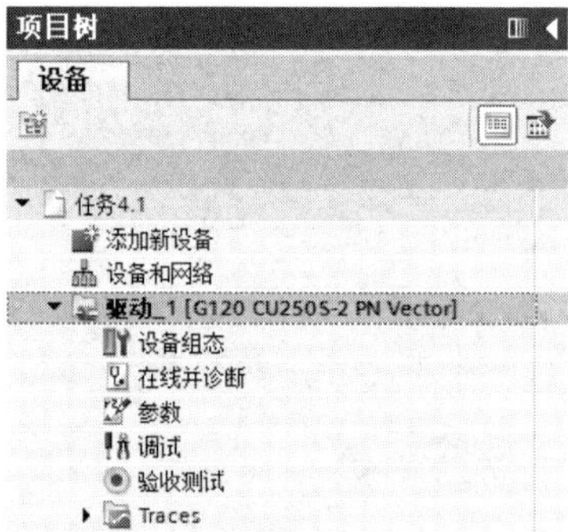

图 4-11　添加驱动设备后的项目树

安装 Startdrive 集成工程工具后可以进行以下任务。

（1）创建项目用于驱动专用解决方案。使用参数设置编辑器根据驱动任务对驱动进行优化设置。

（2）将驱动作为单驱动插入项目或连接至上位控制器。在网络视图中，将驱动与上位控制器进行联网并设置该参数。

（3）输入已使用的功率模块、电动机和编码器来配置驱动。在设备配置中插入具体的组件，如功率模块。

（4）指定指令源、设定值源和控制类型，分配参数至驱动。

（5）通过驱动专用功能（如自由功能块和工艺控制器）扩展参数设置。

（6）通过驱动控制面板将驱动联机，并测试参数设置。使用驱动向导配置驱动，选择电动机和操作模式。在线模式下，使用驱动控制面板测试驱动，并将参数分配载入驱动。

（7）出现错误时执行诊断。

扫一扫

看微课

4.1.5　PLC I/O 分配与 PLC 控制变频器电路设计

从 PLC 端子控制 G120 变频器的工艺过程出发，确定 PLC 外接启停按钮、速度切换按钮 2 个输入，同时外接启动控制、速度选择位 1、速度选择位 2、速度选择位 3 的中间继电器 4 个输出。表 4-3 所示为 PLC 端子控制 G120 变频器 I/O 分配，PLC 选型为 S7-1200 CPU1215C DC/DC/DC。

表 4-3　PLC 端子控制 G120 变频器 I/O 分配

说明	PLC 元件	电气元件符号/名称
输入	I0.0	SB1/启停按钮（常开）
	I0.1	SB2/速度切换按钮（常开）
输出	Q0.0	KA4/启动控制（速度选择位 0）
	Q0.1	KA1/速度选择位 1
	Q0.2	KA2/速度选择位 2
	Q0.3	KA3/速度选择位 3

图 4-12 所示为 PLC 控制电路接线，包括 PLC 侧和变频器侧，其中变频器侧控制端子接入为 DI0、DI1、DI4 和 DI5。

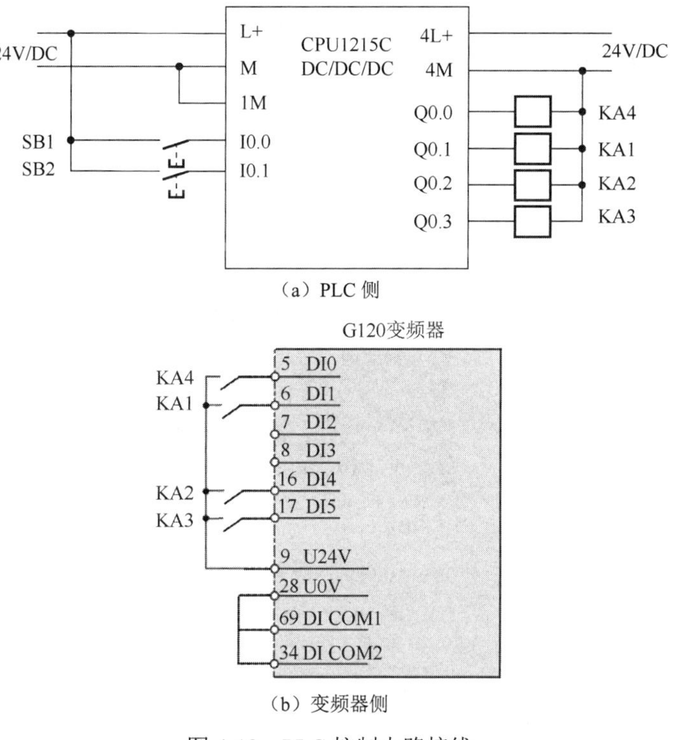

（a）PLC 侧

（b）变频器侧

图 4-12　PLC 控制电路接线

4.1.6 通过 Startdrive 集成工程工具调试 G120 变频器

1. 变频器选型与安装

这里以三相变频器为例进行说明。表 4-4 所示为 G120 变频器选型，包括控制单元、功率模块和 IOP-2 操作面板 3 部分，并在断电情况下按照图 4-13 进行 3 部分的组合安装。

表 4-4　G120 变频器选型

序号	名称	型号	说明
①	G120 变频器控制单元	6SL3246-0BA22-1FA0	CU250S-2 PN Vector，矢量控制
②	G120 变频器功率模块	6SL3210-1PE12-3ULx	PM240-2 IP20（3AC 400V 0.75kW），三相
③	G120 IOP-2 操作面板	6SL3255-0AA00-4JA2	智能操作面板

G120 变频器电气接线分为两部分：第一部分是功率模块接线，如图 4-14 所示，将进线和出线接到 PM240-2 的端子上；第二部分是网线，如图 4-15 所示，将网线插入 X150 端口的 P1 或 P2，注意不是 X100 的 DRIVE-CLiQ 接口。

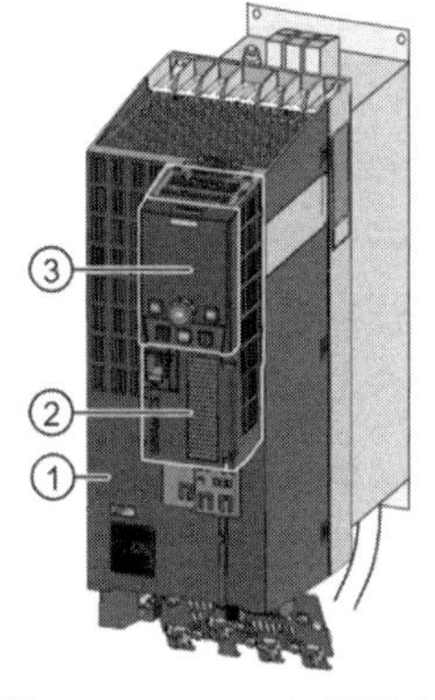

图 4-13　G120 变频器安装

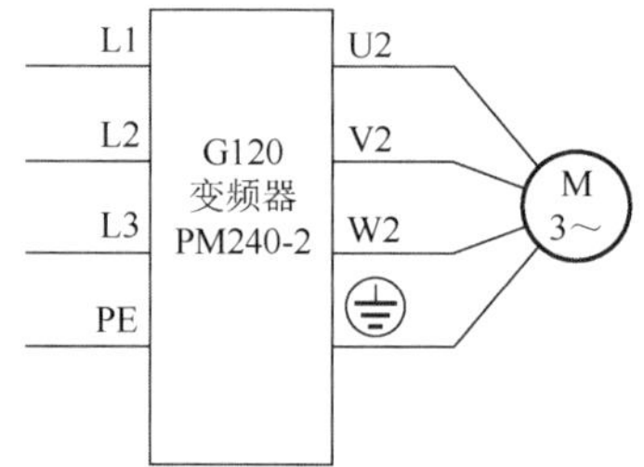

图 4-14　功率模块接线

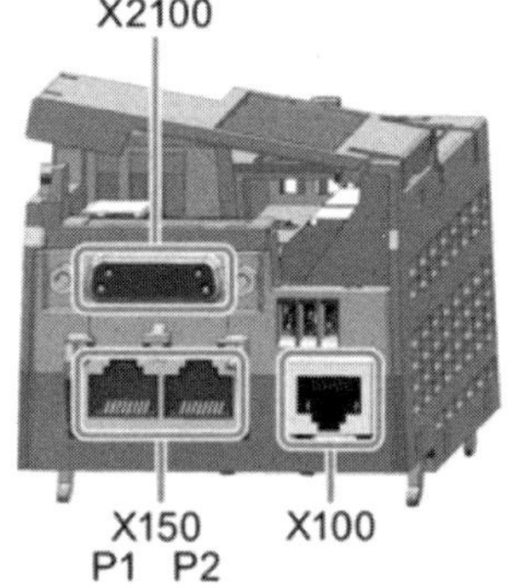

X2100—编码器接口；X150—PROFINET 接口；X100—DRIVE-CLiQ 接口

图 4-15　网线

2. 变频器硬件配置

按照图 4-10 添加新设备，即 G120 控制单元 CU250S-2 PN Vector（订货号为 6SL3246-

0BA22-1FA0）。完成之后，继续添加功率模块，执行“功率单元”→“PM240-2”→“3AC380-480V”→“FSA”→“IP20 U 400V 0.75kW”命令，如图 4-16 所示将其拉入左侧，即可完成 G120 变频器硬件添加过程。图 4-17 所示为完成后的设备效果。若出现订货号不对的情况，则可以在该设备图形处右击选择“更改设备”选项。

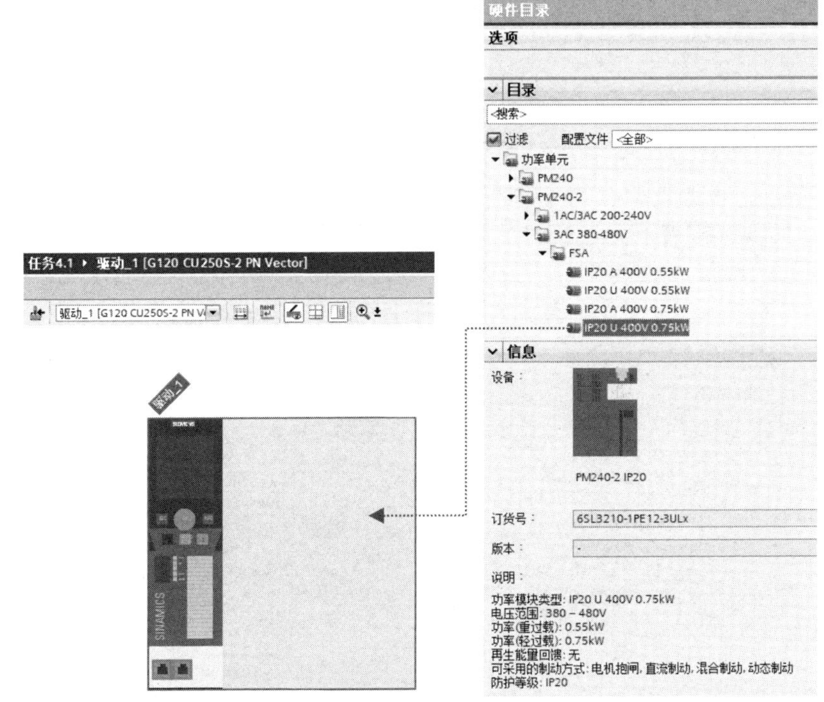

图 4-16　添加功率模块

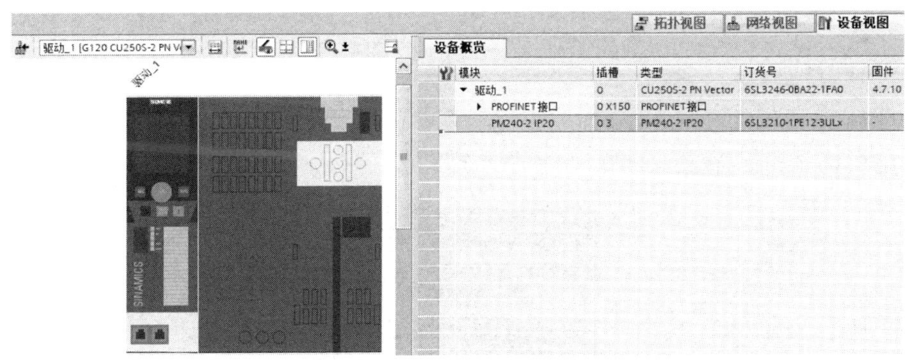

图 4-17　完成后的设备效果

3．修改变频器的 IP 地址和命名

执行“项目树”→“设备”→“在线访问”→“更新可访问的设备”命令，即可出现驱动。选择“分配 IP 地址”选项后设置 G120 变频器的 IP 地址和子网掩码，如 192.168.0.10、255.255.255.0，单击“分配 IP 地址”按钮，如图 4-18 所示。

分配完成后，可以选择“命名”选项（见图 4-19），定义组态的 PROFINET 设备，如 g120-cu250。最后需要重新断电后启动驱动，新配置才生效。

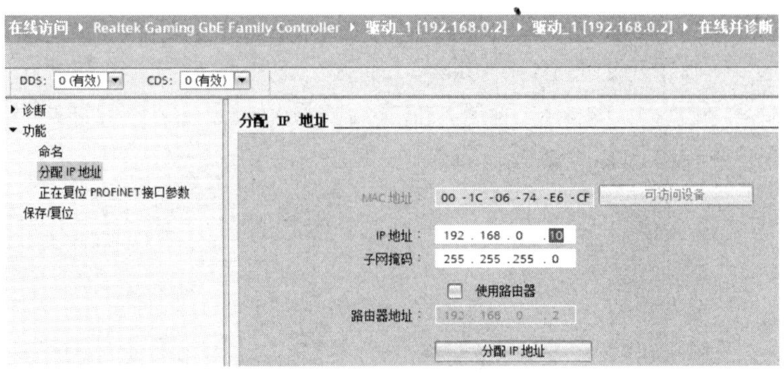

图 4-18　分配 IP 地址

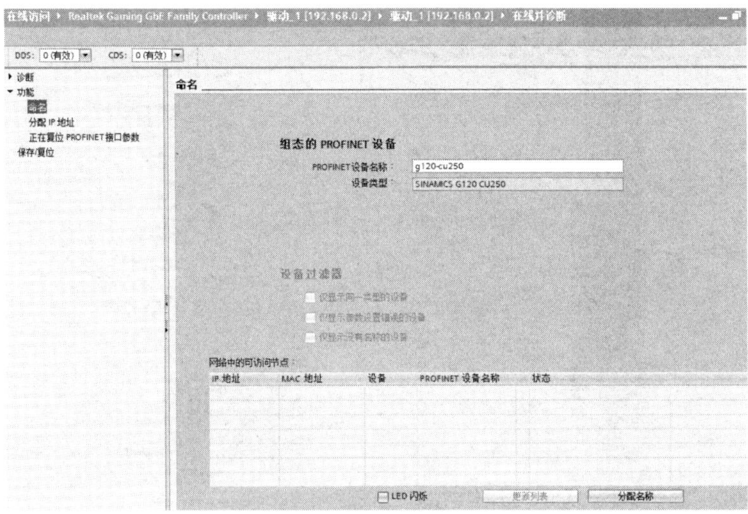

图 4-19　命名

4．调试向导

在如图 4-20 所示的 Startdrive 集成工程工具中选择“调试”菜单，进入包括调试向导、控制面板、电机优化和保存/复位 4 个功能的调试区域。

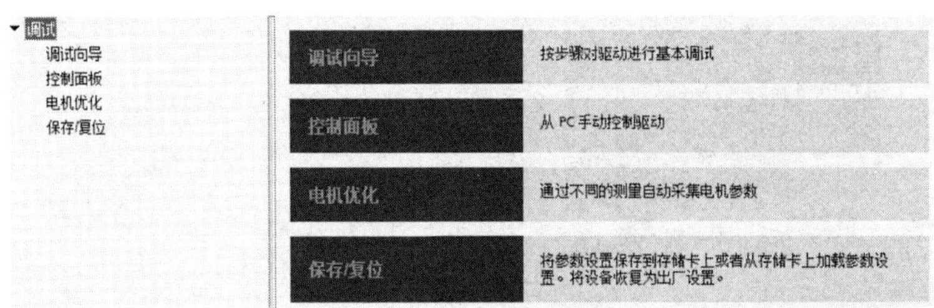

图 4-20　“调试”菜单

通过调试向导可以按步骤对驱动（这里指的是 G120 变频器）进行基本调试，对于不同的控制单元，其界面会有所不同，这里仅针对 CU250S-2 PN Vector 进行介绍。

（1）应用等级。图 4-21 所示为应用等级选项，包括[0]Expert、[1] Standard Drive Control（SDC）和[2]Dynamic Drive Control（DDC）三种，分别对应所有应用、鲁棒矢量控制和精密矢量控制。这里选择[1] Standard Drive Control（SDC），用于简单搬运，其具有如下特点：一

般电动机功率在 45kW 以下、斜坡上升时间为 5～10s、带持续负载的连续运动、静态扭矩限值、恒定转速精度，应用场合包括泵、风机、压缩机、研磨机、混合机、压碎机、搅拌机和简单主轴等。

图 4-21　应用等级选项

（2）设定值指定。图 4-22 所示为设定值指定选项，选择驱动是否连接 PLC 及在何处创建设定值。这里不选择 PLC 与驱动之间的数据交换，而是选择驱动外接的端口信号来实现变频器的设定值指定。

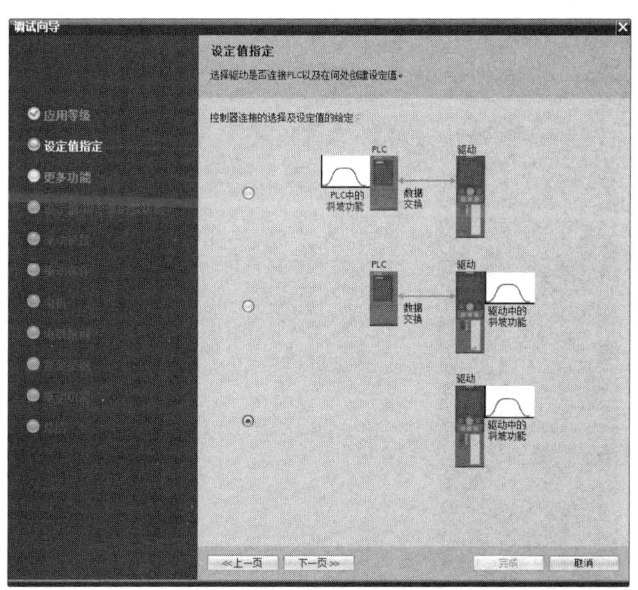

图 4-22　设定值指定选项

（3）更多功能。图 4-23 所示为更多功能选项，包括工艺控制器、基本定位器、扩展显示信息/监视、自由功能块，本任务不选择。

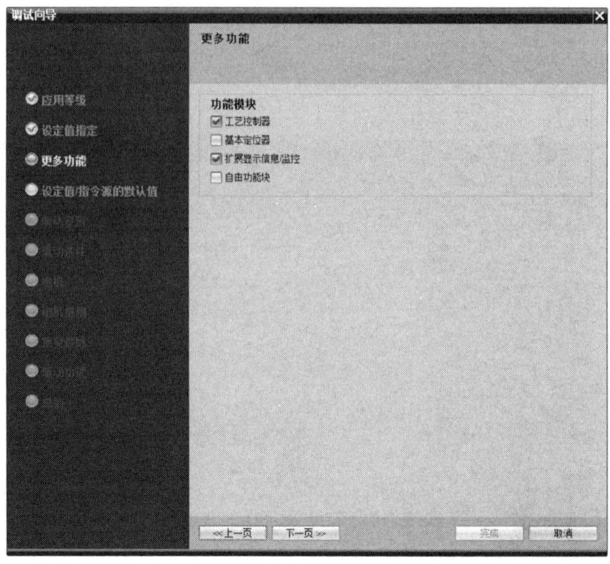

图 4-23　更多功能选项

（4）设定值/指令源的默认值。图 4-24 所示为设定值/指令源的默认值选项，选择输入/输出以及可能有的现场总线报文的预定义互联。这里选择 I/O 的默认配置为“[3]送技术、有 4 个固定频率”。具体如下。

DI 0:　　p840[0] BI: ON/OFF（OFF1）。
　　　　p1020[0] BI: 转速固定设定值选择 位 0。
DI 1:　　p1021[0] BI: 转速固定设定值选择 位 1。
DI 2:　　p2103[0] BI: 1. 应答故障。
DI 4:　　p1022[0] BI: 转速固定设定值选择 位 2。
DI 5:　　p1023[0] BI: 转速固定设定值选择 位 3。

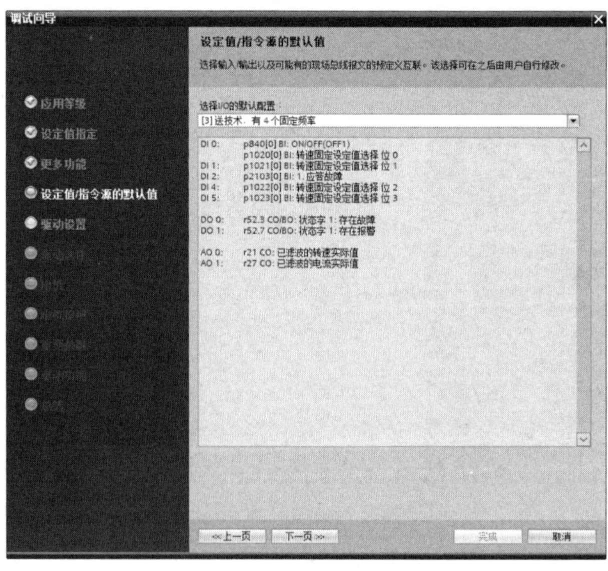

图 4-24　设定值/指令源的默认值选项

（5）驱动设置。图 4-25 所示为驱动设置选项，中国和欧洲采用 IEC 标准，即 50Hz 频率，单位为 kW；北美则采用 NEMA 标准，即 60Hz 频率，单位为 hp 或 kW。这里标准为[0]IEC 电机（50Hz、SI 单位）。对于三相或单相变频器，设备输入电压需要正确设置。

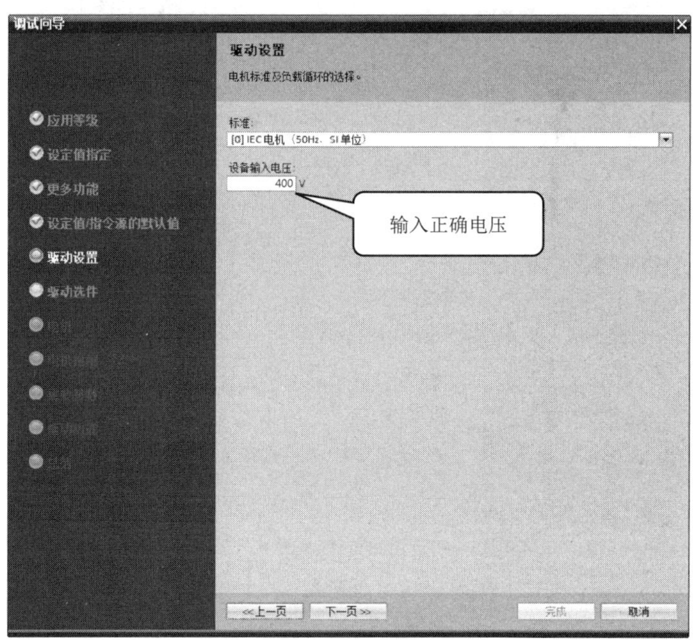

图 4-25 驱动设置选项

（6）驱动选件。图 4-26 所示为驱动选件选项，包括制动电阻和滤波器选件，这里测试均为不选择。

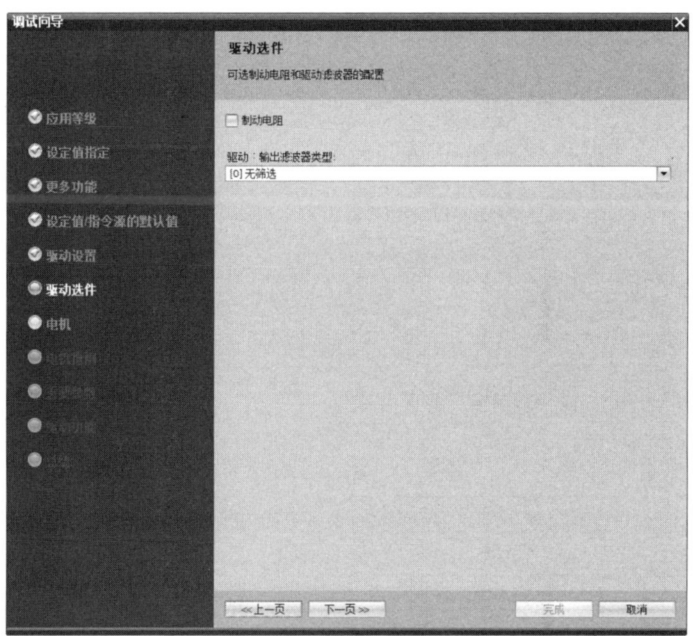

图 4-26 驱动选件选项

（7）电机。图 4-27 所示为电机选项，若是西门子电机，则只需电机订货号，否则需要记录下电机铭牌上的相关数据，并进行参数设置。

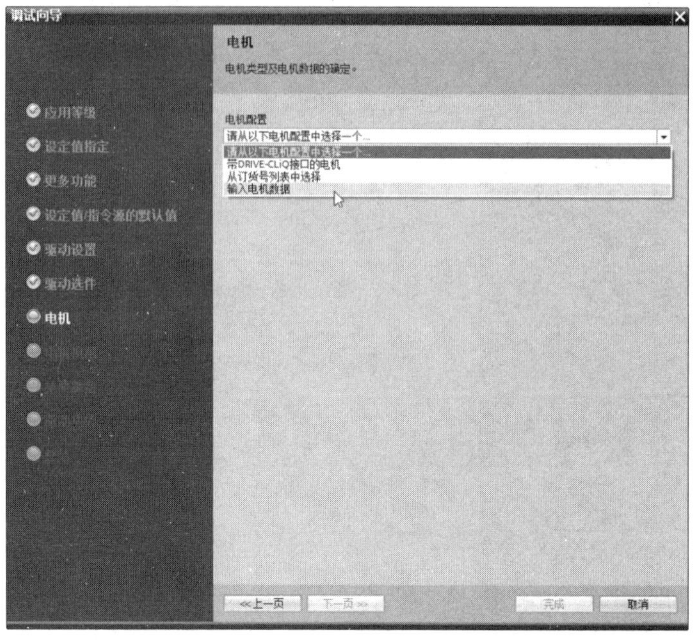

图 4-27　电机选项

这里采用的是国产电机，需要按图 4-28 输入电机数据，并选择星形连接（因为是小功率电机）。若数据输入错误或空缺，则会提示如下信息：“①没有完整地输入电机数据。请完整输入电机数据。”

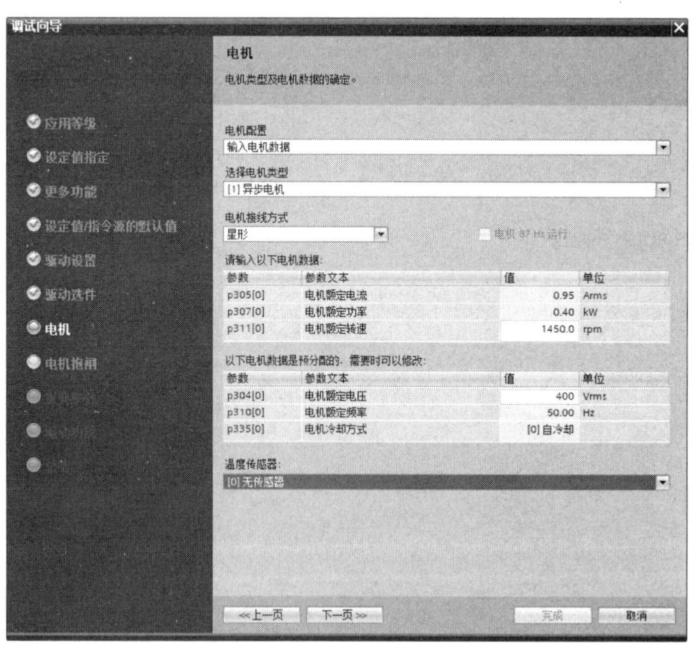

图 4-28　电机铭牌数据输入

（8）电机抱闸。图 4-29 所示为电机抱闸选项，这里选择“[C]无电机抱闸”。

图 4-29　电机抱闸选项

（9）重要参数。图 4-30 所示为重要参数选项，包括电流极限、最小转速、最大转速、斜坡函数发生器斜坡上升时间、OFF1 斜坡下降时间、OFF3（急停）斜坡下降时间。

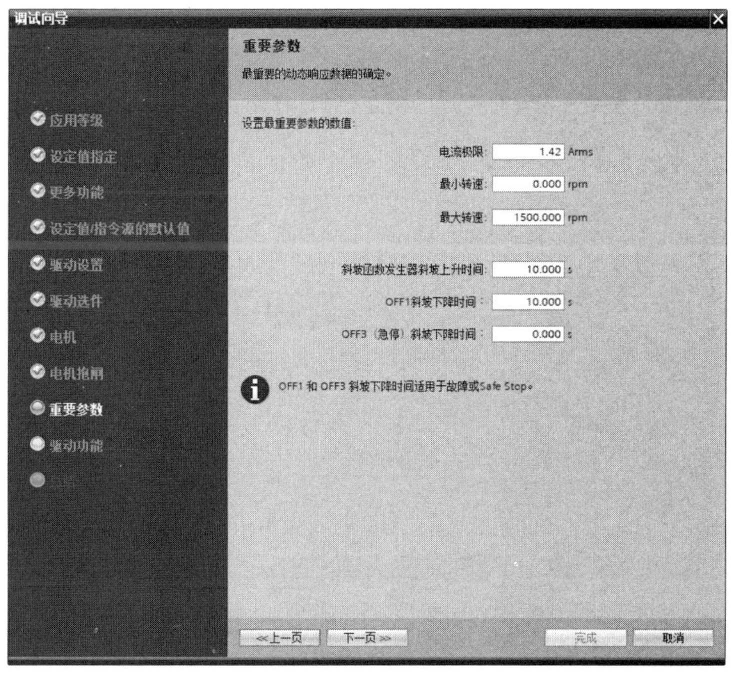

图 4-30　重要参数选项

（10）驱动功能。图 4-31 所示为驱动功能选项，包括工艺应用和电机识别，这里选择“[0]恒定负载（线性特性曲线）”和“[0]禁用”。

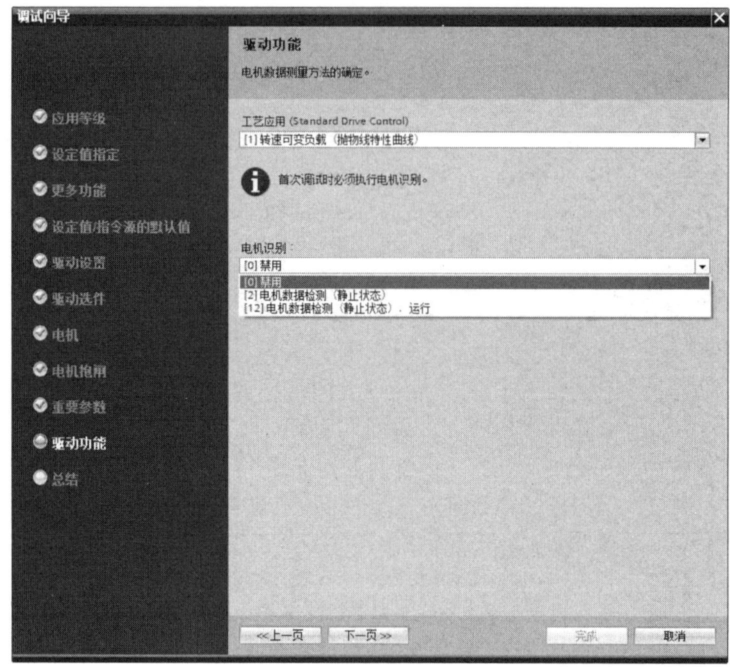

图 4-31　驱动功能选项

（11）图 4-32 所示为总结，将上述设置的功能全部汇总显示出来以便用户检查。

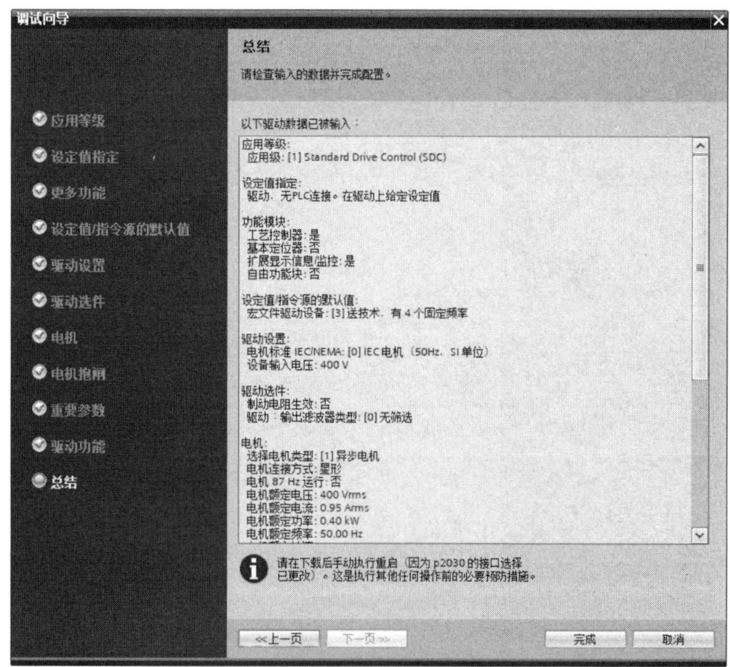

图 4-32　总结

5. 下载

确保驱动与 PC 的 IP 地址为同一频段，并将所设参数进行下载（见图 4-33）。

图 4-34 所示为“下载到设备”菜单，选择后即可出现如图 4-35 所示的“扩展下载到设备”对话框，该对话框跟 PLC 下载相似，只是设备改为了“驱动”。

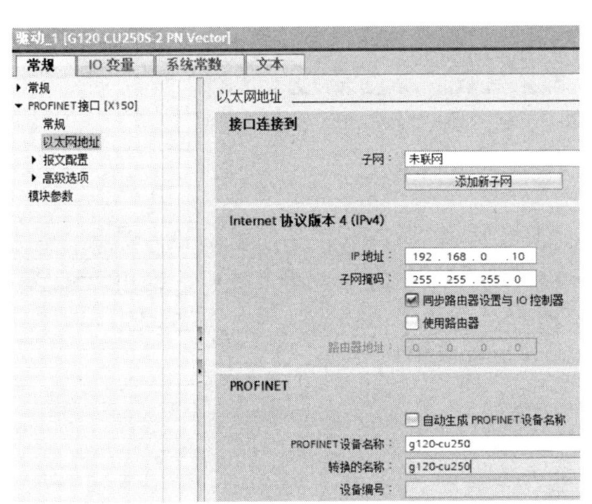

图 4-33　组态驱动的 IP 地址和 PROFINET 设备名称

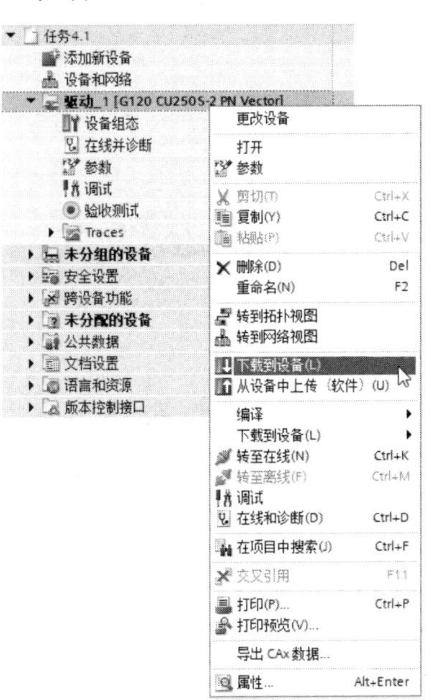

图 4-34　“下载到设备”菜单

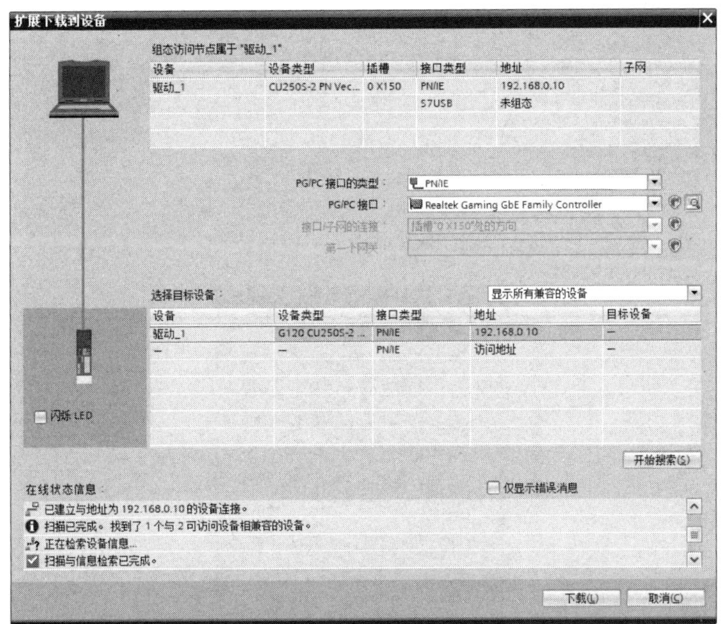

图 4-35　“扩展下载到设备”对话框

下载前会有如图 4-36 所示的下载预览，勾选“将参数设置保存在 EEPROM 中”复选框，即可将刚刚设置的参数完整下载到驱动 EEPROM 中。

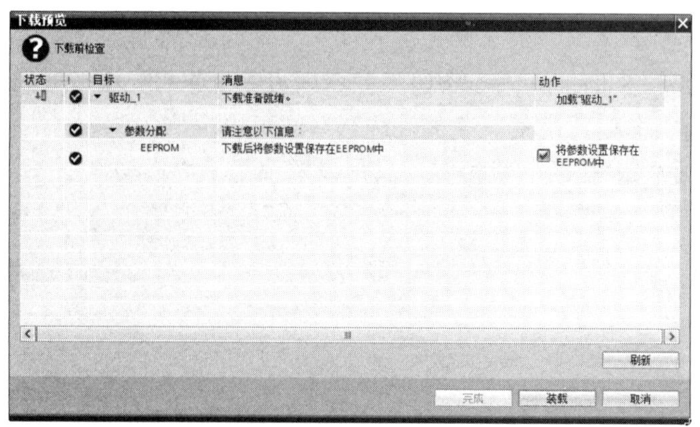

图 4-36　下载预览

6．调试

下载后，变频器需要重新上电（这一点尤其重要），再次联机后进行调试。进入“控制面板”调试对话框，如图 4-37 所示，在“主控权”选区中单击“激活”按钮，弹出“激活主控权”对话框，如图 4-38 所示，单击“应用”按钮，显示主控权激活状态（见图 4-39）。

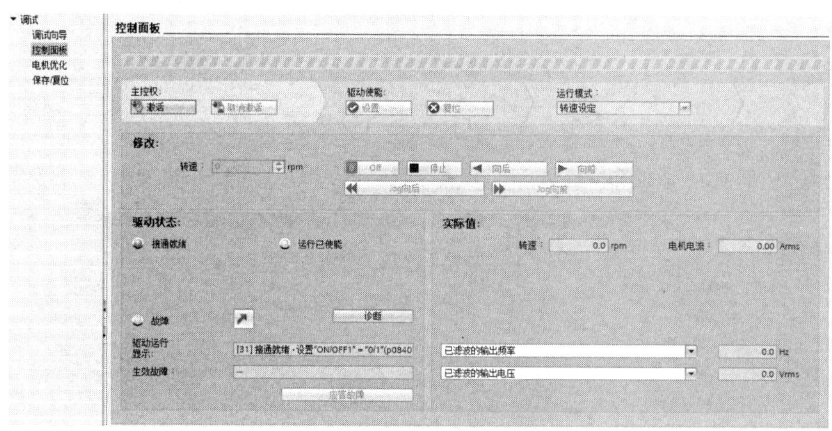

图 4-37　“控制面板”调试对话框

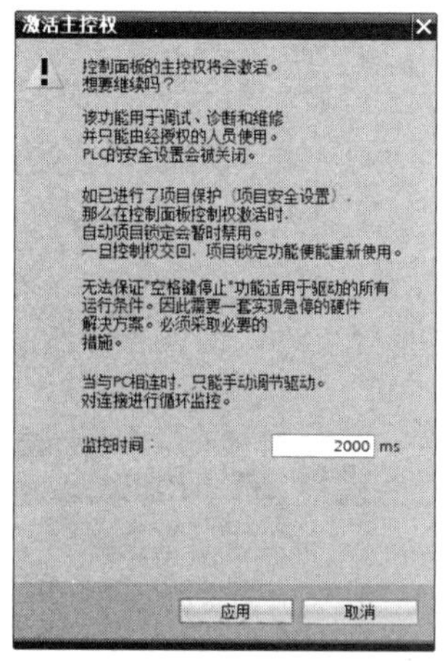

图 4-38　激活主控权

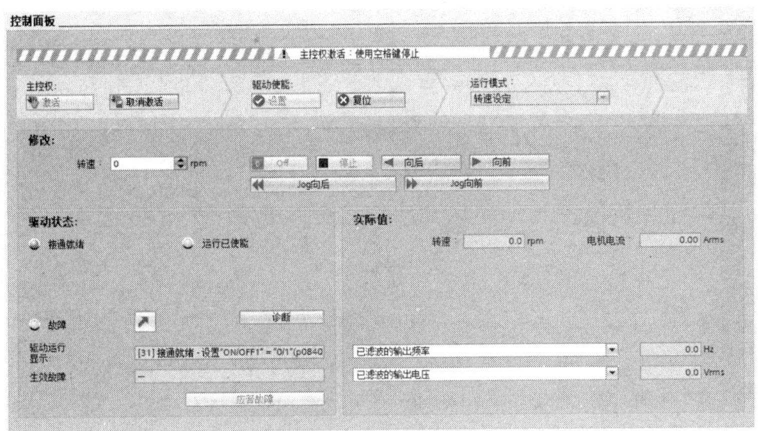

图 4-39　主控权激活状态

按照图 4-40 进入“电机优化”调试对话框，选择测量方式为“静止测量”（见图 4-41），并单击“激活”按钮（见图 4-42），弹出“感应电机静止测量的注意事项”对话框（见图 4-43）后切换运行模式（见图 4-44）。

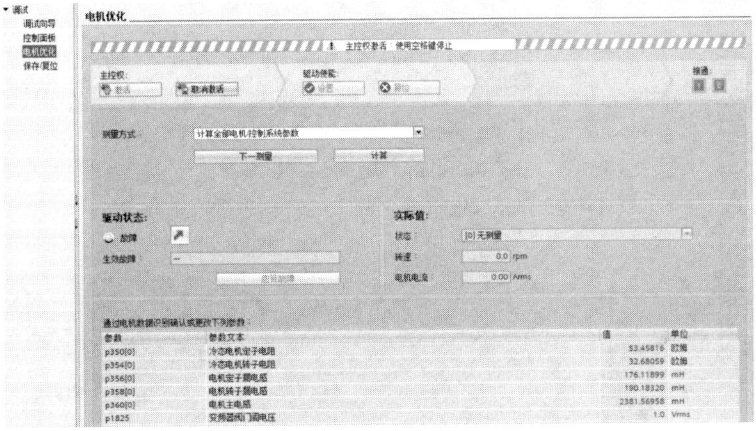

图 4-40　“电机优化”调试对话框

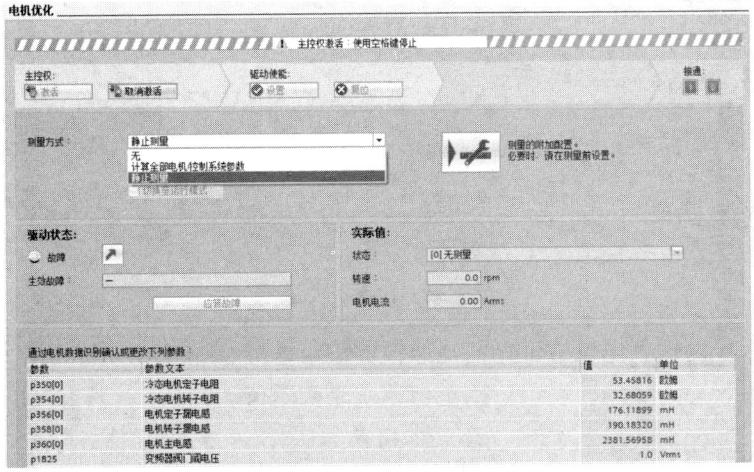

图 4-41　选择测量方式

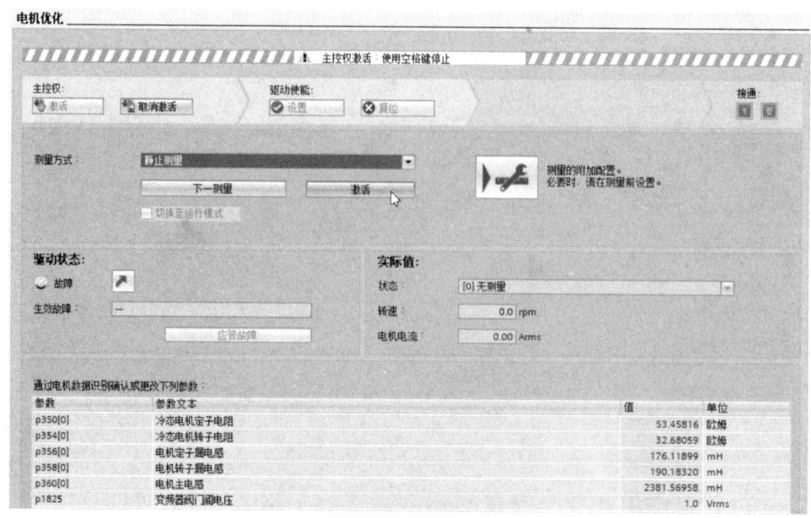

图 4-42　激活静止测量

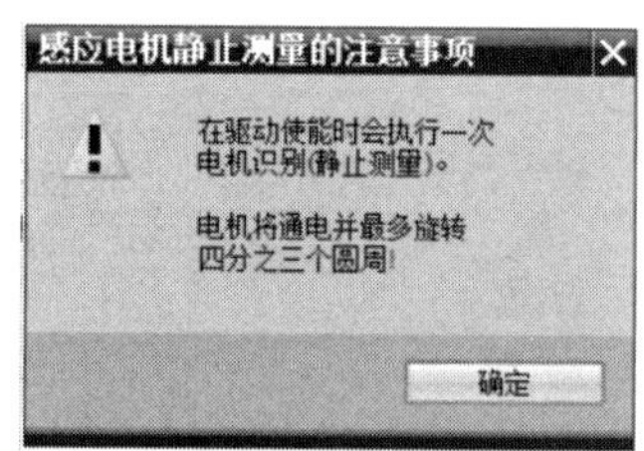

图 4-43　“感应电机静止测量的注意事项”对话框

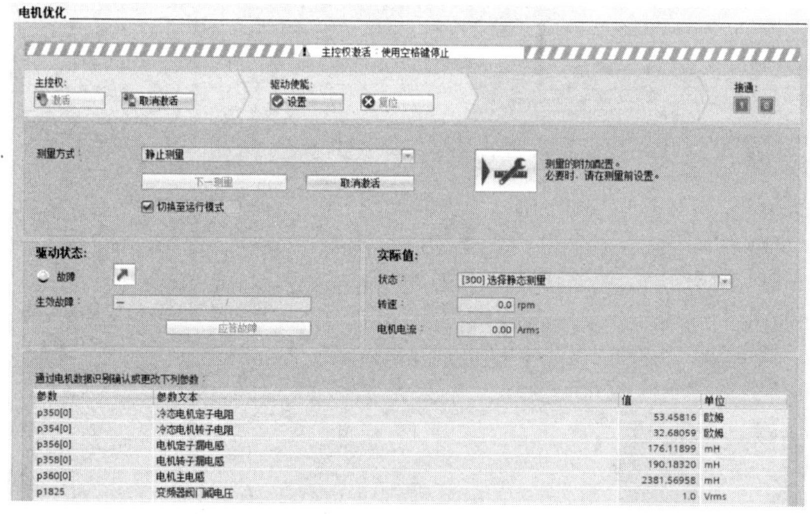

图 4-44　切换运行模式

在“转速”框内输入电机应遵循的转速设定值，这里选择 750rpm。指定转速设定值后，可以观察到驱动状态为绿色，表示可以正常调试，如图 4-45 所示。当首次单击“向后”“向前”“Jog 向后”“Jog 向前”按钮时，驱动即可接通运行。

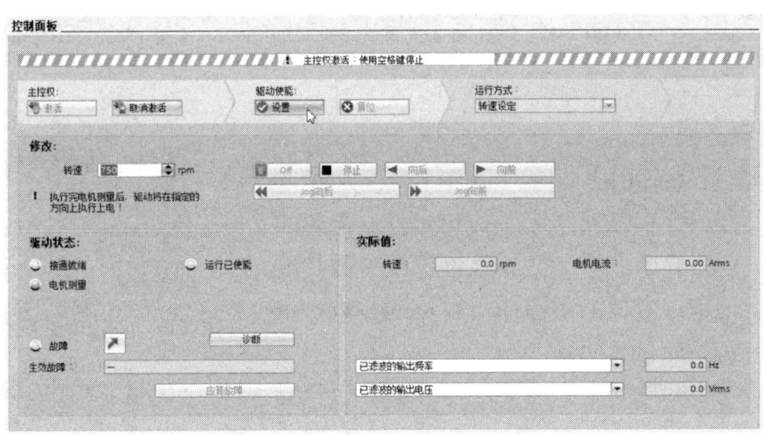

图 4-45　转速修改和驱动使能

7．保存/复位

图 4-46 所示为保存/复位的操作画面，因为未插入存储卡，所以可将 RAM 数据保存到 EEPROM 中，单击“保存”按钮即可。

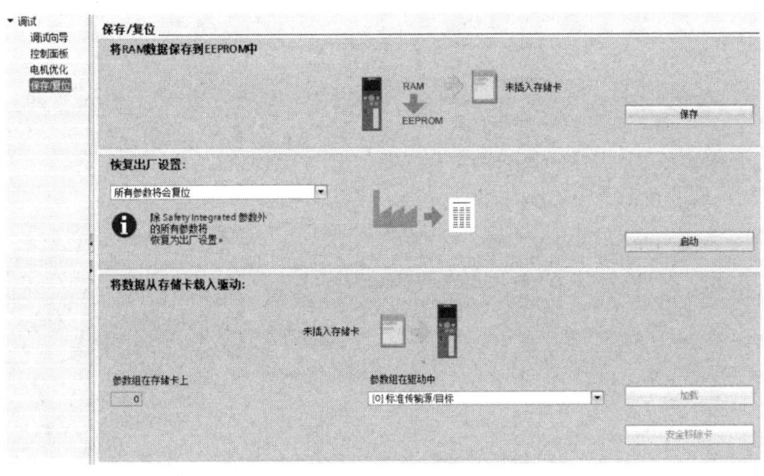

图 4-46　保存/复位的操作画面

若选择存储卡，则在变频器通电前先插入存储卡，如图 4-47 所示，严格执行步骤①、②。再次通电后，如图 4-46 所示的存储卡将从灰色中激活，此时可以选择数据导入或导出操作；同时可以设置数据备份的编号，在存储卡上备份 99 项不同的设置。

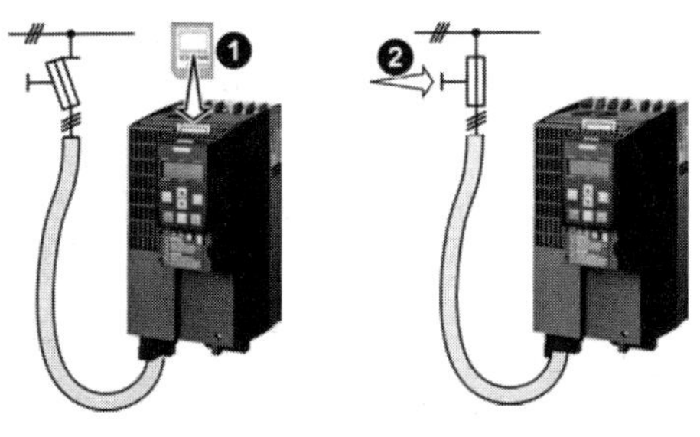

图 4-47　存储卡插入变频器示意

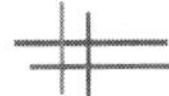

4.1.7 通过 Startdrive 集成工程工具进行 G120 变频器参数设置

1. 参数设置入口

图 4-48 所示为 Startdrive 集成工程工具的 G120 变频器参数设置入口。图 4-49 所示为参数对话框左上角的参数视图选项，包括显示默认参数、显示扩展参数和显示服务参数 3 个选项，方便显示可用于设备的参数。这里选择“显示扩展参数”选项。

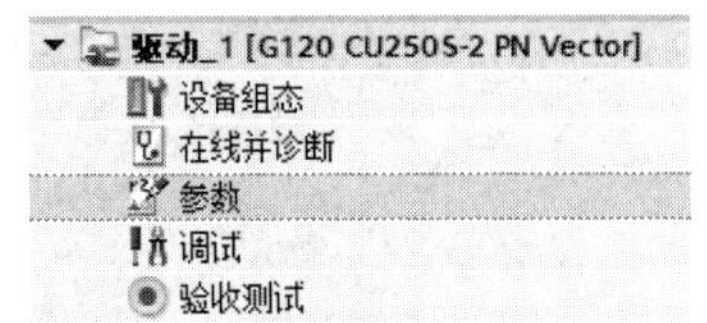

图 4-48　G120 变频器参数设置入口

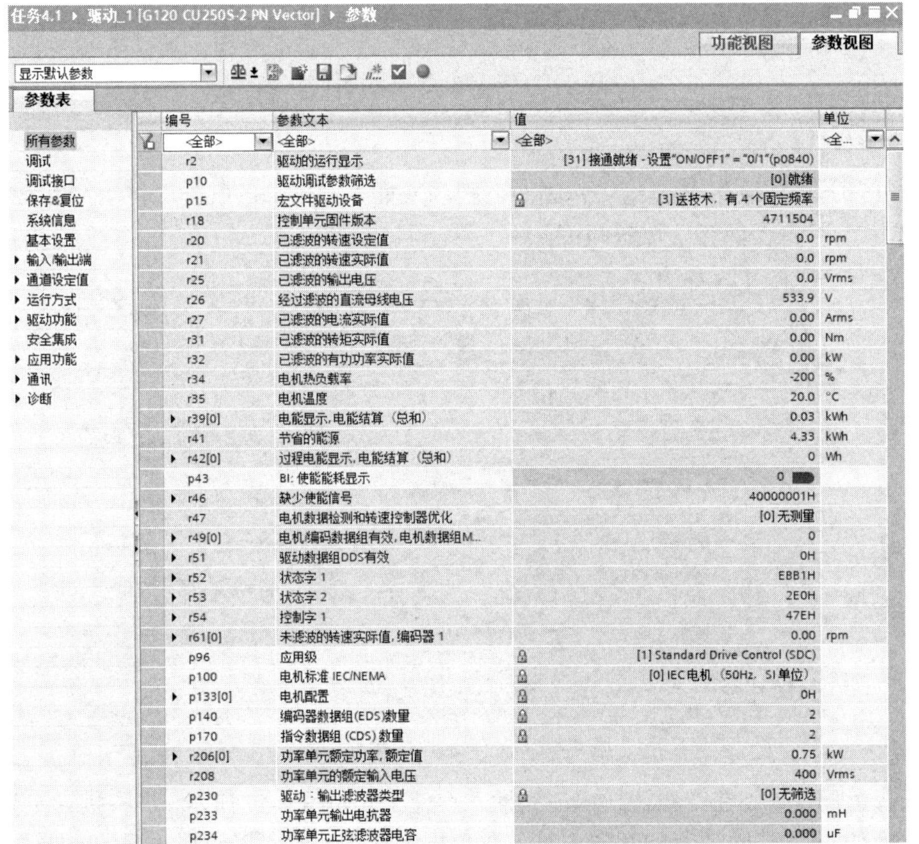

图 4-49　参数视图选项

为便于用户查找参数，G120 变频器参数视图中所有参数按照其主题在二级浏览栏中归类。各个参数的输入栏以一定颜色显示，含义如表 4-5 所示。

表 4-5　参数输入栏的颜色含义

编辑级别	离线颜色	在线颜色
只读	灰色	浅橙色
读/写	白色	橙色
动态锁定	白色，并有锁的符号	橙色，并有锁的符号

2. 宏文件驱动设备参数

本任务是多段速控制，可以直接采用 p15 宏文件驱动设备参数。设置 p15 参数之前，需要先设置 p10 驱动调试参数筛选为[1]，即“快速调试”，如图 4-50 所示；然后设置 p15 宏文件驱动设备为[3]，如图 4-51 所示。

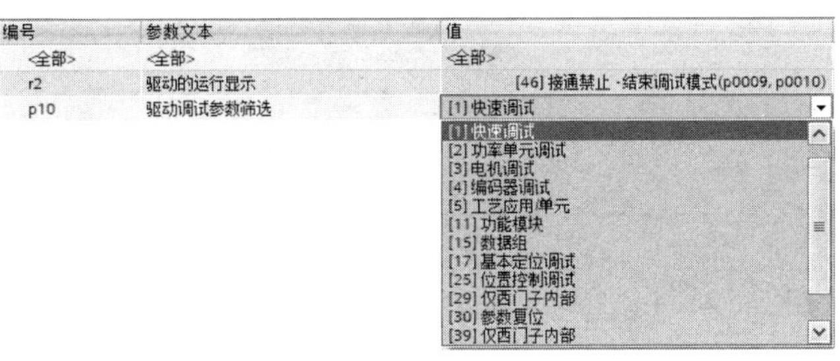

图 4-50　p10 驱动调试参数筛选

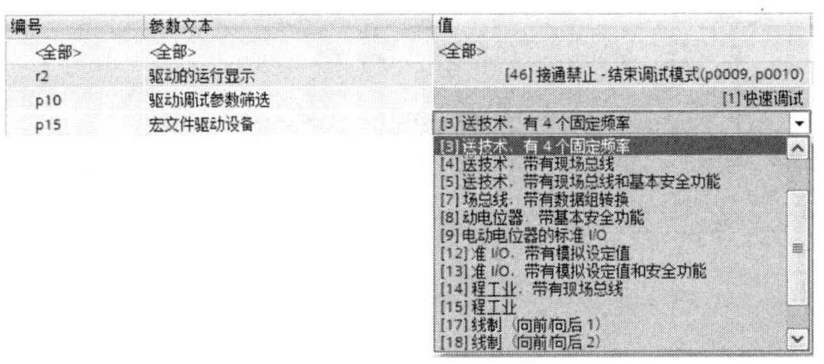

图 4-51　p15 宏文件驱动设备

图 4-52 所示为 p15=3 宏文件的 I/O 配置示意，从这里也可以理解 p15 就是把 p700 和 p1000 参数组进行批处理设置的功能。

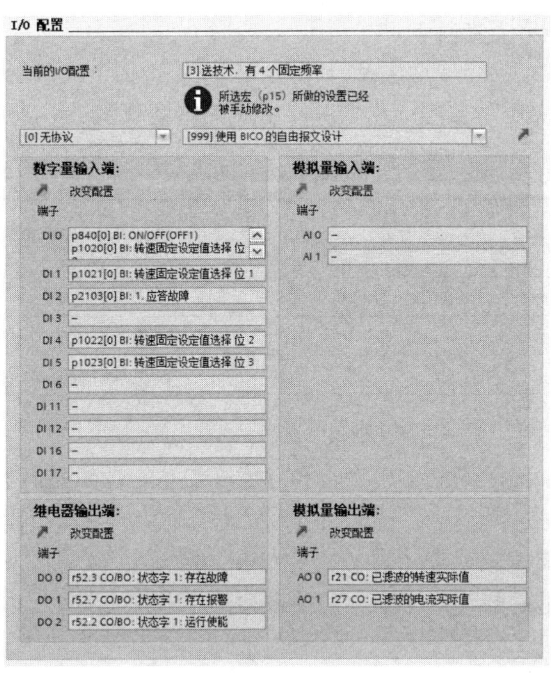

图 4-52　p15=3 宏文件的 I/O 配置示意

图 4-53 所示为 p15=3 宏文件对应的端子功能，其转速选择根据图 4-54 进行设定，相应的固定设定值为 p1001～p1004。

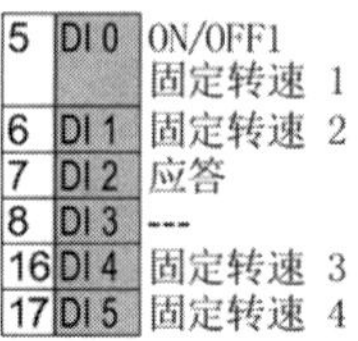

图 4-53　p15=3 宏文件对应的端子功能

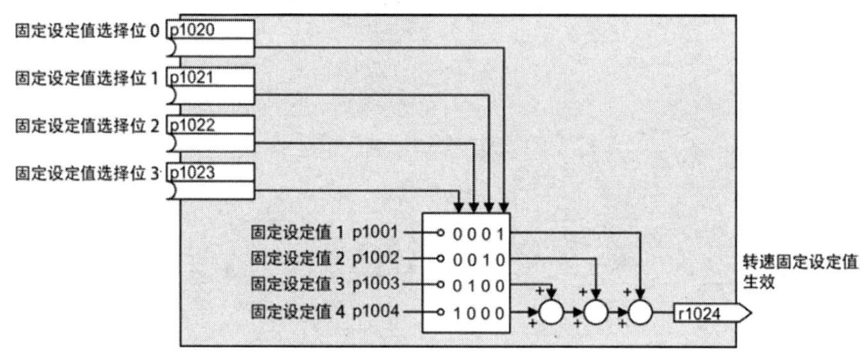

图 4-54　转速固定设定值示意

以上参数修改是在线修改，可以通过 IOP 面板确定是否已经修改完成。

注：使用 Startdrive 集成工程工具设置变频器的参数后要先保存，然后断电。等待所有的 LED 灯都熄灭后，再重新上电。这样设置的参数才会生效。

4.1.8　PLC 梯形图编程

除了 I/O，在 PLC 中还需要定义如表 4-6 所示的中间变量。

表 4-6　中间变量

PLC 中间变量	含义
MB10	运行状态
MB11	速度变量
M12.0	上升沿变量 1
M12.1	上升沿变量 2

图 4-55 所示为梯形图。程序解释如下。

程序段 1：上电初始化，复位运行状态和速度变量值，即将运行状态 MB10 设为 0，速度变量 MB11 设为 1。

程序段 2：启停按钮控制，即实现 ON 与 OFF 切换。

程序段 3：速度变量控制。通过速度切换按钮的上升沿脉冲实现 MB11 的变化，即 1-2-3-4-1-2-3-4，依次循环。

程序段 4：运行状态控制，即将运行状态 MB10 与输出 Q0.0 相对应。

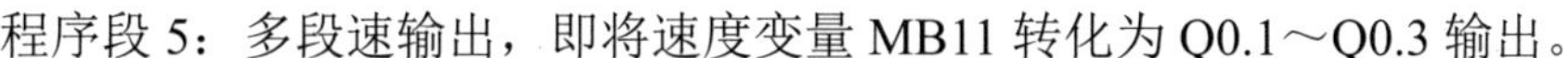

程序段 5：多段速输出，即将速度变量 MB11 转化为 Q0.1～Q0.3 输出。

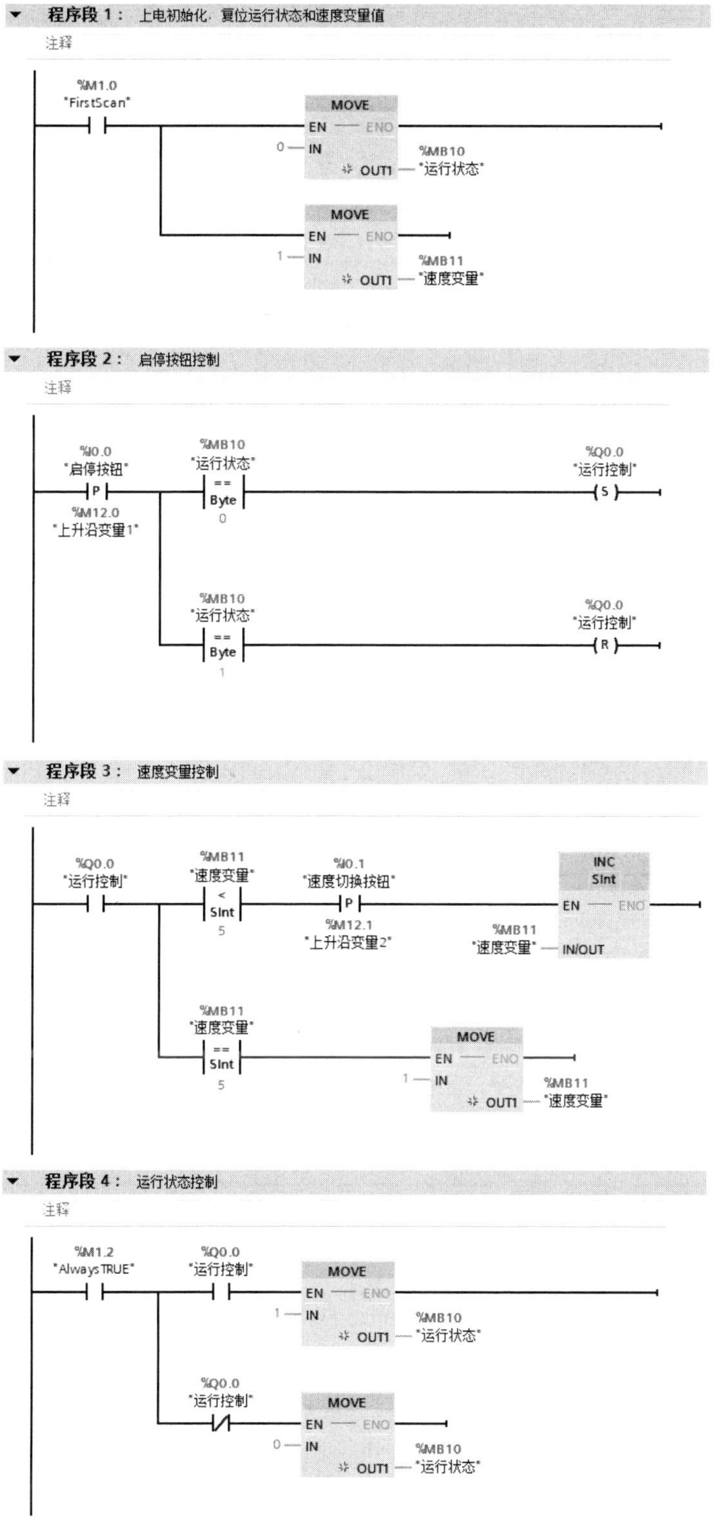

图 4-55　任务 4.1 的梯形图

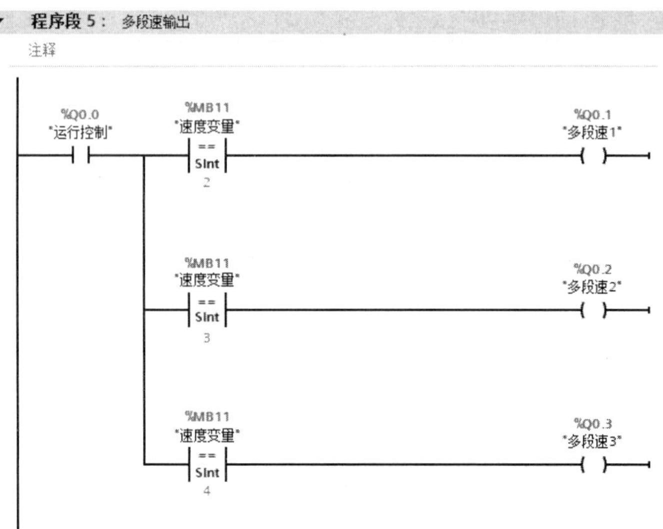

图 4-55　任务 4.1 的梯形图（续）

扫一扫 看微课

4.1.9　变频器故障诊断

1．变频器 LED 指示

G120 变频器上电后，根据参数设置、运行或通信情况会有不同的 LED 指示，具体如表 4-7 和表 4-8 所示。

表 4-7　RDY LED 和 BF LED 指示说明

RDY LED 指示	BF LED 指示	说明
绿色，亮	不相关	当前无故障
绿色，缓慢闪烁		正在调试或恢复出厂设置
红色，亮	黄色，变化频率	正在更新固件
红色，缓慢闪烁	红色，缓慢闪烁	固件更新后，变频器等待重新上电
红色，快速闪烁	红色，快速闪烁	错误的存储卡或固件更新失败
红色，快速闪烁	不相关	当前存在一个故障
绿色/红色，缓慢闪烁		许可不足

表 4-8　LNK LED 指示说明

LNK LED 指示	说明
绿色恒亮	PROFINET 通信成功建立
绿色，缓慢闪烁	设备正在建立通信
熄灭	无 PROFINET 通信

2．变频器报警故障诊断

这里给出了几个常见的变频器报警故障类型，其中报警以 A 开头，故障以 F 开头。

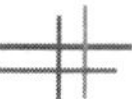

（1）A07991。

报错原因：电机数据检测激活。下一次给出接通指令后，便开始执行电机数据检测。选择了旋转检测后，参数保存被禁止。在执行或禁用电机数据检测后才能进行保存。

解决方法：无须采取任何措施。成功结束电机数据检测后或设置 p1900=0，报警自动消失。

（2）F07801。

报错原因：电机过电流。

解决方法：检查电流限值（p0640），根据控制方式检查相关参数，如矢量控制时检查电流控制器（p1715、p1717）、V/f 控制时检查电流限幅控制器（p1340、…、p1346）。还需要检查以下内容：延长加速时间（p1120）或减轻负载；电机和电机连线是否短接和接地；电机是星形接线还是三角形接线，电机铭牌上的数据；功率模块和电机是否配套；电机还在旋转时，选择捕捉重启（p1200）等。

（3）A08526。

报错原因：采用 PROFINET 时没有循环连接。

解决方法：激活控制器周期性通信，同时检查参数“Name of Station”和“IP of Station”（r61000、r61001）。

（4）F30003。

报错原因：直流母线欠电压。

解决方法：检查主电源电压（p0210）。由于功率模块和部分控制单元是单独供电的，因此需要确认主电源电压是否正确接入。

任务评价

按要求完成考核任务 4.1，评分标准如表 4-9 所示，具体配分可以根据实际考评情况进行调整。

表 4-9　评分标准

序号	考核项目	考核内容及要求	配分	得分
1	职业道德与课程思政	遵守安全操作规程，设置安全措施； 认真负责，团结合作，对实操任务充满热情； 正确认识我国智能制造的 4 项重点任务	15%	
2	系统方案制定	PLC 控制变频器方案合理	15%	
		PLC 控制变频器电路图正确		
3	编程能力	独立完成 G120 变频器的参数配置与调试	20%	
		独立完成 PLC 梯形图编程		
4	操作能力	根据电气接线图正确接线，美观且可靠	20%	
		正确输入程序并进行程序调试		
		根据系统功能进行正确操作演示		
5	实践效果	系统工作可靠，满足工作要求	20%	
		变频器参数设置正确		
		按规定的时间完成任务		

续表

序号	考核项目	考核内容及要求	配分	得分
6	创新实践	在本任务中有另辟蹊径、独树一帜的实践内容	10%	
合计			100%	

任务 4.2　PLC 通信控制 G120 变频器

任务描述

在生产线上采用 G120 变频器进行启停控制，并设置相应的转速。与任务 4.1 不同的地方在于，变频器与 PLC 之间采用 PROFINET 连接，如图 4-56 所示。

任务要求如下。

（1）将 PLC 和变频器完成 PROFINET 连接。

（2）将 PLC 与变频器的通信方式设置为标准报文 1，通过通信来控制变频器启停。

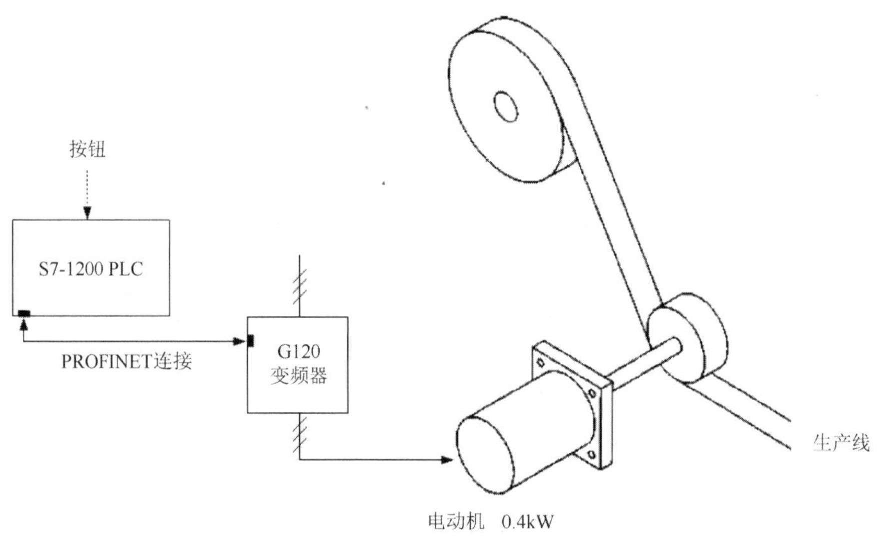

图 4-56　任务 4.2 控制示意图

知识探究

4.2.1　变频器通信控制字和状态字格式

G120 变频器具有强大的 PROFINET 通信功能，能和多个设备进行通信，使用户可以方便地监视变频器的运行状态并修改参数。图 4-57 所示为将 G120 变频器接入 PROFINET 网络，或者通过以太网与 G120 变频器进行通信。

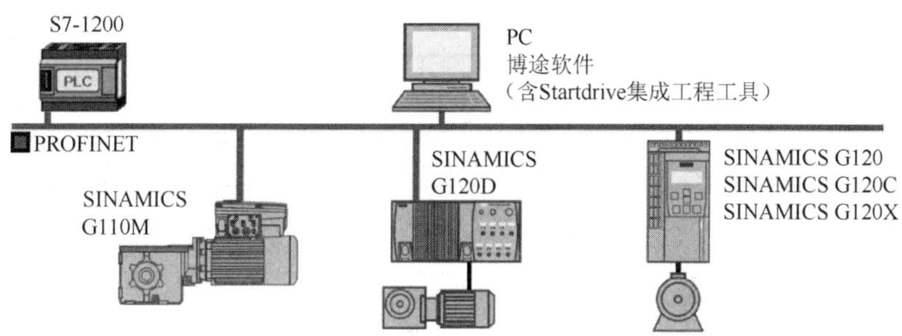

图 4-57　G120 变频器接入 PROFINET 网络

表 4-10 所示为 G120 变频器通信的部分报文，一般包含控制字和状态字。

表 4-10　G120 变频器通信的部分报文

报文编号	1		2		3		4		7		9		20	
过程值1	控制字1	状态字1	控制字1	状态字1	控制字1	状态字1	控制字1	状态字1	控制字1	状态字1	控制字1	状态字1	控制字1	状态字1
过程值2	转速设定值16位	转速实际值16位	转速设定值32位	转速实际值32位	转速设定值32位	转速实际值32位	转速设定值32位	转速实际值32位	选择程序段	EOS选择的程序段	选择程序段	EOS选择的程序段	转速设定值16位	经过平滑的转速实际值A（16位）
过程值3											控制字2	状态字2		经过平滑的输出电流
过程值4			控制字2	状态字2	控制字2	状态字2	控制字2	状态字2			MDI目标位置			经过平滑的转矩实际值
过程值5					编码器1控制字	编码器1状态字	编码器1控制字	编码器1状态字			MDI速度			有功功率实际值
过程值6						编码器1位置实际值1 32位	编码器2控制字	编码器1位置实际值1 32位			MDI加速度			
过程值7											MDI减速度			
过程值8						编码器1位置实际值2 32位		编码器1位置实际值2 32位			MDI模式选择			
过程值9														
过程值10								编码器2状态字						
过程值11								编码器2位置实际值1 32位						
过程值12														
过程值13								编码器2位置实际值2 32位						
过程值14														

以本任务用到的标准报文 1 为例。表 4-11 所示为控制字含义与参数设置。表 4-12 所示为状态字含义与参数设置。根据表格含义可以得出如下常用控制字：16#047E 表示停止就绪、16#047F 表示启动、16#0C7F 表示正转、16#04FE 表示故障复位等。

表 4-11　控制字含义与参数设置

控制字位	含义	参数设置
0	ON/OFF1	P840=r2090.0
1	OFF2 停车	P844=r2090.1
2	OFF3 停车	P848=r2090.2
3	脉冲使能	P852=r2090.3
4	使能斜坡函数发生器	P1140=r2090.4
5	继续斜坡函数发生器	P1141=r2090.5
6	使能转速设定值	P1142=r2090.6
7	故障应答	P2103=r2090.7

续表

控制字位	含义	参数设置
8,9	预留	
10	通过 PLC 控制	P854=r2090.10
11	反向	P1113=r2090.11
12	未使用	
13	电动电位计升速	P1035=r2090.13
14	电动电位计降速	P1036=r2090.14
15	CDS 位 0	P0810=r2090.15

表 4-12　状态字含义与参数设置

控制字位	含义	参数设置
0	接通就绪	r899.0
1	运行就绪	r899.1
2	运行使能	r899.2
3	故障	r2139.3
4	OFF2 激活	r899.4
5	OFF3 激活	r899.5
6	禁止合闸	r899.6
7	报警	r2139.7
8	转速差在公差范围内	r2197.7
9	控制请求	r899.9
10	达到或超出比较速度	r2199.1
11	I、P、M 比较	r1407.7
12	打开抱闸装置	r899.12
13	报警电机过热	r2135.14
14	正反转	r2197.3
15	CDS	r836.0

4.2.2　转速设定转换指令

标准报文 1 中的转速设定值和实际值，其对应的数据为 0～50.0Hz（或 0～额定转速），对应 0～16384（16#4000）。在实际编程中需要采用转换指令。

1．NORM_X 标准化指令

图 4-58（a）所示为 NORM_X 标准化指令，通过将输入 VALUE 中变量的值映射到线性标尺对其进行标准化［见图 4-58（b）］。可以使用参数 MIN 和 MAX 定义（应用于该标尺的）值范围的限值。输出 OUT 中的结果经过计算并存储为浮点数，这取决于要标准化的值在该值范围中的位置。如果要标准化的值等于输入 MIN 中的值，那么输出 OUT 将返回值“0.0”；如果要标准化的值等于输入 MAX 的值，那么输出 OUT 需要返回值“1.0”。

标准化指令将按公式 OUT = (VALUE – MIN) / (MAX – MIN)进行计算。

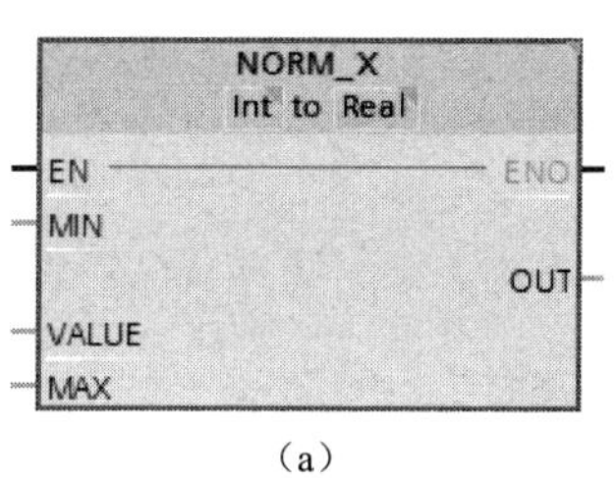

(a)

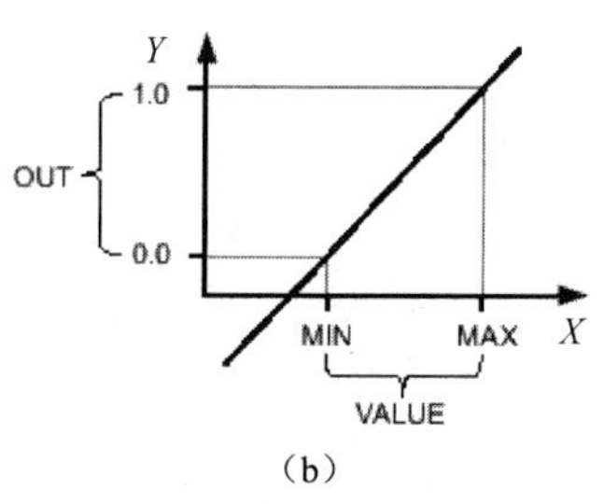

(b)

图 4-58　NORM_X 标准化指令

若满足下列条件之一，则使能输出 ENO 信号状态为“0”。

（1）使能输入 EN 信号状态为“0”。

（2）输入 MIN 的值大于或等于输入 MAX 的值。

（3）根据 IEEE-754 标准，指定浮点数的值超出了标准的数范围。

（4）输入 VALUE 的值为 NaN（无效算术运算的结果）。

2．SCALE_X 缩放指令

图 4-59（a）所示为 SCALE_X 缩放指令，通过将输入 VALUE 的值映射到指定的值范围内，对该值进行缩放［见图 4-59（b）］。当执行缩放指令时，输入 VALUE 的浮点数的值会缩放到由参数 MIN 和 MAX 定义的值范围。缩放结果为整数，存储在输出 OUT 中。

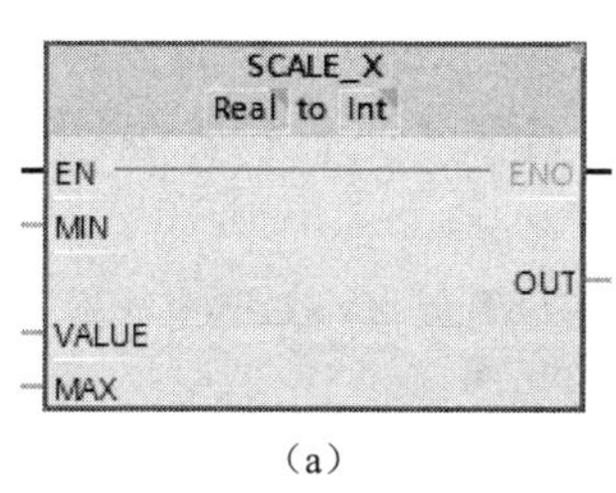

(a)

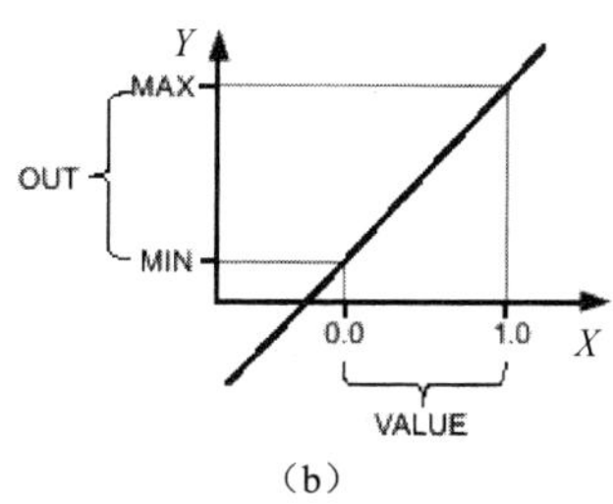

(b)

图 4-59　SCALE_X 缩放指令

缩放指令将按公式 OUT = [VALUE × (MAX － MIN)] + MIN 进行计算。

若满足下列条件之一，则使能输出 ENO 信号状态为“0”。

（1）使能输入 EN 信号状态为“0”。

（2）输入 MIN 的值大于或等于输入 MAX 的值。

（3）根据 IEEE-754 标准，指定浮点数的值超出了标准的数范围。

（4）发生溢出。

（5）输入 VALUE 的值为 NaN（无效算术运算的结果）。

扫一扫

看微课

任务实施

4.2.3　通过 Startdrive 集成工程工具进行 G120 变频器报文配置

1．报文设置

跟任务 4.1 一样进行 G120 变频器的安装、接线、上电后，进入 Startdrive 集成工程工具的调试向导。在“设定值指定”对话框中需要选择 PLC 与驱动数据交换（见图 4-60）。

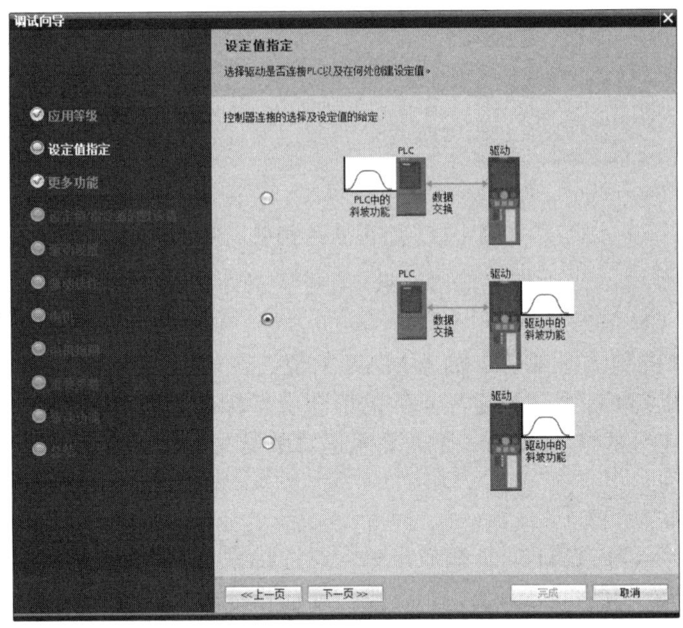

图 4-60　选择 PLC 与驱动数据交换

在如图 4-61 所示的“设定值/指令源的默认值”对话框的“选择 I/O 的默认配置”下拉列表中选择“[7]场总线，带有数据组转换”选项，在“报文配置”下拉列表中选择“[1]标准报文 1，PZD-2/2”选项。

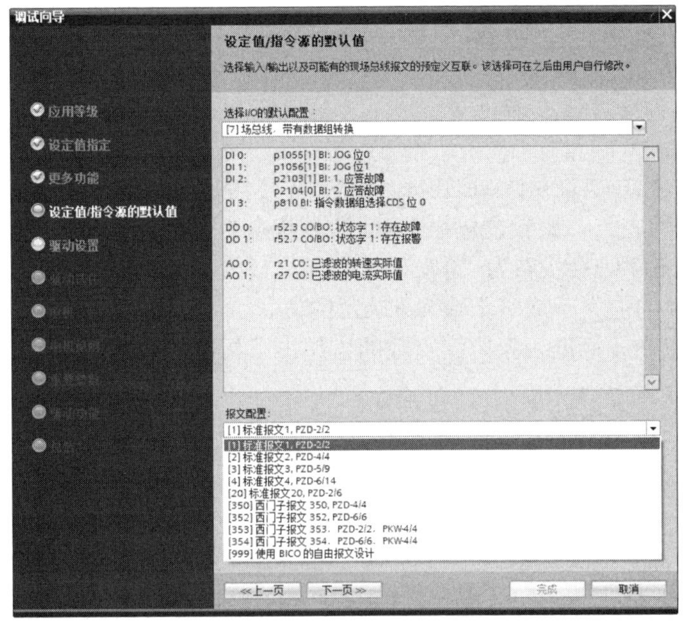

图 4-61　报文配置

完成上述步骤后，按任务 4.1 进行电动机调试。

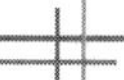

2．通信伙伴设置

从博途软件中添加 PLC 和触摸屏设备，并按照图 4-62 进行设备 PN 联网，包括 PLC_1（CPU 1215C）和驱动_1（G120 CU250S-2 PN），其 IP 地址必须为同一频段。

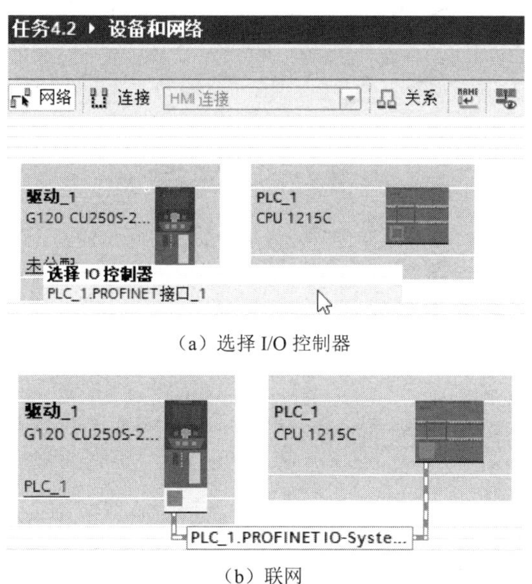

（a）选择 I/O 控制器

（b）联网

图 4-62　变频器与 PLC 进行设备 PN 联网

单击 G120 详细设置报文配置，如图 4-63 和图 4-64 所示。无论是发送还是接收，起始地址都可以改变，这里选择默认值为 I256 和 Q256。

图 4-63　发送报文配置

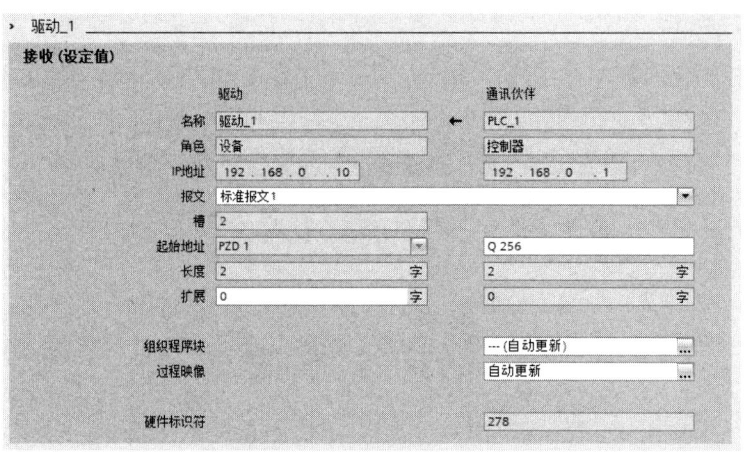

图 4-64 接收报文配置

4.2.4 PLC 通信控制变频器编程

1. 变量定义

表 4-13 所示为本任务的变量定义。

表 4-13 变量定义

变量名	备注
MB10	运行状态
M11	速度变量
M12.0	上升沿变量 1
M12.1	上升沿变量 2
QW256	PLC→G120 变频器
QW258	PLC→G120 变频器

2. FC1 速度转换编程

FC1 是进行速度转换的函数，其变量定义如表 4-14 所示。

表 4-14 FC1 变量定义

参数类型	名称	数据类型	备注
Input	Num	Byte	速度 1～4
Output	Speed	Int	实际输出值
Temp	R1	Real	速度转换中间值

图 4-65 所示为其梯形图，程序解释如下。

程序段 1：多段速整数转为实数，分别将多段速 1、2、3、4 所对应的 500、700、900、1100 转为实数。这里采用 NORM_X 标准化指令，其额定转速为 1450 转/分。

程序段 2：实数转为十六进制速度输出。利用 SCALE_X 缩放指令，转为变频器可以接受的十六进制数。

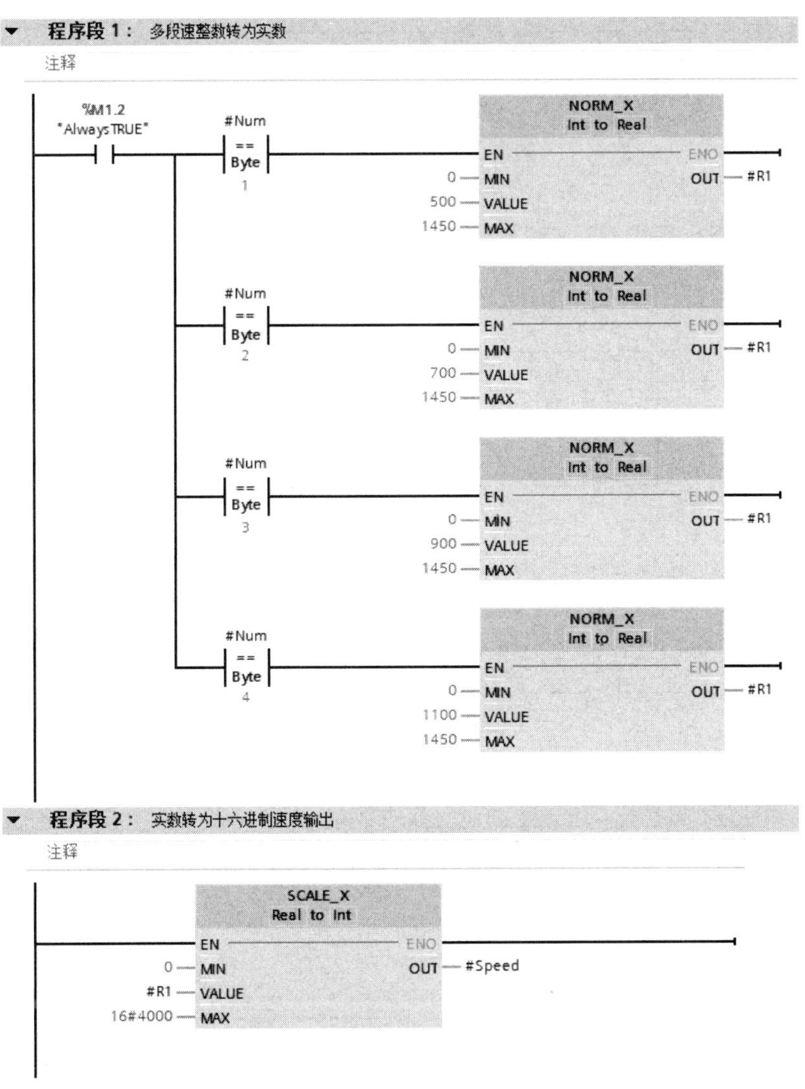

图 4-65　任务 4.2 的 FC1 梯形图

3. 主程序编程

图 4-66 所示为 PLC 梯形图，程序解释如下。

程序段 1：上电初始化，复位运行状态和速度变量值。

程序段 2：启停按钮控制。

程序段 3：速度变量控制。

程序段 4：运行状态控制。根据变频器启停状态，输出信号到 QW256 和 QW258。

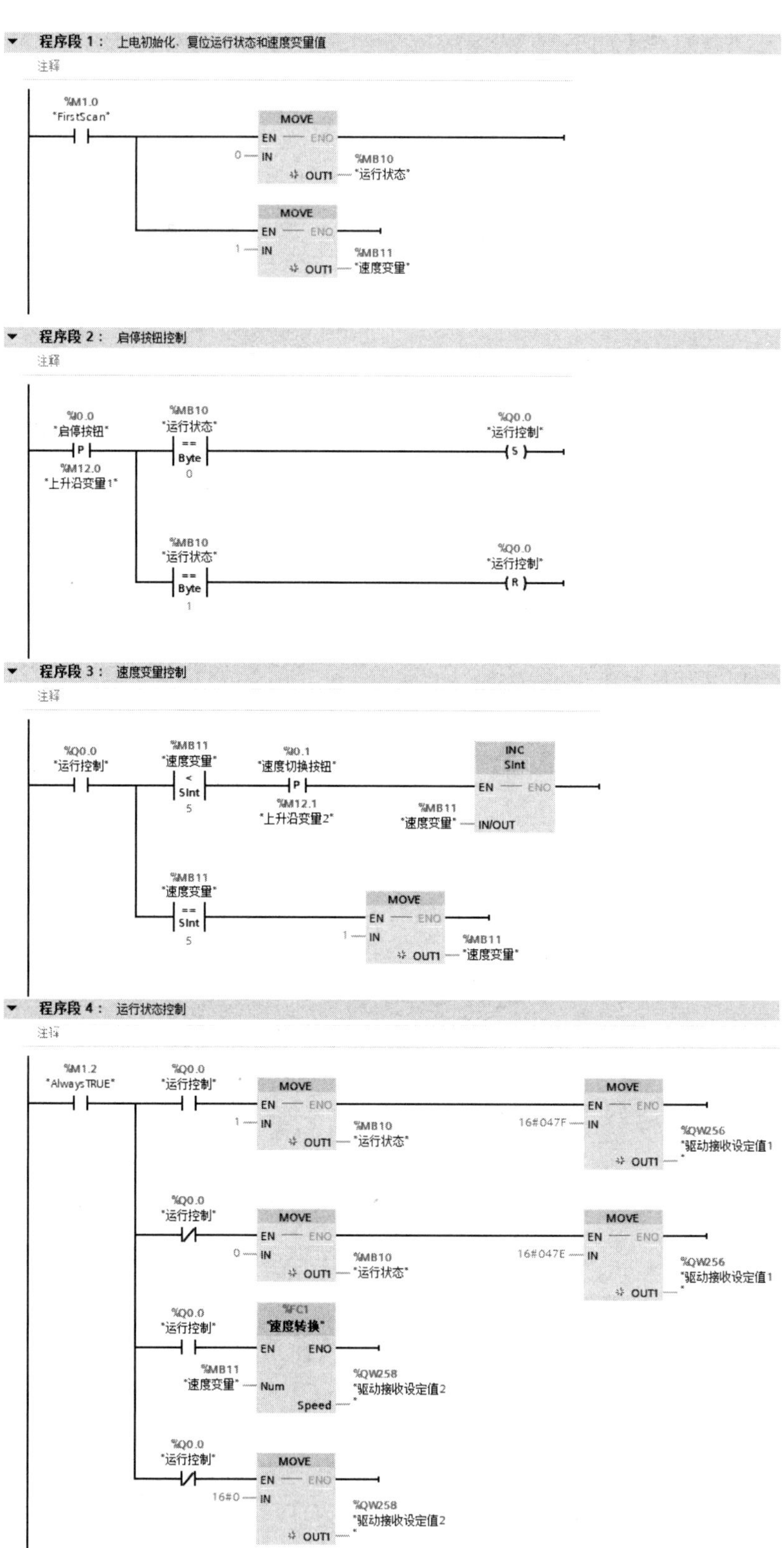

图 4-66　任务 4.2 的 PLC 梯形图

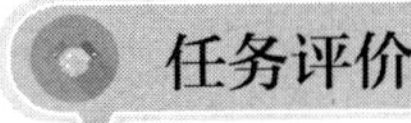

任务评价

按要求完成考核任务 4.2，评分标准如表 4-15 所示，具体配分可以根据实际考评情况进行调整。

表 4-15　评分标准

序号	考核项目	考核内容及要求	配分	得分
1	职业道德与课程思政	遵守安全操作规程，设置安全措施； 认真负责，团结合作，对实操任务充满热情； 正确认识我国电力电子技术的发展史	15%	
2	系统方案制定	PLC 通信控制变频器方案合理	15%	
		控制电路图正确		
3	编程能力	独立完成变频器的通信协议设置	20%	
		独立完成 PLC 梯形图编程		
4	操作能力	根据电气接线图正确接线，美观且可靠	20%	
		正确输入程序并进行程序调试		
		根据系统功能进行正确操作演示		
5	实践效果	系统工作可靠，满足工作要求	20%	
		通信报文规范设置		
		按规定的时间完成任务		
6	创新实践	在本任务中有另辟蹊径、独树一帜的实践内容	10%	
合计			100%	

拓展阅读

电力电子作为现代能源变换的核心部件和关键技术，在传统产业转型升级、节能与新能源、国防安全及国计民生各个方面均发挥着不可替代的作用。在我国制造强国方略涉及的“重点领域技术路线图”中，电力电子的内容主要体现在先进轨道交通装备和新材料方面，具体包括以下几点：一是重点突破硅基 IGBT、MOSFET 等先进的功率半导体器件芯片的技术瓶颈，推进国产硅基器件的应用和产业发展，推进碳化硅（SiC）、氮化镓（GaN）等下一代功率半导体器件的研发和产业化；二是完成 SiC 电力电子器件的研发与应用，推进馈能式双向变流技术的应用，推广永磁电动机驱动技术与无齿轮直驱技术；三是重点发展先进半导体材料，包括 6-8 英寸 SiC、4-6 英寸 GaN、2-3 英寸 AlN 单晶衬底制备技术，可生产大尺寸、高质量第三代半导体单晶衬底的国产化装备，并在高压电网、高速轨道交通、消费类电子产品、新能源汽车、新一代通用电源等领域应用。

思考与练习

习题 4.1　图 4-67 所示为搅拌机工艺示意图，现需要对原工频带动的搅拌机进行变频改造，已知电动机功率为 5.5kW、6 极、额定电流 12.6A、转速 960r/min、效率 85.3%、功率因数 0.78。请选择合理的 G120 变频器，并使用 Startdrive 集成工程工具对变频器进行参数设置后完成如下调试：（1）电动机参数测量。（2）点动测试。（3）恢复变频器出厂设置。（4）修改 p15 参数。

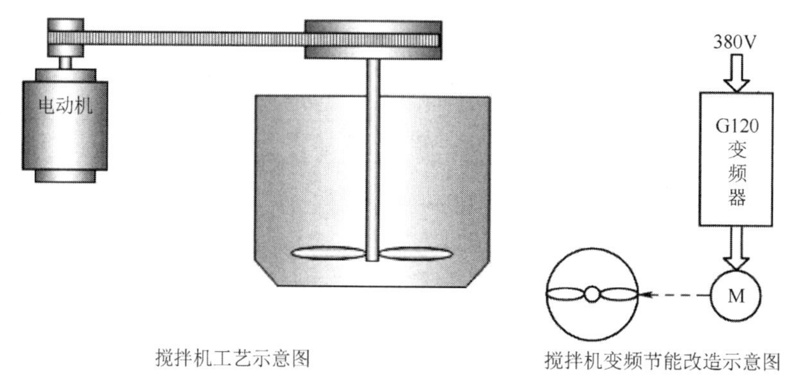

图 4-67　习题 4.1 图

习题 4.2　某公司有 5 台设备，共用 1 台主电动机功率为 1.5kW 的吸尘风机，用来吸取电锯工作时产生的锯屑。不同设备对风量的需求区别不是很大，但设备运转时电锯并非一直工作，而是根据不同的工序投入运行。原方案是采用电位器调节风量，如果哪台设备的电锯要工作时就按一下按钮，打开相应的风口，根据效果调节电位器以得到适当的风量。但工人在操作过程中经常忘记操作，甚至直接将变频器的输出频率调节到 50Hz，造成资源的浪费和设备的损耗。现需要对该设备进行 S7-1200 PLC 改造，根据各台电锯工作的信息对投入工作的电锯台数进行判断后控制变频器的多段速端子，实现五段速控制，具体如表 4-16 所示。请设计 PLC 控制变频器的电气接线图，并进行 PLC 编程和 Startdrive 参数设置。

表 4-16　五段速要求

运行电锯台数	对应变频器输出频率/Hz	运行电锯台数	对应变频器输出频率/Hz
1	25	4	45
2	34	5	50
3	41		

习题 4.3　当 S7-1200 和变频器采用 PROFINET 通信控制时，如果通信不上，该如何查找故障点？

习题 4.4　某洗衣机控制系统采用如图 4-68 所示的 PLC 变频器通信接线方式，请编程完成以下内容。

（1）通过按钮来启停洗衣机。

（2）当洗衣机开始运行后，先正转 35Hz，待 30s 后，停机 5s；再反转运行 20Hz，待 30s 后，停机 5s；反复按照这个循环完成 5 次后自动停机。

（3）在任何时候按下停止按钮，洗衣机都会停止运行，并清除之前的洗衣流程。

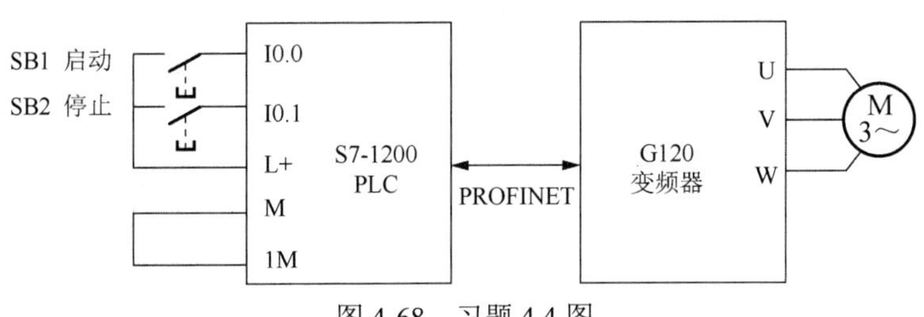

图 4-68　习题 4.4 图

习题 4.5　根据图 4-69（a）的接线示意图来完成某电动机速度控制系统的 PLC 编程，具体内容如下。

（1）通过启停按钮来启停电动机。

（2）电动机的频率运行如图 4-69（b）所示，分别运行在 20Hz、35Hz 和 50Hz，其中频率切换的时间点分别为 *t*1～*t*5，该时间点需要在 PLC 的 DB 中进行设置，共有 2 套时间，这 2 套时间可以用时间切换按钮进行切换。

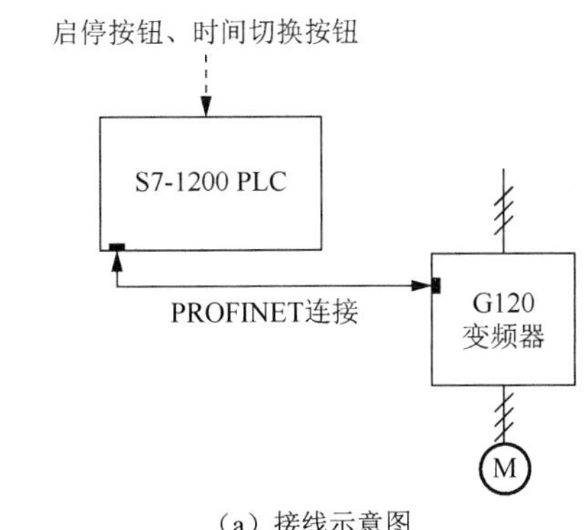

（a）接线示意图

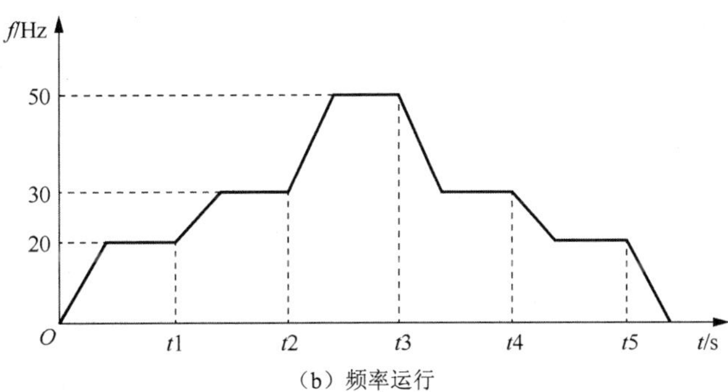

（b）频率运行

图 4-69　习题 4.5 图

项目5

S7-1200 PLC 控制步进电机与伺服电机

项目导读

步进系统与伺服系统用于控制输出的机械位移（或转角）准确地按照设定值运行，前者是开环系统，后者是闭环反馈系统。它们是伴随数控技术、机器人技术和工厂自动化技术的发展而来的，主要应用在印刷贴标机、雕刻机、堆垛机等需要精确定位的场合。本项目阐述了步进电机、伺服电机及其控制基础，以及通过配置轴工艺对象实现回零、速度控制、相对移动或绝对移动等指令。通过步进电机控制工作台多点定位、V90 伺服控制滑台定位运行 2 个任务来掌握 S7-1200 PLC 控制步进电机与伺服电机实现定位的功能。

知识目标：

了解步进控制的原理及基本构成、接线方式。
掌握伺服驱动的原理及驱动器与电动机的接线方式。
掌握博途环境下运动轴工艺对象的配置含义。
掌握伺服驱动器的参数设置和通信报文含义。

能力目标：

会根据控制要求，并结合设备手册，使用软件正确测试步进电机运行。
会根据控制要求，进行伺服驱动器的电气接线与编程。
能设计包含触摸屏、PLC 和伺服电机在内的 PROFINET 控制系统。

素养目标：

培养认识新事物的能力，勇于尝试用新技术解决工艺问题。
在增强学习的主动性和紧迫感的同时，更要懂得由浅入深、循序渐进。
了解中国自研的载人潜水器和空间机械臂，进一步增强民族自信心。

任务 5.1　步进电机控制工作台多点定位

任务描述

图 5-1 所示为本任务的控制示意图，展示了步进电机控制工作台实现多点定位，其中工作台安装在直线丝杠上，可左右滑行，步进电机由 S7-1200 和步进驱动器控制。根据如下要求进行电气连接并编程。

（1）装置设有右限位 LS1、原点 LS2、左限位 LS3，需要设置回零按钮来进行找原点定位。

（2）采取绝对定位功能，以原点限位为基准。

（3）多点定位设置启动按钮和手动、自动开关。手动时，可以进行点动正反转和回零；自动时，可以按下多点定位按钮，根据 PLC 的 DB 设置的绝对位置值进行定位。故障时可以进行复位。

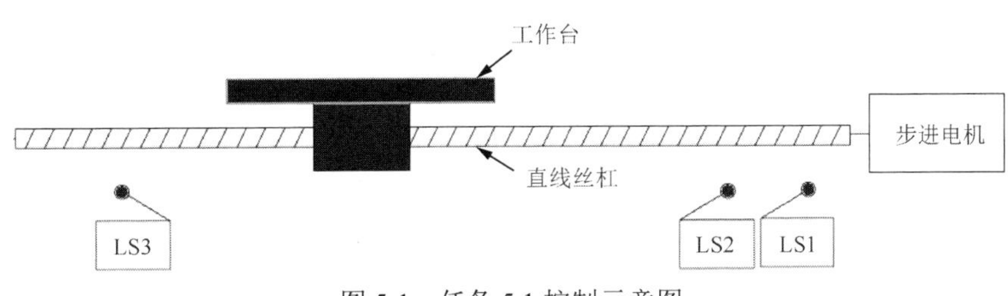

图 5-1　任务 5.1 控制示意图

知识探究

5.1.1　定位控制应用概述

S7-1200 可以实现运动控制的基础在于集成了高速计数口、高速脉冲输出口等硬件和相应的软件功能。图 5-2 所示为 S7-1200 PLC 的运动控制应用，即 CPU 输出脉冲（脉冲串输出，Pulse Train Output，PTO）和方向到驱动器（步进或伺服），驱动器再将从 CPU 输入的给定值进行处理后输出到步进电机或伺服电机，带动丝杠机构，通过控制电动机加速、减速，移动工作台到指定位置；同时 PLC 可以从 HSC 端口获得位置实际脉冲信号，用于闭环控制或位置检测。

1．高速脉冲输入

S7-1200 CPU 最多可组态 6 个高速计数器（HSC1～HSC6），内置输入可达 100kHz，甚至更大，可用于连接接近开关、增量式编码器等，通过对硬件组态和调用相关指令块来实现计数功能。

S7-1200 PLC 高速计数器的计数类型主要分为以下 4 种。

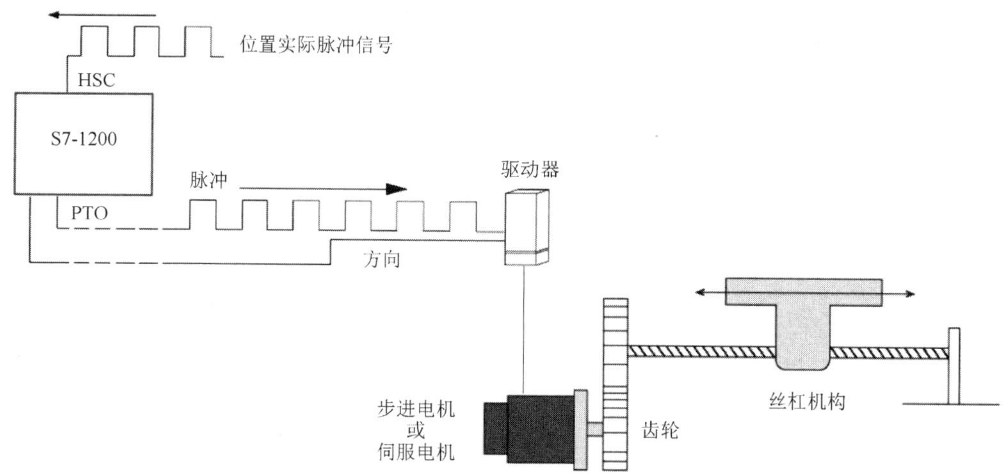

图 5-2　S7-1200 PLC 的运动控制应用

（1）计数：计算脉冲次数，并根据方向控制递增或递减计数值，在指定事件上可以重置计数、取消计数和启动当前值捕获等。

（2）周期：在指定的时间周期内计算输入脉冲的次数。

（3）频率：测量输入脉冲和持续时间，计算脉冲的频率。

（4）运动控制：用于运动控制工艺对象，不适用于高速计数。

图 5-3 所示为连接编码器的 HSC，可以用来定位控制。

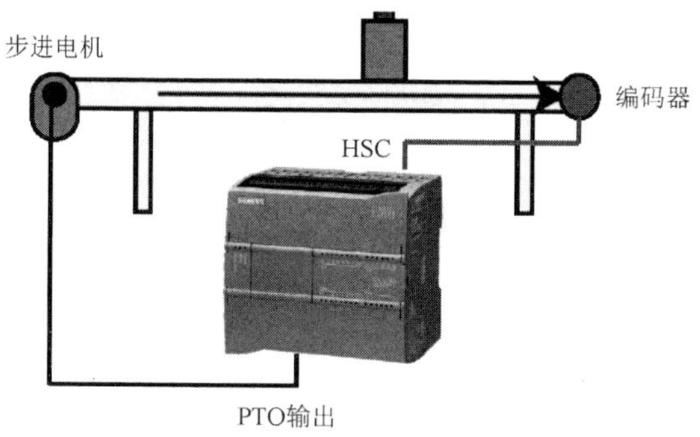

图 5-3　连接编码器的 HSC

2. 高速脉冲输出

S7-1200 的高速脉冲输出包括脉冲串输出 PTO 和脉冲调制输出 PWM，前者可以输出一串脉冲（占空比为 50%），用户可以控制脉冲的周期和个数［见图 5-4（a）］；后者可以输出连续的、占空比可调的脉冲串，用户可以控制脉冲的周期和脉宽时间［见图 5-4（b）］。

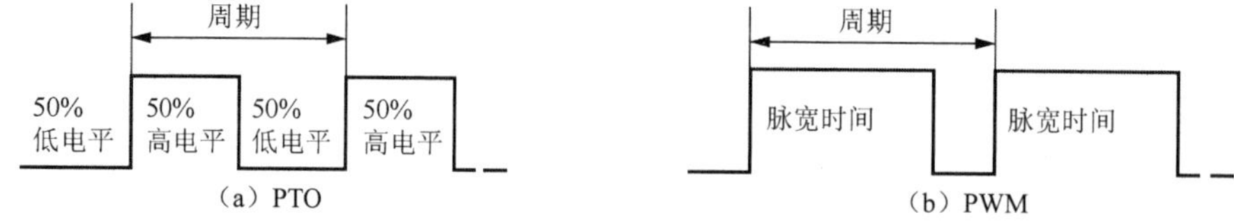

图 5-4　S7-1200 的高速脉冲输出

需要注意的是，目前 S7-1200 的 CPU 输出类型只支持 PNP 输出、电压为 24V/DC 的脉冲信号，继电器的机械触点不能用于 PTO 功能，因此在与驱动器连接的过程中尤其要注意。

5.1.2　运动控制相关的指令

在工艺指令中可以获得如图 5-5 所示的一系列运动控制指令，具体为 MC_Power（启用/禁用轴）、MC_Reset（确认错误，重新启动轴控制）、MC_Home（归位轴，设置起始位置）、MC_Halt（暂停轴）、MC_MoveAbsolute（以绝对方式定位轴）、MC_MoveRelative（以相对方式定位轴）、MC_MoveVelocity（以预定义速度移动轴）、MC_MoveJog（以“点动”模式移动轴）、MC_CommandTable（按移动顺序运行轴作业）、MC_ChangeDynamic（更改轴的动态设置）、MC_WriteParam（写入工艺对象的参数）、MC_ReadParam（读取工艺对象的参数）。

图 5-5　运动控制指令

1．MC_Power 指令

轴在运动之前必须先被使能，使用 MC_Power 指令（见图 5-6）可集中启用/禁用轴。如果启用轴，那么分配给此轴的所有运动控制指令都将被启用；如果禁用轴，那么用于此轴的所有运动控制指令都将无效，并中断当前的所有作业。

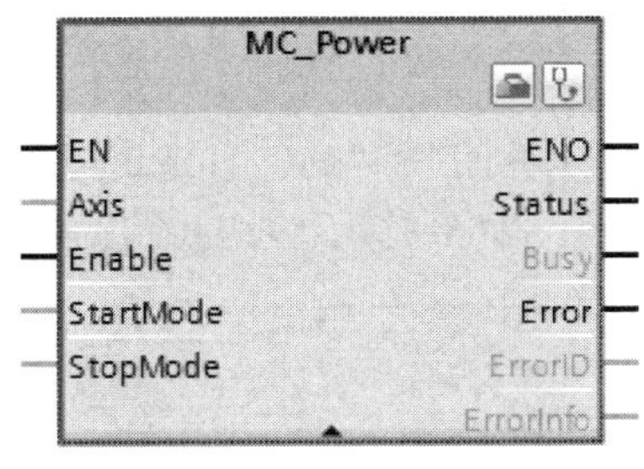

图 5-6　MC_Power 指令

表 5-1 所示为 MC_Power 指令主要引脚含义。MC_Power 指令必须在程序里一直调用，并保证在其他运动控制指令的前面调用。

表 5-1　MC_Power 指令主要引脚含义

引脚参数	数据类型	说明
EN	Bool	该输入端是 MC_Power 指令的使能端，不是轴的使能端
Axis	TO_Axis_PTO	轴工艺对象
Enable	Bool	当 Enable 端变高电平后，CPU 就按照工艺对象中组态好的方式使能外部驱动器；当 Enable 端变低电平后，CPU 就按照 StopMode 中定义的模式进行停车
StartMode	Int	0：速度控制；1：位置控制
StopMode	Int	0：紧急停止；1：立即停止（PLC 立即停止发送脉冲）；2：有加速度变化率控制的紧急停止

2. MC_Reset 指令

图 5-7 所示为 MC_Reset 指令，为确认错误，即如果存在一个需要确认的错误，那么可通过上升沿激活 Execute 端进行复位。表 5-2 所示为 MC_Reset 指令主要引脚含义。

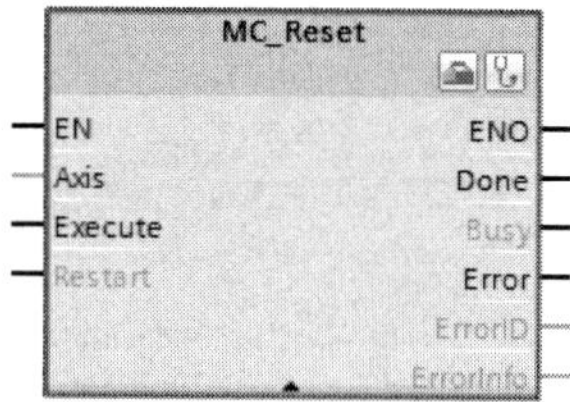

图 5-7　MC_Reset 指令

表 5-2　MC_Reset 指令主要引脚含义

引脚参数	数据类型	说明
EN	Bool	该输入端是 MC_Reset 指令的使能端
Axis	TO_Axis_PTO	轴工艺对象
Execute	Bool	MC_Reset 指令的启动位，用上升沿触发
Restart	Bool	0：用来确认错误；1：将轴的组态从装载存储器下载到工作存储器（只有在禁用轴的时候才能执行该命令）
Done	Bool	表示轴的错误已确认

3. MC_Home 指令

归位轴（又称回原点）由运动控制指令“MC_Home”启动（见图 5-8）。归位期间，参考点坐标设置在定义的轴机械位置处。表 5-3 所示为 MC_Home 指令主要引脚含义。

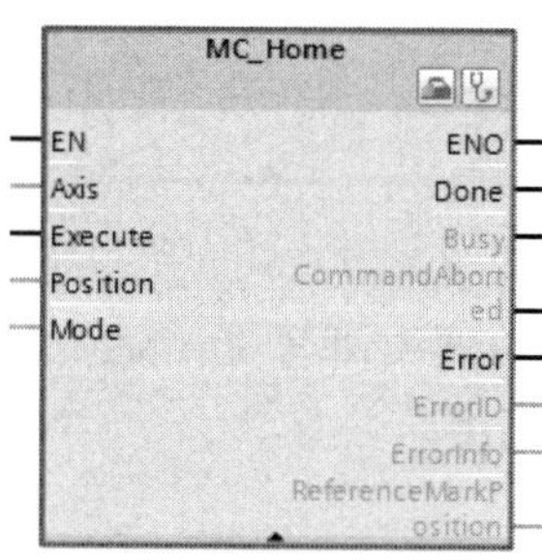

图 5-8　MC_Home 指令

表 5-3　MC_Home 指令主要引脚含义

引脚参数	数据类型	说明
EN	Bool	该输入端是 MC_Home 指令的使能端
Axis	TO_Axis_PTO	轴工艺对象
Execute	Bool	MC_Home 指令的启动位，用上升沿触发
Position	Real	根据 Mode 值来变化。当 Mode=0、2、3 时，为轴的绝对位置；当 Mode=1 时，为当前轴的校正值
Mode	Int	0：绝对式直接归位。无论参考凸轮位置为何，都设置轴位置。不取消其他激活的运动。立即激活 MC_Home 指令中 Position 参数的值作为轴的参考点和位置值，轴必须处于停止状态，才能将参考点准确分配到机械位置。 1：相对式直接归位。无论参考凸轮位置为何，都设置轴位置。不取消其他激活的运动。适用于参考点和轴位置的规则为新的轴位置 = 当前轴位置 + Position 参数的值。 2：被动归位。在被动归位模式下，MC_Home 指令不执行参考点逼近。不取消其他激活的运动。逼近参考点开关必须由用户通过运动控制指令或由机械运动执行。 3：主动归位。在主动归位模式下，MC_Home 指令执行所需的参考点逼近。将取消其他所有激活的运动

4. MC_Halt 指令

图 5-9 所示为 MC_Halt 指令，为暂停轴的运动。每个被激活的运动指令，都可由 MC_Halt 指令暂停，上升沿使能 Execute 端后，轴会立即按照组态好的减速曲线停车。

5. MC_MoveAbsolute 指令

图 5-10 所示为 MC_MoveAbsolute 指令，为绝对位置移动，需要在定义好参考点、建立起坐标系后才能使用，通过指定 Position 和 Velocity 参数可到达机械限位内的任意一点。当上升沿使能 Execute 端后，系统会自动计算当前位置与目标位置之间的脉冲数，并加速到指定速度，在到达目标位置时减速到启动/停止速度。表 5-4 所示为 MC_MoveAbsolute 指令主要引脚含义。

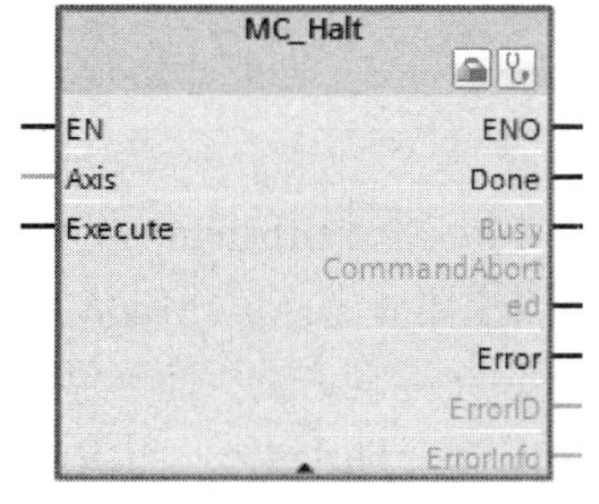

图 5-9　MC_Halt 指令

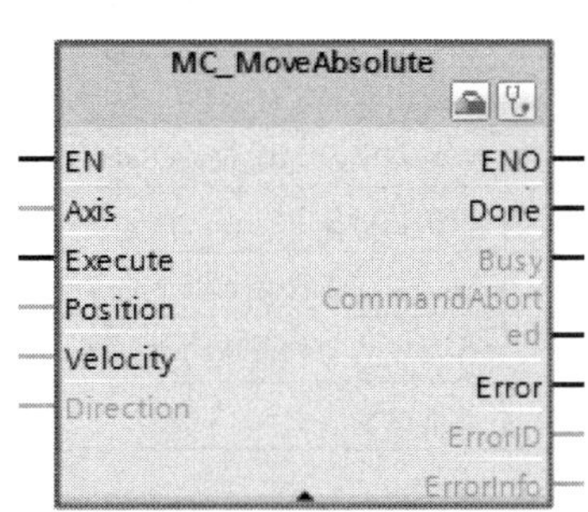

图 5-10　MC_MoveAbsolute 指令

表 5-4　MC_MoveAbsolute 指令主要引脚含义

引脚参数	数据类型	说明
EN	Bool	该输入端是 MC_MoveAbsolute 指令的使能端
Axis	TO_Axis_PTO	轴工艺对象
Execute	Bool	MC_MoveAbsolute 指令的启动位，用上升沿触发
Position	Real	绝对目标位置
Velocity	Real	绝对运动速度
Direction	Int	0：速度符号定义方向；1：正向运动控制；2：反向运动控制；3：距离目标最短的运动控制

6．MC_MoveRelative 指令

图 5-11 显示的 MC_MoveRelative 指令表示相对位置移动，它的执行不需要建立参考点，只需定义运行距离、方向及速度。当上升沿使能 Execute 端后，轴按照设置好的距离与速度运行，其方向根据距离值的符号决定。

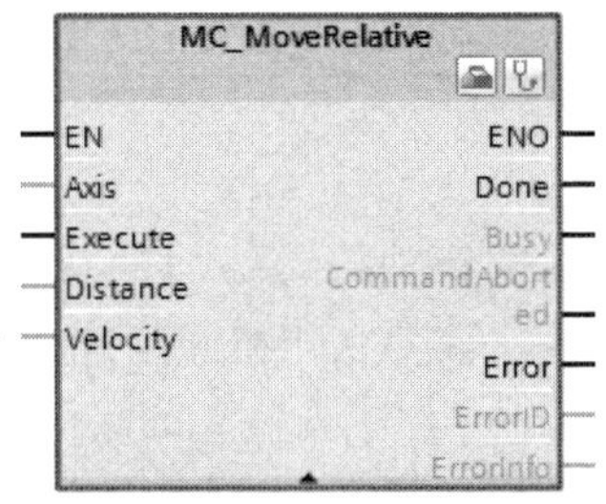

图 5-11　MC_MoveRelative 指令

MC_MoveAbsolute 指令与 MC_MoveRelative 指令的主要区别在于是否需要建立坐标系统（是否需要参考点）。MC_MoveAbsolute 指令需要知道目标位置在坐标系中的坐标，并根据坐标自动决定运动方向，而不需要定义参考点；而 MC_MoveRelative 指令只需知道当前点与目标位置的距离（Distance），由用户给定方向，无须建立坐标系。表 5-5 所示为 MC_MoveRelative 指令主要引脚含义。

表 5-5　MC_MoveRelative 指令主要引脚含义

引脚参数	数据类型	说明
EN	Bool	该输入端是 MC_MoveRelative 指令的使能端
Axis	TO_Axis_PTO	轴工艺对象
Execute	Bool	MC_MoveRelative 指令的启动位，用上升沿触发
Distance	Real	相对轴当前位置移动的距离，用正负符号来表示方向
Velocity	Real	相对运动速度

7．MC_MoveVelocity 指令

图 5-12 所示为 MC_MoveVelocity 指令，该指令使轴以预设的速度运行。表 5-6 所示为 MC_MoveVelocity 指令主要引脚含义。当设定 Velocity 值为 0.0 时，触发 MC_MoveVelocity 指令，轴会以组态的减速度停止运行，相当于 MC_Halt 指令。

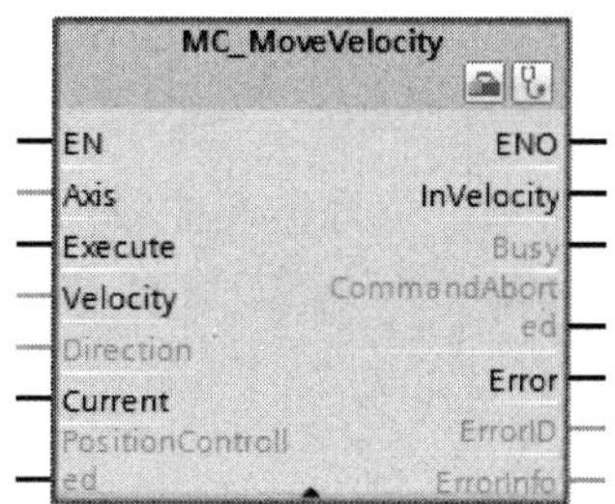

图 5-12　MC_MoveVelocity 指令

表 5-6　MC_MoveVelocity 指令主要引脚含义

引脚参数	数据类型	说明
EN	Bool	该输入端是 MC_MoveVelocity 指令的使能端
Axis	TO_Axis_PTO	轴工艺对象
Execute	Bool	MC_MoveVelocity 指令的启动位，用上升沿触发
Velocity	Real	轴运行的速度
Direction	Int	0：旋转方向取决于 Velocity 值的符号；1：正方向旋转，忽略 Velocity 值的符号；2：反方向旋转，忽略 Velocity 值的符号
Current	Bool	0：轴按照 Velocity 和 Direction 值运行；1：轴忽略 Velocity 和 Direction 值，轴以当前速度运行

8．MC_MoveJog 指令

图 5-13 所示为 MC_MoveJog 指令，即在“点动”模式下以指定的速度连续移动轴。在使用该指令的时候，正向点动和反向点动不能同时触发。表 5-7 所示为 MC_MoveJog 指令主要引脚含义。

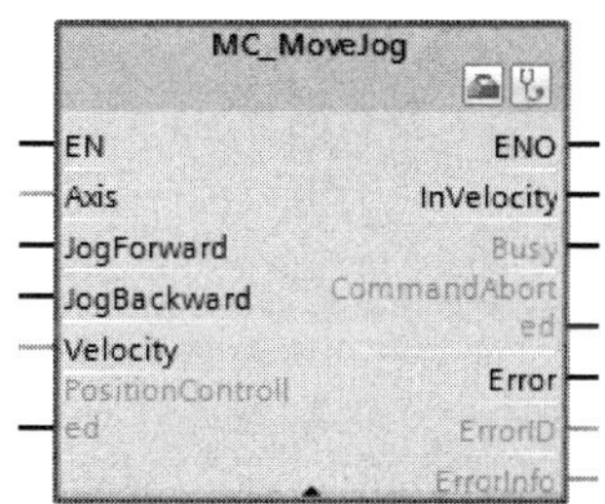

图 5-13　MC_MoveJog 指令

表 5-7　MC_MoveJog 指令主要引脚含义

引脚参数	数据类型	说明
EN	Bool	该输入端是 MC_MoveJog 指令的使能端
Axis	TO_Axis_PTO	轴工艺对象
JogForward	Bool	正向点动，不是用上升沿触发，JogForward 值为 1 时，轴运行；JogForward 值为 0 时，轴停止。类似按钮功能，按下按钮，轴运行；松开按钮，轴停止运行
JogBackward	Bool	反向点动。在执行点动指令时，保证 JogForward 和 JogBackward 不会同时触发，可以用逻辑进行互锁
Velocity	Real	轴点动运行的速度

5.1.3 步进电机的角位移、步距角和转速

步进电机是利用电磁铁原理，将脉冲信号转换成线位移或角位移的电动机。每来 1 个电平脉冲，电动机就转动 1 个角度，最终带动机械移动一段距离，如图 5-14 所示。

扫一扫

看微课

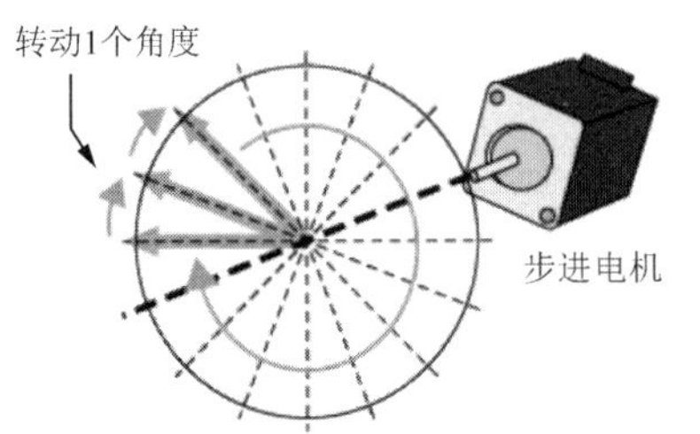

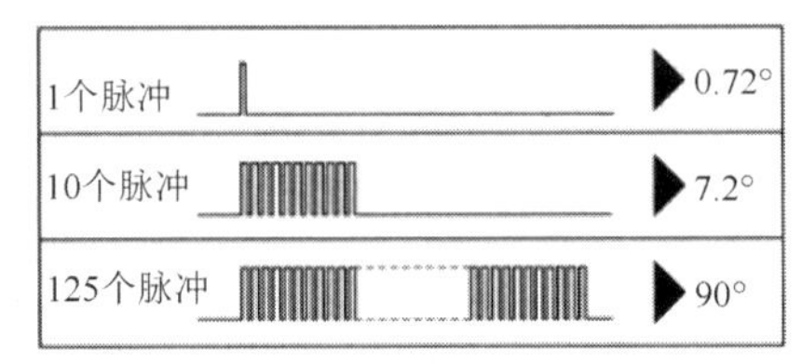

图 5-14 步进电机的工作原理

步进电机的步距角表示控制系统每发送 1 个脉冲信号时电动机所转动的角度，也可以说，每输入 1 个脉冲信号时电动机转子转过的角度称为步距角，用θ_s表示。图 5-15 所示为某两相步进电机步距角θ_s=1.8° 的示意。

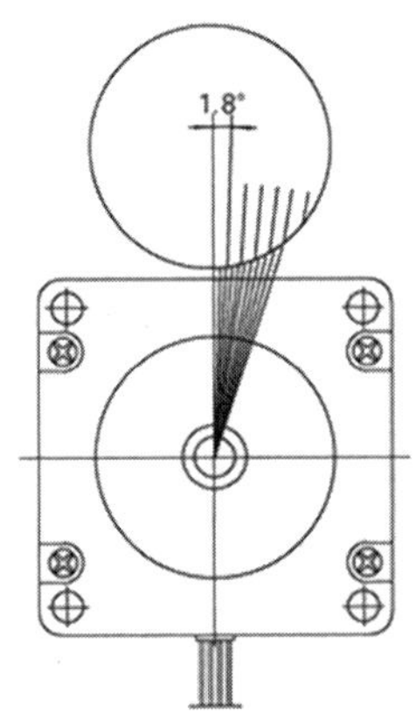

图 5-15 步距角θ_s=1.8° 的示意（两相步进电机）

扫一扫

看微课

步进电机的角位移量或线位移量与电脉冲数成正比，即步进电机的转动距离正比于施加到驱动器上的脉冲数。步进电机转动（电动机出力轴转动角度）和脉冲数的关系为

$$\theta = \theta_s \times A \tag{5-1}$$

式中，θ 为电动机出力轴转动角度（度）；θ_s 为步距角（度/步）；A 为脉冲数（个）。

控制脉冲频率可控制步进电机的转速，因为步进电机的转速与施加到步进电机驱动器上的脉冲信号频率成比例。

在整步模式下，电动机的转速与脉冲频率的关系为

$$N = \frac{\theta_s}{360} \times f \times 60 \tag{5-2}$$

式中，N 为电动机出力轴转速（r/min）；θ_s 为步距角（度/步）；f 为脉冲频率（Hz）（每秒输入的脉冲数）。

扫一扫

看微课

5.1.4　PLC I/O 分配与步进控制电路设计

本任务中 PLC 选型为 S7-1200 CPU1215C DC/DC/DC，输入接 3 个限位开关、回零按钮、3 个工位按钮和使能开关，输出接步进驱动器的脉冲和方向。表 5-8 所示为 PLC 端子控制的 I/O 分配。

表 5-8　PLC 端子控制的 I/O 分配

说明	PLC 软元件	元件符号	名称
输入	I0.0	LS1	右限位（常开）
	I0.1	LS2	原点（常开）
	I0.2	LS3	左限位（常开）
	I0.3	SA1	手动（OFF）/自动（ON）
	I0.4	SB1	点动正转按钮
	I0.5	SB2	点动反转按钮
	I0.6	SB3	回零/复位按钮
	I0.7	SB4	多点定位按钮
输出	Q0.0	—	PTO 脉冲输出
	Q0.1	—	方向

图 5-16 所示为步进电机控制系统电气接线图，其中步进驱动器为国产通用驱动器、步进电机采用 57 两相系列。需要注意的是，如果有些步进驱动器不能接收 24V 脉冲信号，只能接收 5V 脉冲信号，那么要考虑串联电阻（如 2kΩ）。

国产步进驱动器的端子说明如下。

（1）步进脉冲 PLS：该端子将控制系统发出的脉冲信号转化为步进电机的角位移。驱动器每接收一个脉冲信号，就驱动步进电机旋转一个步距角，PLS 的频率和步进电机的转速成正比，PLS 的个数决定了步进电机旋转的角度。

（2）方向电平 DIR：该端子决定电动机的旋转方向。信号为高电平时，电动机为顺时针旋转；信号为低电平时，电动机为逆时针旋转。

（3）电动机释放 ENA：该端子为选用信号，并不是必须要用的，只在一些特殊情况下使用。此端为高电平或悬空不接时，此功能无效，电动机可正常运行，若用户不采用此功能，只需将此端悬空。

本任务中步进驱动器采用共阴极接法，即将 PLS−、DIR−连在一起，与 24V/DC 的 GND 端相连；PLS+和 DIR+分别与 PLC 的输出相连。

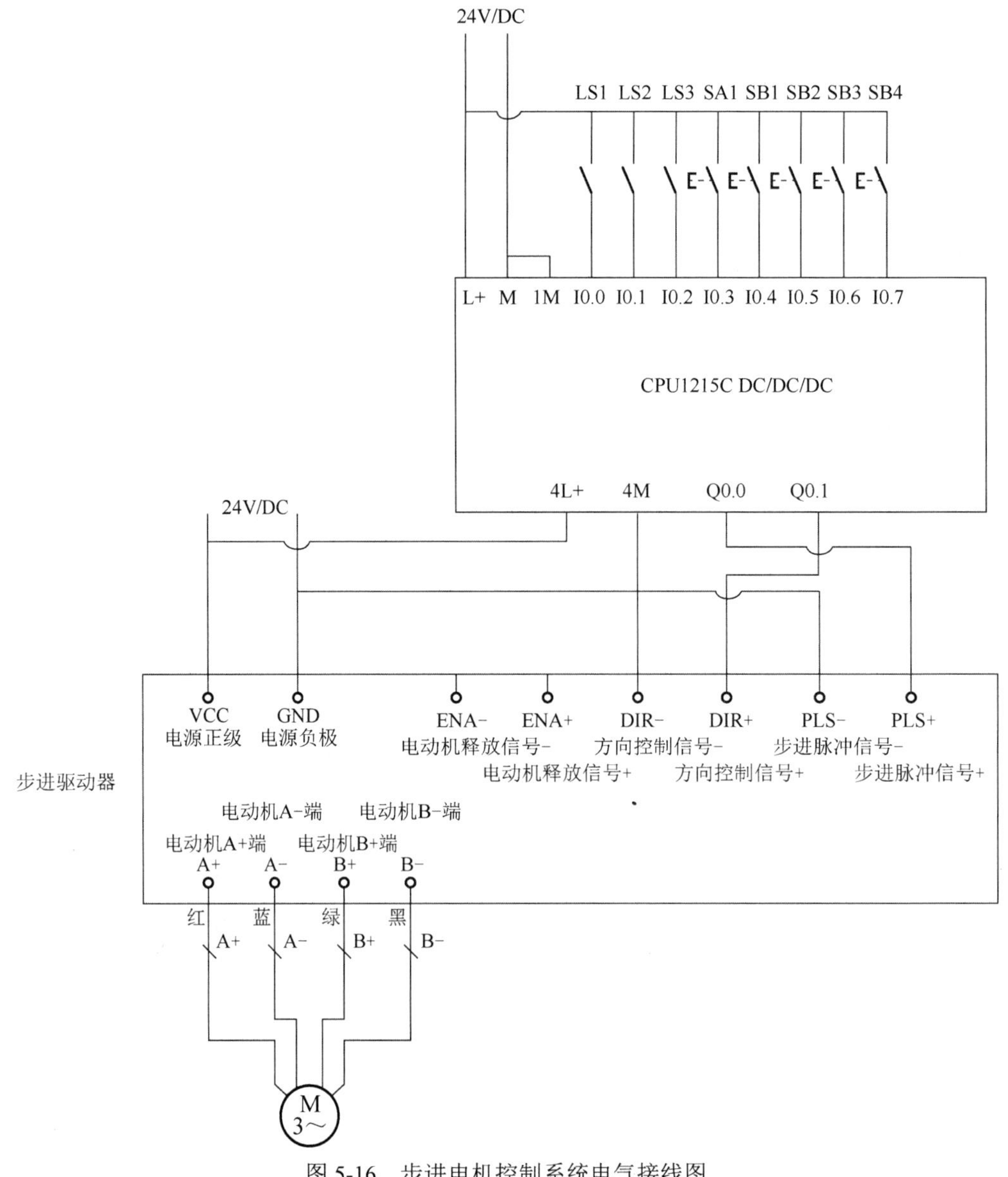

图 5-16　步进电机控制系统电气接线图

5.1.5　轴工艺对象的组态与调试

1．轴工艺对象的组态准备工作

轴工艺对象是用户程序与步进驱动器之间的接口，用于接收用户程序中的运动控制指令后执行并监视其运行情况。运动控制指令在用户程序中通过运动控制语句启动。

在进行轴工艺对象的组态之前，先要在 PLC 的属性中进行 PTO 设定（见图 5-17），即脉冲 A 和方向 B。这里选用 PTO1/PWM1，脉冲输出为 Q0.0，方向输出为 Q0.1（见图 5-18）。

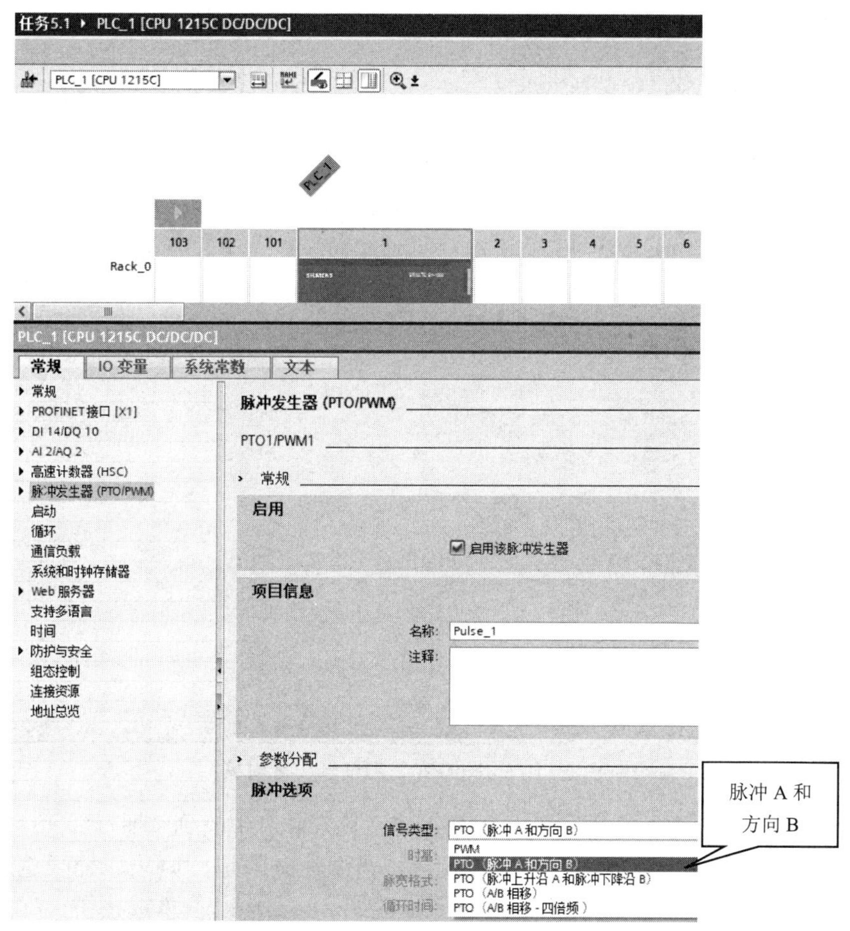

图 5-17　PTO 设定

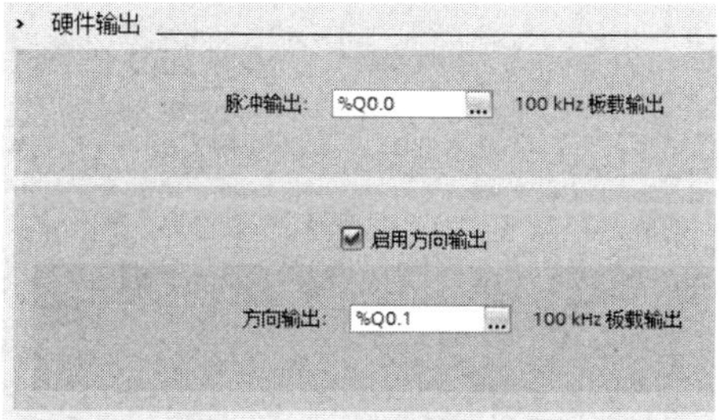

图 5-18　硬件输出配置

除此之外，还需要定义输入的限位开关和按钮，如图 5-19 所示。

名称	变量表	数据类型	地址
LS1右限位	默认变量表	Bool	%I0.0
LS2原点	默认变量表	Bool	%I0.1
LS3左限位	默认变量表	Bool	%I0.2
SA1手动/自动选择开关	默认变量表	Bool	%I0.3
SB1点动正转按钮	默认变量表	Bool	%I0.4
SB2点动反转按钮	默认变量表	Bool	%I0.5
SB3回零&复位按钮	默认变量表	Bool	%I0.6
SB4多点定位按钮	默认变量表	Bool	%I0.7

图 5-19　定义输入的限位开关和按钮

2. 轴工艺对象 TO_PositioningAxis 组态

新增轴工艺对象 TO_PositioningAxis，版本为 V6.0。TO_PositioningAxis 用于映射控制器中的物理驱动装置。可使用 PLCopen 运动控制指令，通过用户程序向驱动装置发出定位命令，如图 5-20 所示。

图 5-20　新增轴工艺对象

创建轴工艺对象后，即可在项目树的“工艺对象”中找到“轴_1”，可以进行组态、调试、诊断，此处首先进行组态，如图 5-21 所示。需要注意的是，⊗表示需要重新进行组态。本任务采用 PTO 驱动器，因此单击“PTO（Pulse Train Output）”单选按钮。

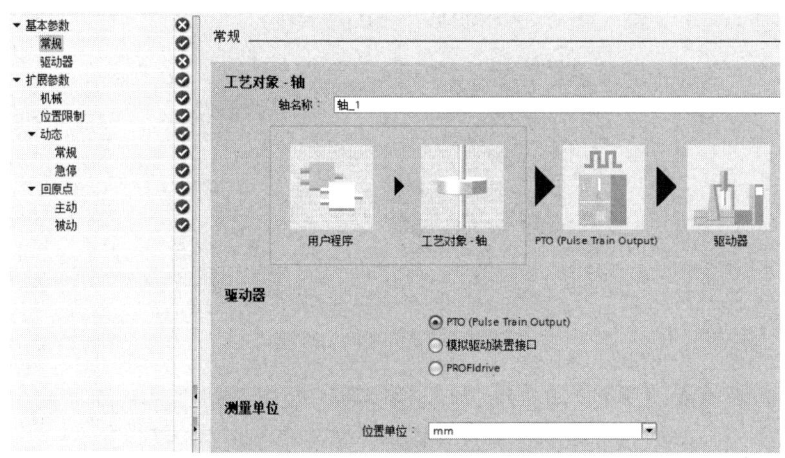

图 5-21　轴工艺对象组态

在如图 5-22 所示的驱动器组态中，与 CPU 的硬件配置一致，即在“脉冲发生器”下拉列表中选择“Pulse_1”选项，“脉冲输出”为“Q0.0”，“方向输出”为“Q0.1”，不选择轴使能信号，同时将“选择就绪输入”设为“TRUE”。

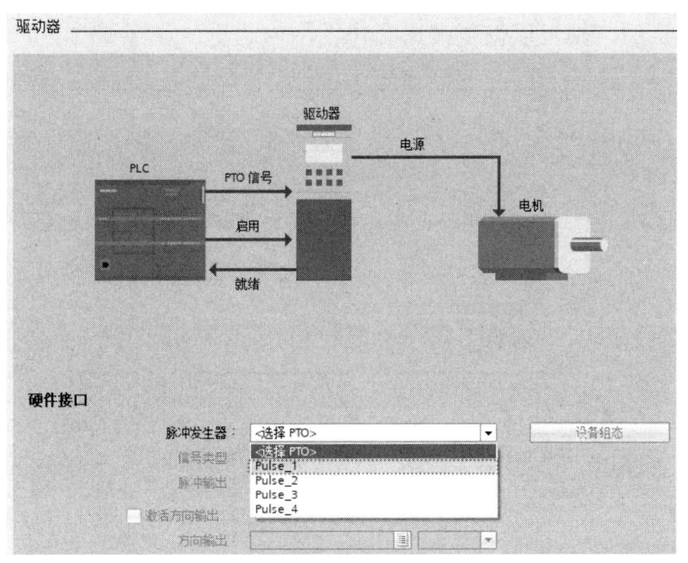

图 5-22 驱动器组态

图 5-23 所示为完成后的硬件接口。

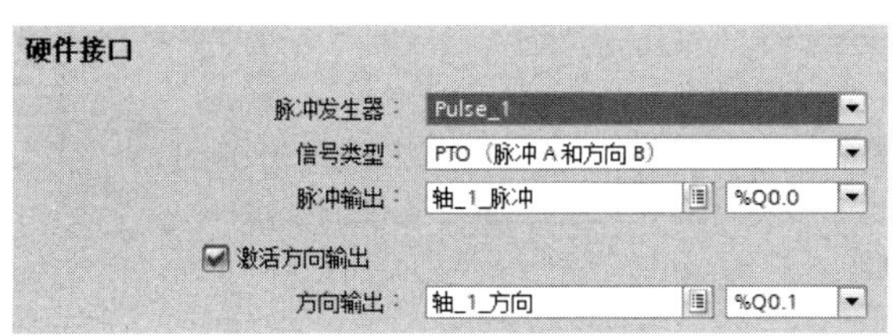

图 5-23 完成后的硬件接口

机械组态如图 5-24 所示，“电机每转的脉冲数”为电机旋转一周所产生的脉冲个数；“电机每转的负载位移”为电机旋转一周后生产机械所产生的位移，该值可以根据实际情况进行修改。

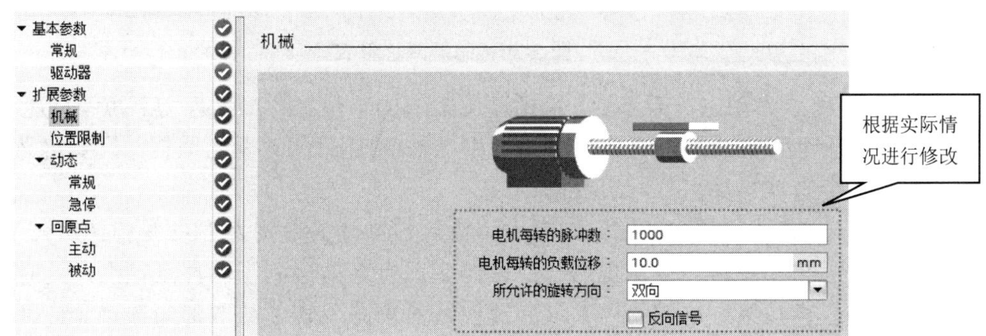

图 5-24 机械组态

图 5-25 所示为位置限制组态，可以设置 2 种限位开关，即硬限位开关和软限位开关。本任务启用硬限位开关，正确输入硬件下限位开关输入（这里设置为 LS1 右限位 I0.0）、硬件上限位开关输入（这里设置为 LS3 左限位 I0.2）、激活方式（高电平）。在达到硬限位时，轴将使用急停减速斜坡停车（见图 5-26）；在达到软限位时，激活的“运动”将停止，工艺对象报

故障，在故障被确认后，轴可以恢复在原工作范围内运动。

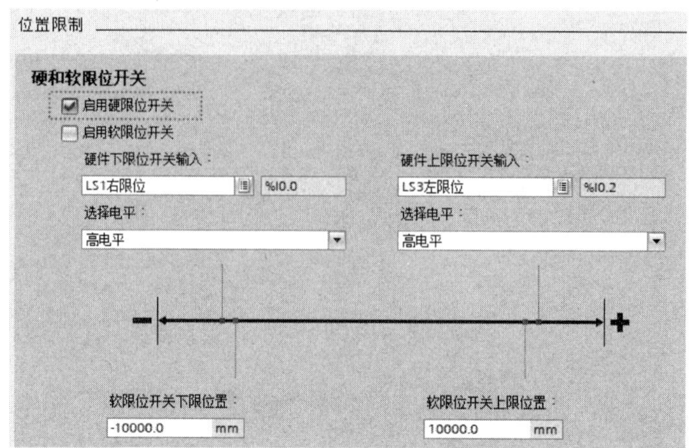

图 5-25　位置限制组态

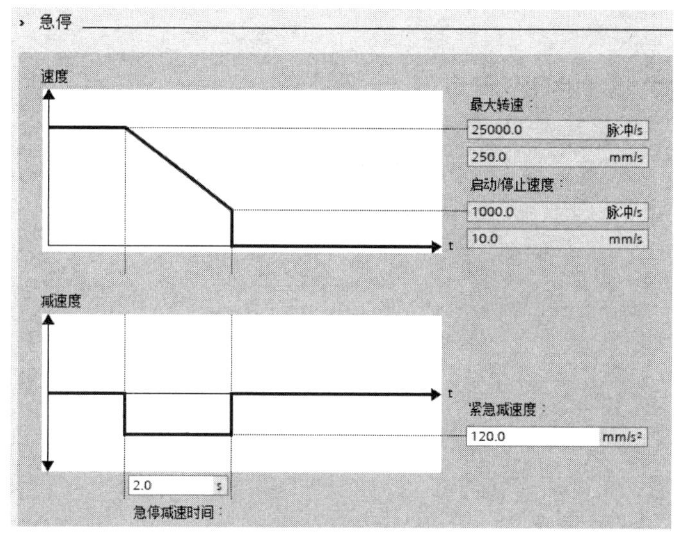

图 5-26　急停减速斜坡停车

图 5-27 所示为动态常规参数，包括速度限值的单位、最大转速、启动/停止速度、加速度、减速度、加速时间与减速时间等。加/减速度与加/减速时间这两组数据，只要定义其中任意一组，系统就会自动计算另外一组数据。

在如图 5-28 所示的主动归位组态中，输入归位开关设置为 LS2 原点 I0.1)。勾选“允许硬限位开关处自动反转”复选框后，在轴碰到原点之前碰到了硬件限位点，此时系统认为原点在反方向，会按组态好的急停斜坡减速曲线停车并反转。若取消勾选“允许硬限位开关处自动反转”复选框，且轴碰到了硬件限位点，则归位过程会因为错误被取消，并急停。接近方向定义了在执行原点过程中的初始方向，包括正接近速度和负接近速度。接近速度为进入原点区域时的速度；减小的速度为到达原点位置时的速度。原点位置偏移量则是当原点开关位置和原点实际位置有差别时，在此输入距离原点的偏移量。

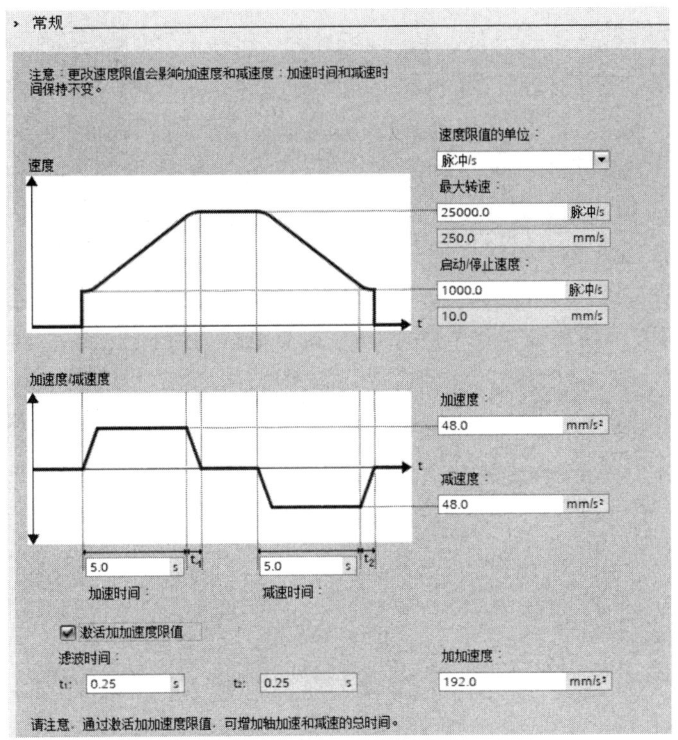

图 5-27　动态常规参数

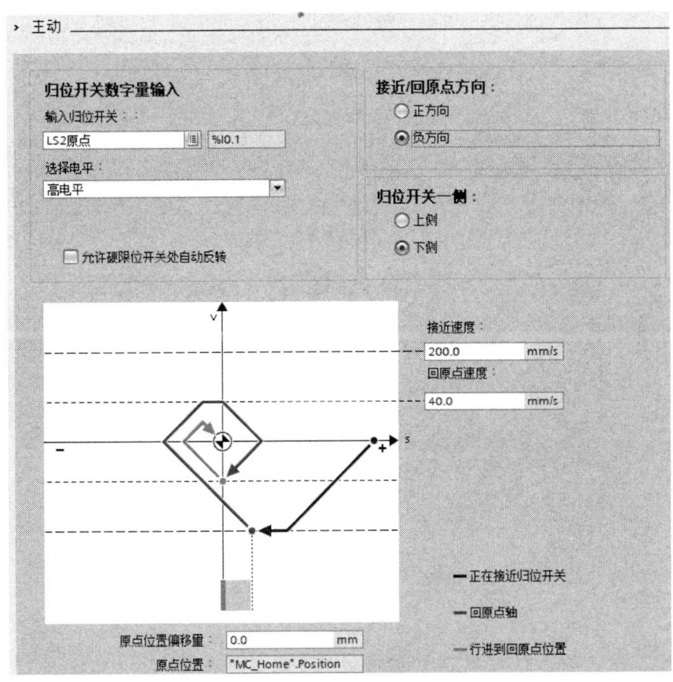

图 5-28　主动归位组态

除了主动归位，还可以选择被动归位，即按照一个方向运行，需要设置“归位开关一侧”是上侧还是下侧。

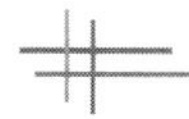

3. 轴工艺对象的调试

在对轴工艺对象进行组态后，将 PLC 的硬件配置和软件全部下载到实体 PLC 中，用户就可以选择调试功能，使用控制面板调试步进电机及驱动器，以测试轴的实际运行功能。图 5-29 所示为轴控制面板，显示了选择调试功能后的控制面板的最初状态，除了“激活”指令，所有指令都是灰色的。需要注意的是，为了确保调试正常，建议清除主程序，但需要保留轴工艺对象。选择主控制按钮中的“激活”指令，此时会弹出提示对话框（见图 5-30），即提醒用户在使用主控制前，先要确认是否已经采取了适当的安全预防措施。同时设置一定的监视时间，如 3000ms，若未动作，则轴处于未启用状态，需要重新启用。

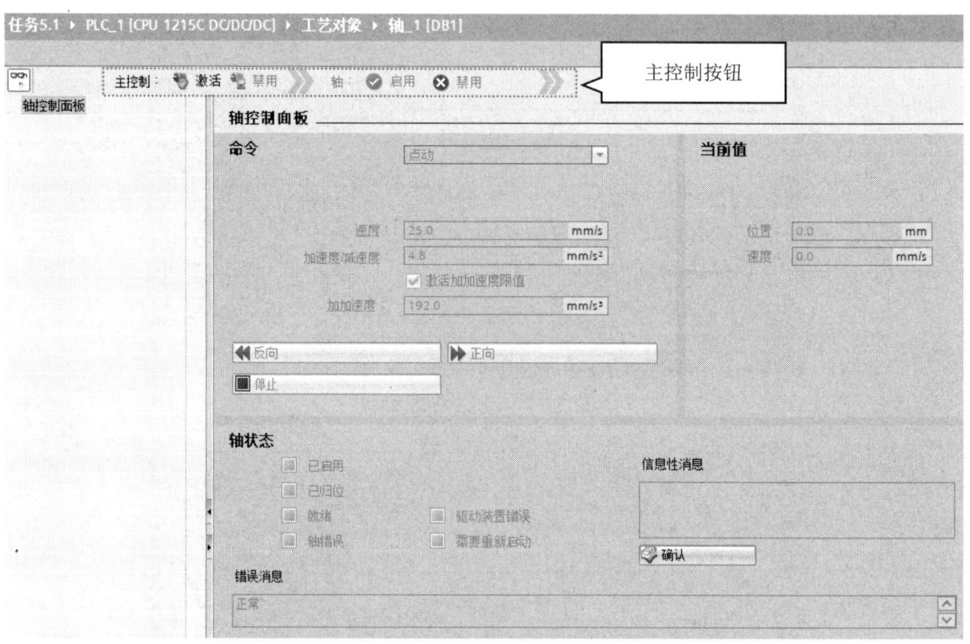

图 5-29 轴控制面板

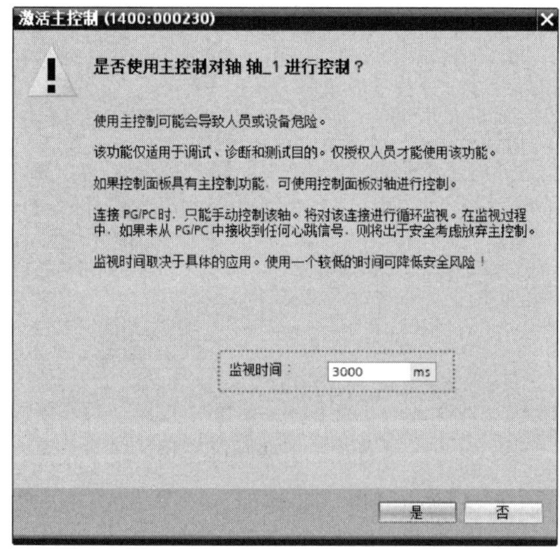

图 5-30 “激活主控制”对话框

在轴控制面板中选择“启用”指令。出现的所有命令和状态信息都是可见的，而不是灰色的，“轴状态”为“已启用”和“就绪”，“信息性消息”为“轴处于停止状态”，如图 5-31 所示。此时可以根据提示进行点动、定位和回原点调试（见图 5-32），为确保调试安全，可以勾选“激活加加速度限值”复选框。

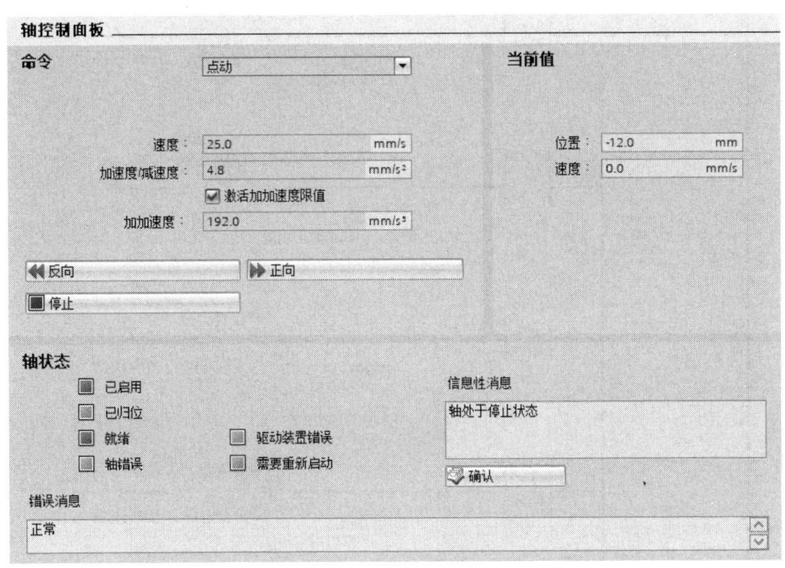

图 5-31　选择“启用”指令

图 5-32　点动、定位和回原点调试

5.1.6　PLC 控制步进程序的编程

1．新建数据块

新建“数据块_1”用于存放 5 个定位的位置设定值，即 Place，其数据类型为数组 Array[1..5] of Real，即定位 1 为 Place[1]，起始值为 10.0（单位：mm）；定位 2 为 Place[2]，起始值为 30.0；依次类推，如图 5-33 所示。该位置设定值可以根据实际情况进行修改。

名称	数据类型	起始值
▼ Static		
▪ ▼ Place	Array[1..5] of Real	
▪ Place[1]	Real	10.0
▪ Place[2]	Real	30.0
▪ Place[3]	Real	50.0
▪ Place[4]	Real	40.0
▪ Place[5]	Real	20.0

图 5-33　位置设定值

2．FC1 编程

如果将位置索引值和位置设定值对应起来，就需要采用 FC1“位置对应”，具体梯形图如

图 5-34 所示。

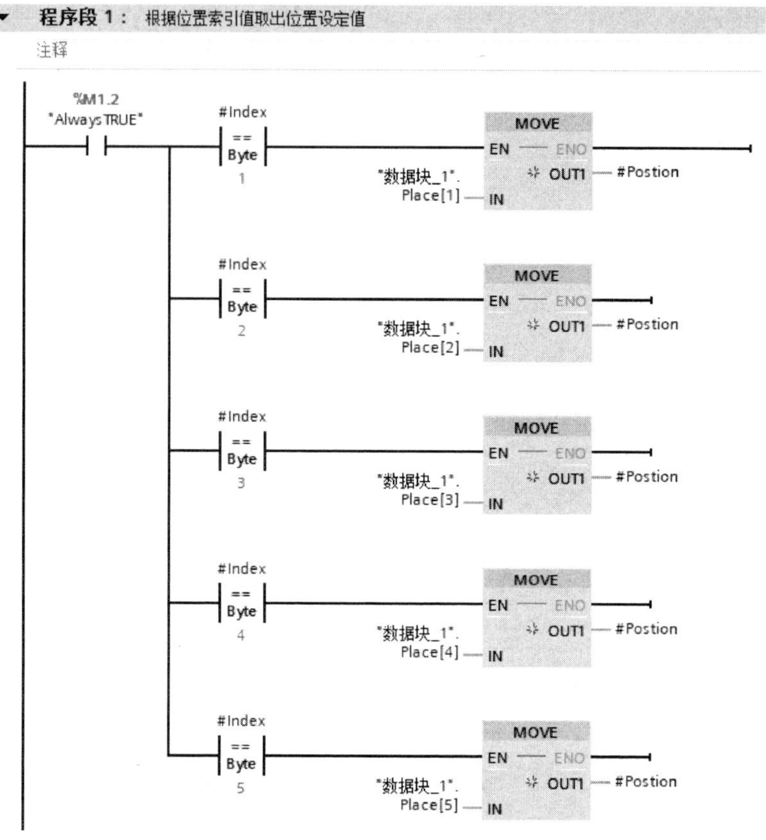

图 5-34　任务 5.1 的 FC1 梯形图

3．OB1 梯形图编程

图 5-35 所示为 OB1 梯形图。

程序段 1：上电初始化或从自动切换到手动时，自动复位位置索引值和位置设定值。

程序段 2：轴启用，调用 MC_Power 指令启用“轴_1”。

程序段 3：手动情况下可以正反点动，调用 MC_MovJog 指令。需要注意的是，当达到左右限位时会报错，此时需要进行复位才能动作。

程序段 4：故障复位功能，调用 MC_Reset 指令，同时按下 SB3 和 SA1 按钮进行复位，省去了一个复位按钮。

程序段 5：仅在手动状态下达到 LS2 原点时进行回零确认，调用 MC_Home 指令回零，这里选择绝对式直接回零，即 Mode=0。还可以选择其他回零方式。

程序段 6：自动情况下进行位置索引值累加并求相应的位置设定值，此时调用 FC1 进行计算。

程序段 7：自动情况下进行多点定位，调用 MC_MoveAbsolute 指令进行绝对位置移动控制，共 5 个位置。

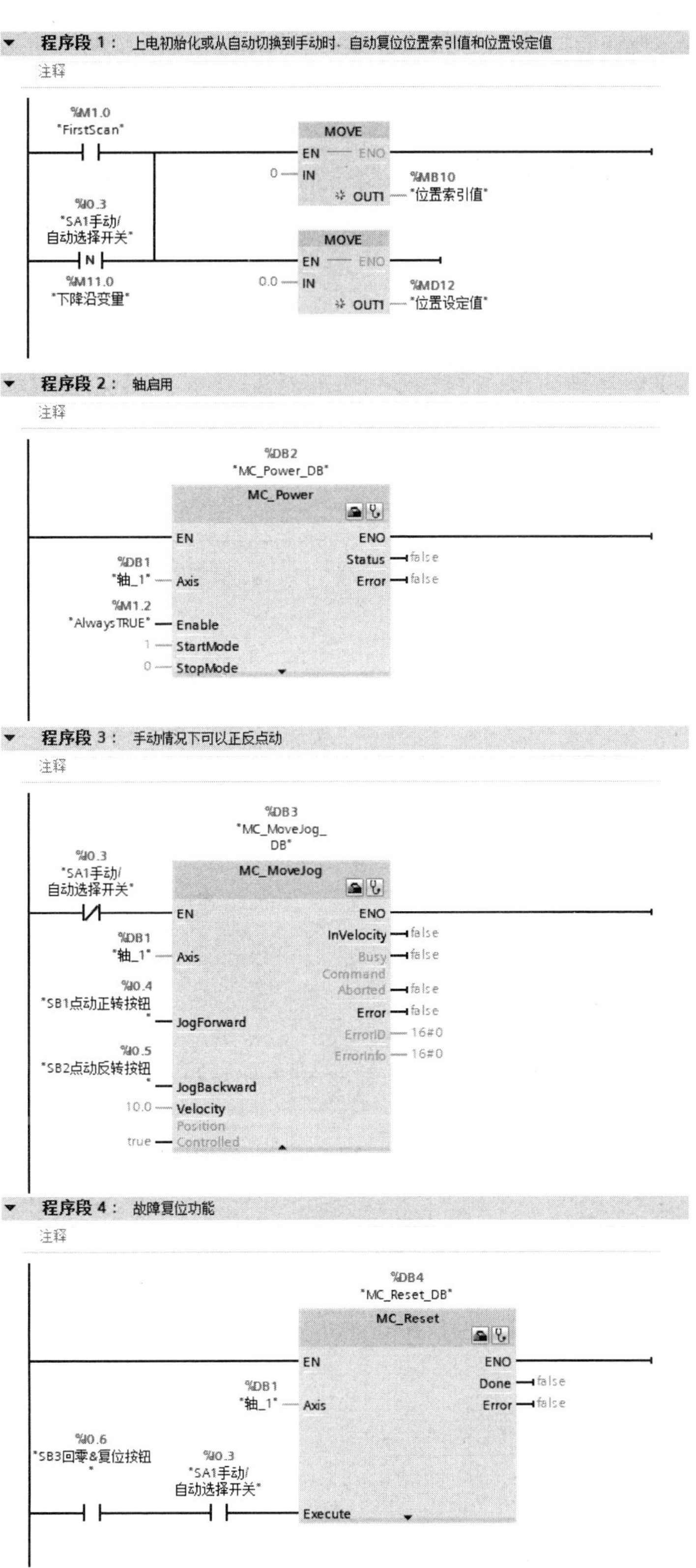

图 5-35　任务 5.1 的 OB1 梯形图

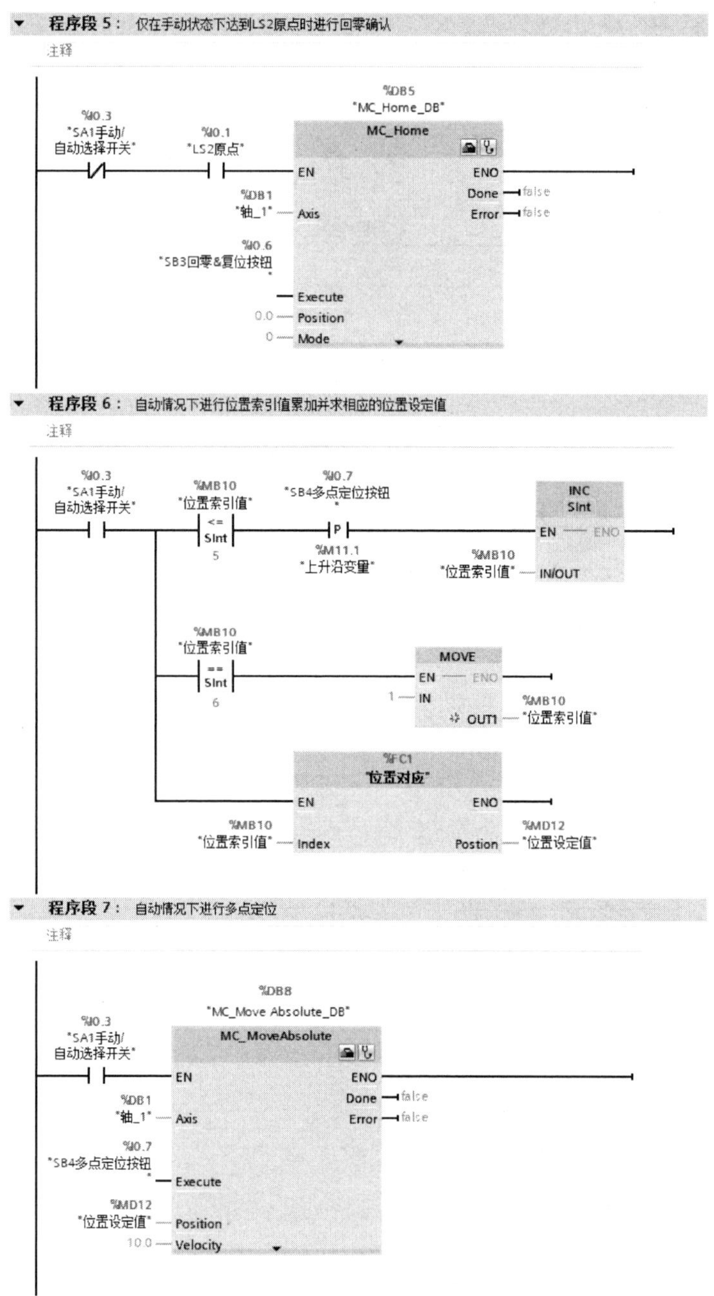

图 5-35　任务 5.1 的 OB1 梯形图（续）

5.1.7　步进控制调试总结

1．步进电机控制系统故障诊断

如果出现步进电机不转、PLC 连接不上、PLC 无脉冲发出等现象，那么可以按表 5-9 进行故障诊断后重新上电运行。

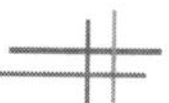

表 5-9　步进电机控制系统故障诊断

故障现象	可能原因及方法
步进电机不转	1. 有脉冲输入：检查驱动器是否使能；检查制动器是否制动；检查步进电机动力线、信号线是否接入。 2. 无脉冲输入：驱动器设置有误；PLC 组态错误；检查 PLC 是否为 RUN 模式
PLC 连接不上	1. 检查 PROFINET 接口和连接线。 2. 检查电源接入是否正确
PLC 无脉冲发出	1. 用万用表测脉冲输出端与 0V 之间的电压，因为用的是 PTO 模式，故此时若有脉冲输出，应为 12V 左右。 2. 脉冲输出端接入高速计数器端，查看脉冲计数器数值

2. 轴故障诊断

图 5-36 所示为轴故障，MC_Power 指令的 Error 引脚为“TRUE”，此时可以通过 MC_Reset 指令进行复位。

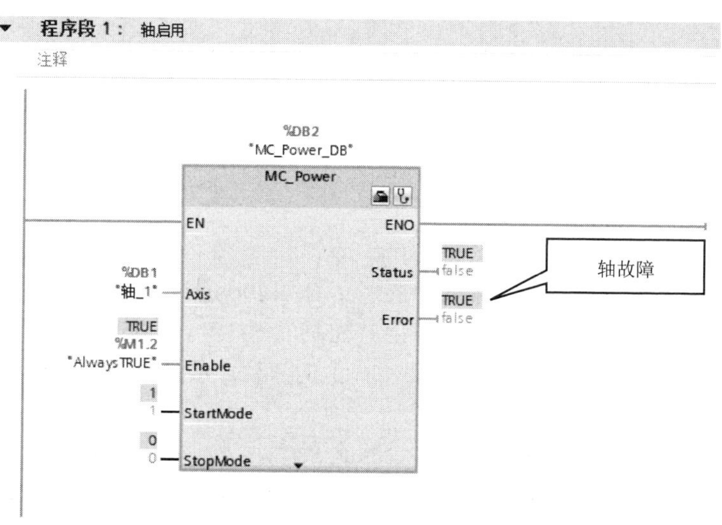

图 5-36　轴故障

任务评价

按要求完成考核任务 5.1，评分标准如表 5-10 所示，具体配分可以根据实际考评情况进行调整。

表 5-10　评分标准

序号	考核项目	考核内容及要求	配分	得分
1	职业道德与课程思政	遵守安全操作规程，设置安全措施； 认真负责，团结合作，对实操任务充满热情； 正确认识我国全海深载人潜水器的工作特点	15%	
2	系统方案制定	PLC 控制步进电机方案合理	20%	
		正确使用轴工艺对象		
		PLC 控制电路图正确		

续表

序号	考核项目	考核内容及要求	配分	得分
3	编程能力	独立完成轴工艺对象的组态与调试	15%	
		独立完成 PLC 梯形图编程		
4	操作能力	根据电气接线图正确接线，美观且可靠	20%	
		正确输入程序并进行程序调试		
		根据系统功能进行正确操作演示		
5	实践效果	系统工作可靠，满足工作要求	20%	
		PLC 运动控制指令调用正确		
		按规定的时间完成任务		
6	创新实践	在本任务中有另辟蹊径、独树一帜的实践内容	10%	
合计			100%	

任务 5.2　V90 伺服控制滑台定位运行

任务描述

图 5-37 所示为本任务的控制示意图，展示了 S7-1200 通过以太网通信控制 V90 伺服驱动器（订货号为 6SL3210-5FE10-8UF0），并由其控制的 S-1FL6 伺服电机（订货号为 1FL6044-1AF61-2LB1）通过同步带驱动安装在滚珠丝杠上的滑台，要求能在 KTP700 触摸屏上实现如下功能。

（1）在触摸屏上按下回零按钮后，滑台回到原点。

（2）在触摸屏上按下启动按钮后，滑台以 10.0mm/s 的速度从原点移动到距离原点 100mm（该数据可以在触摸屏上进行任意设置）处停止，准备钻待加工件；运行过程中按下停止按钮，滑台停止运行。

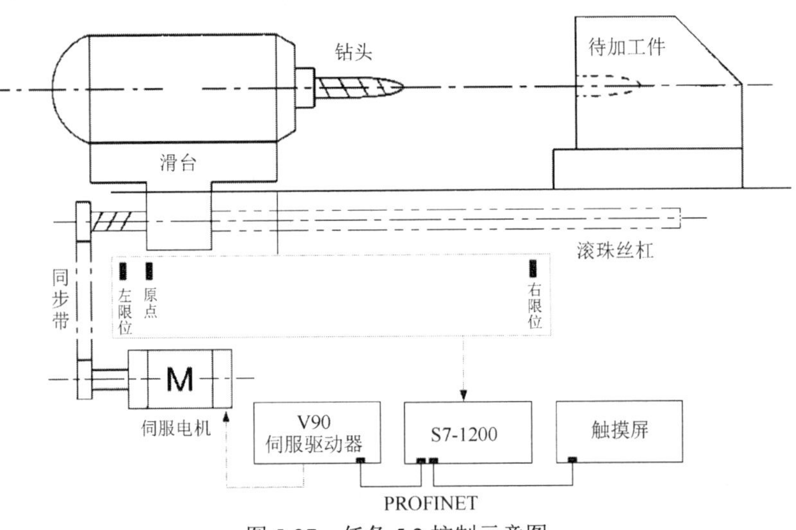

图 5-37　任务 5.2 控制示意图

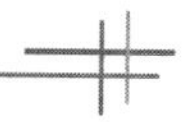

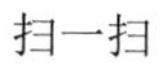

扫一扫

看微课

知识探究

5.2.1　伺服控制系统的组成与结构

1．伺服控制系统的组成原理

图 5-38 所示为伺服控制系统的组成原理图，包括伺服驱动器、伺服电机、速度传感器和位置传感器。伺服驱动器通过执行控制器的指令来控制伺服电机，进而驱动机械装备的运动部件（这里指的是丝杠和工作台），实现对机械装备的速度、转矩和位置控制。

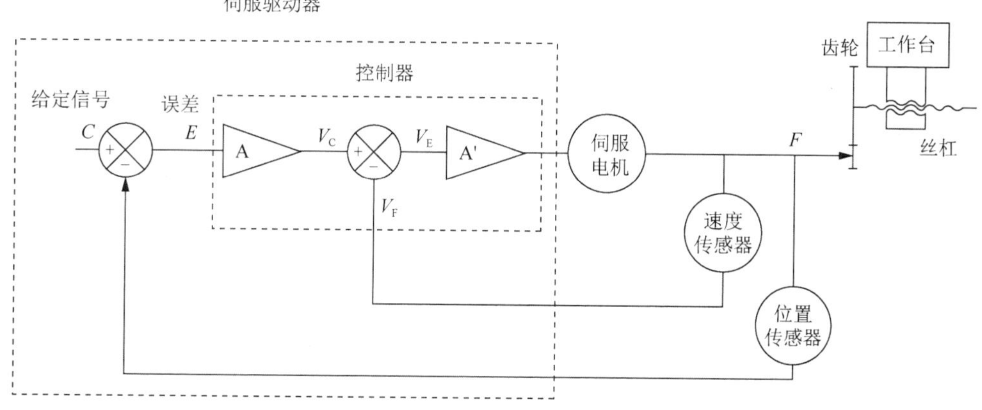

图 5-38　伺服控制系统的组成原理图

从自动控制理论的角度来分析，伺服控制系统一般包括控制器、被控对象、执行环节、检测环节、比较环节 5 部分。

（1）控制器。控制器的主要任务是对比较元件输出的偏差信号进行变换处理，以控制执行元件按要求动作。在伺服控制系统里，控制器通常包括位置控制、速度控制和转矩控制（未在图中画出）。

（2）被控对象。被控对象包括位移、速度、加速度、力、力矩，这里是指齿轮、丝杠和工作台。

（3）执行环节。执行环节的作用是按控制信号的要求，将输入的各种形式的能量转化成机械能，驱动被控对象工作，一般指各种电动机、液压、气动伺服机构等。这里是指伺服电机。

（4）检测环节。检测环节是指能够对输出进行测量并转换成比较环节所需量纲的装置，一般包括传感器和转换电路。这里是指速度传感器和位置传感器。如果采用无速度传感器矢量控制，那么可以取消速度传感器。另外，位置传感器可以安装在被控对象一侧。

（5）比较环节。比较环节是将输入的指令信号与系统的反馈信号进行比较，以获得输出与输入间的偏差信号的环节。这里包括位置比较环节、速度比较环节。

2．伺服电机的结构

与步进电机不同的是，伺服电机将输入的电压信号转换成转轴的角位移或角速度输出，

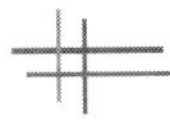

其控制速度和位置精度非常准确。

按使用的电源性质不同可以分为直流伺服电机和交流伺服电机。直流伺服电机存在电枢绕组在转子上不利于散热；电枢绕组在转子上，转子惯量较大，不利于高速响应；电刷和换向器易磨损需要经常维护、限制电动机速度、换向时会产生电火花等缺点。因此，直流伺服电机慢慢地被交流伺服电机替代。

交流伺服电机一般是指永磁同步型交流伺服电机，主要由定子、转子及测量转子位置的传感器构成。定子和一般的三相感应电动机类似，采用三相对称绕组结构，它们的轴线在空间上彼此相差 120°（见图 5-39）；转子上贴有磁性体，一般有 2 对以上的磁极；位置传感器一般为光电编码器或旋转变压器。

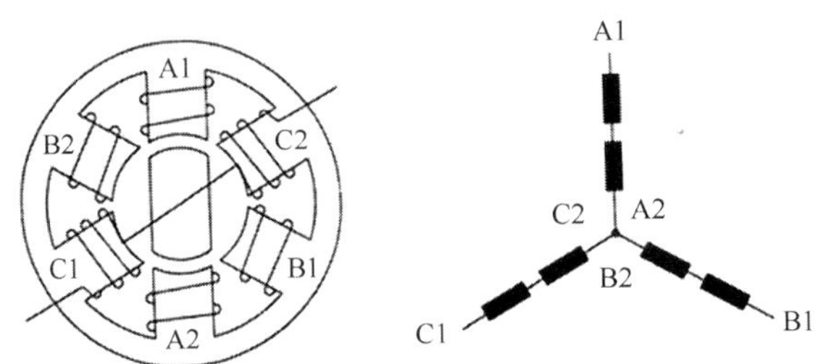

图 5-39　永磁同步型交流伺服电机的定子结构

3. 伺服驱动器的结构

伺服驱动器又称功率放大器，其作用就是将工频交流电源转换成幅度和频率均可变的交流电源，以提供给伺服电机，其内部结构如图 5-40 所示，主要包括主电路和控制电路。

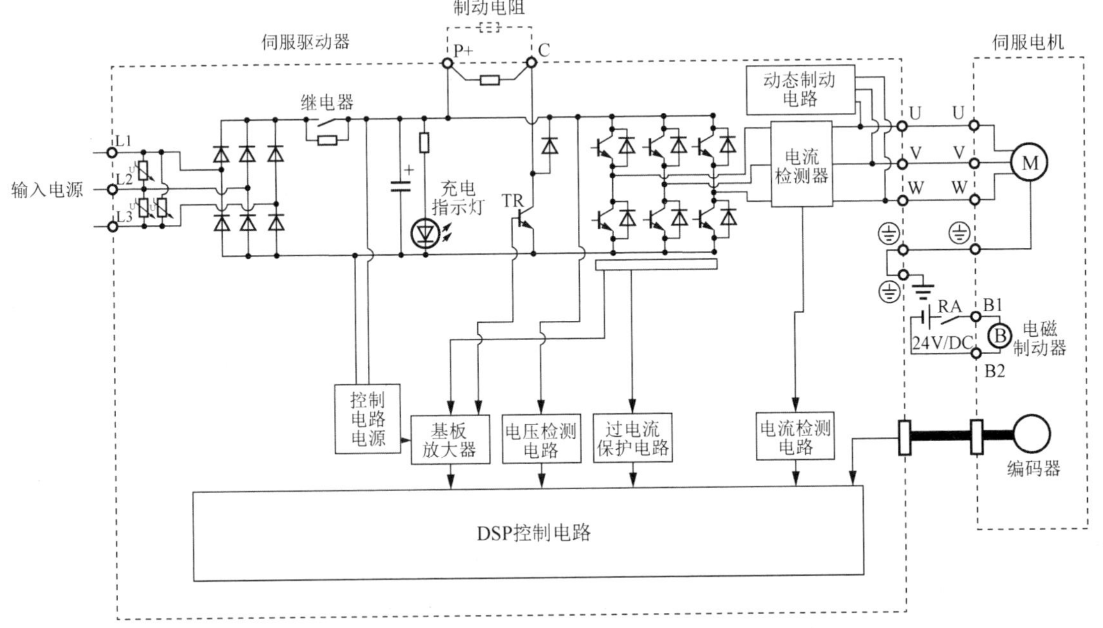

图 5-40　伺服驱动器的内部结构

伺服驱动器的主电路包括整流电路、充电保护电路、滤波电路、再生制动电路（能耗制动电路）、逆变电路和动态制动电路，比变频器的主电路增加了动态制动电路，即在逆变电路的基极断路时，在伺服电机和端子间加上适当的电阻进行制动。电流检测器用于检测伺服驱动器输出电流的大小，并通过电流检测电路反馈给 DSP 控制电路。有些伺服电机除了编码器，还带有电磁制动器，在制动线圈未通电时，伺服电机被抱闸，线圈通电后抱闸松开，电动机方可正常运行。

控制电路有单独的控制电路电源，除了为 DSP 及过电流保护等电路提供电源，对于大功率的伺服驱动器，还提供散热风机电源。

5.2.2　西门子 V90 伺服控制系统的组成

西门子 V90 伺服控制系统共有 2 个版本，一个是 PTI（脉冲序列）版本，另一个是 PN（PROFINET）版本。PTI 版本伺服控制系统集成了外部脉冲位置控制、内部设定值位置控制（通过程序步或 Modbus）、速度控制和扭矩控制等模式，如图 5-41 所示。PN 版本伺服控制系统通过内置 PROFINET 接口，只需一根电缆即可实时传输用户/过程数据及诊断数据，大大降低系统复杂性，如图 5-42 所示。

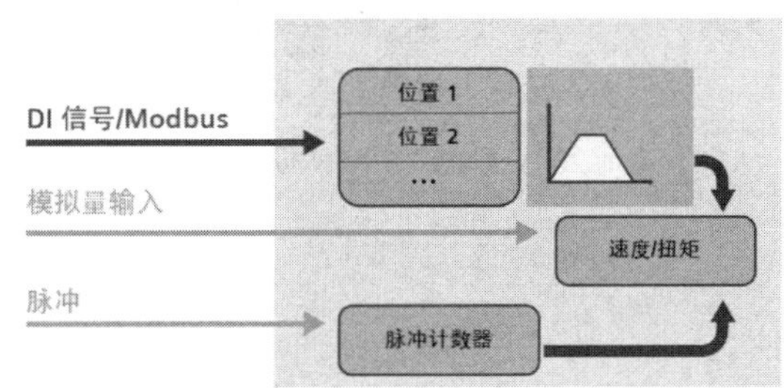

图 5-41　PTI 版本伺服控制系统

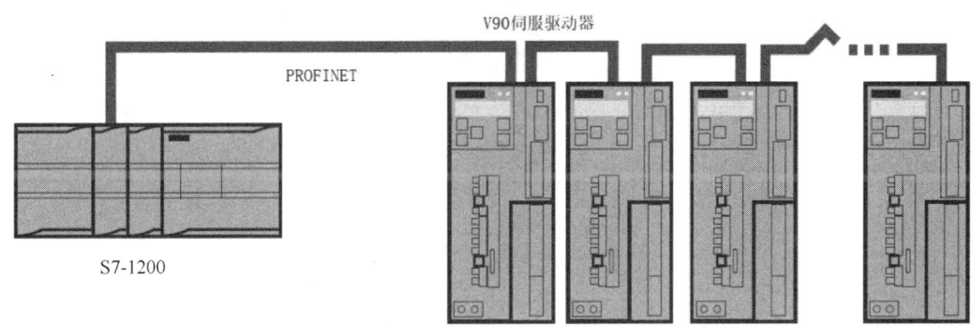

图 5-42　PN 版本伺服控制系统

PTI 版本伺服控制系统与步进控制系统的使用方法相同，本任务主要介绍 PN 版本伺服控制系统，该版本的伺服驱动器具有 200V 和 400V 两种类型。图 5-43 所示为 200V 级的 V90 PN 伺服驱动器外观。图 5-44 所示为与之配套的 S-1FL6 伺服电机外观。

图 5-45 所示为 V90 PN 伺服驱动控制系统示意图，S-1FL6 伺服电机的编码器分辨率高达 21 位（电动机每转约为 21 亿个脉冲），通过 PROFINET 传输速率 100 Mbit/s，保证了高定位精度和极低的速度波动。

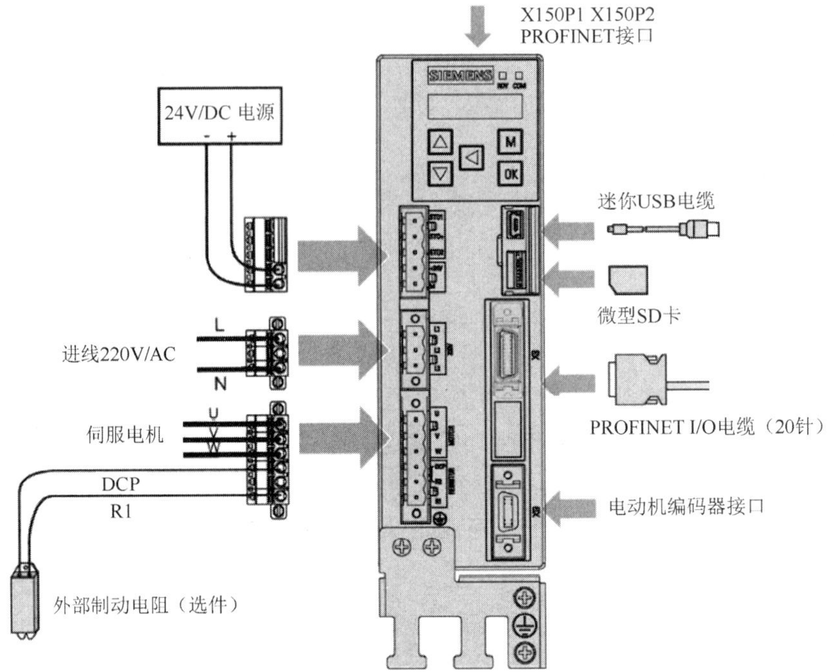

图 5-43　200V 级的 V90 PN 伺服驱动器外观

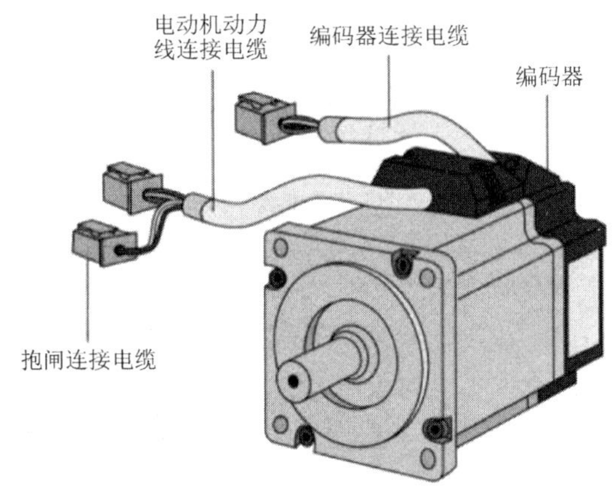

图 5-44　S-1FL6 伺服电机外观

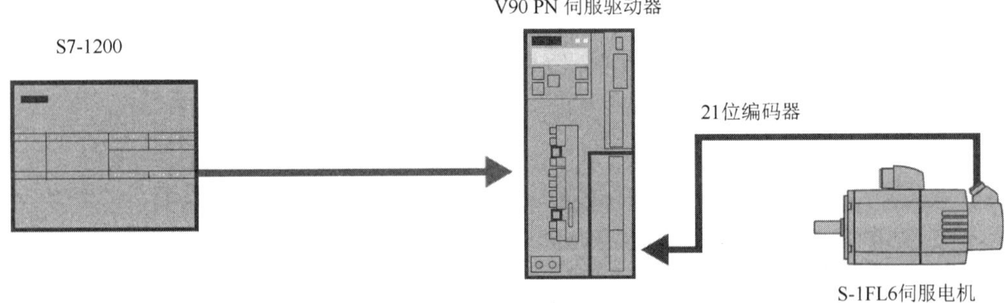

图 5-45　V90 PN 伺服驱动控制系统示意图

扫一扫

看微课

5.2.3　伺服控制系统电气接线

本任务选择 220V/AC 电源的 V90 PN 伺服驱动器（订货号为 6SL3210-5FB10-4UF1）及 S-1FL6 伺服电机（订货号为 1FL6034-2AF2x-xAA\Gx），其中触摸屏、PLC 和伺服驱动器之间采用 PROFINET 相连。图 5-46 所示为 V90 PN 伺服驱动器的电气原理图。图 5-47 所示为 V90 PN 伺服驱动器的电气接线示意图。

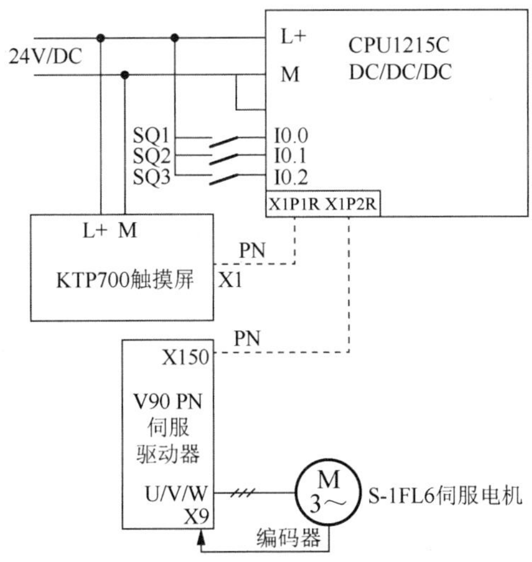

图 5-46　V90 PN 伺服驱动器的电气原理图

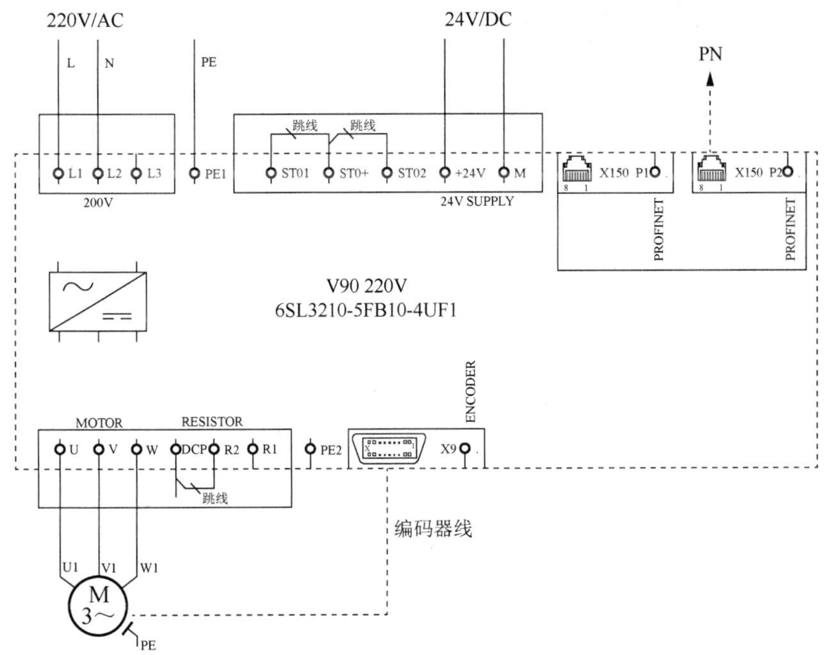

图 5-47　V90 PN 伺服驱动器的电气接线示意图

表 5-11 所示为 S7-1200 PLC 的输入定义，它只定义了 3 个限位开关，因为其他所有信号都是通过 PROFINET 通信进行数据传输的。

表 5-11　S7-1200 PLC 的输入定义

	PLC 软元件	元件符号/名称
输入	I0.0	SQ1/原点限位（常开）
	I0.1	SQ2/左限位（常开）
	I0.2	SQ3/右限位（常开）

5.2.4　用 V-ASSISTANT 调试伺服驱动器和伺服电机

1. 设备信息修改

V90 PN 伺服驱动器可以采用 BOP 面板直接输入，也可以采用 SINAMICS V-ASSISTANT 软件进行调试，这里介绍采用 V-ASSISTANT 软件进行调试。图 5-48 所示为该软件打开后的选择连接方式对话框，可以采用 USB 电缆，也可以采用 RJ45 网线，这里选择后者进行 Ethernet 连接。

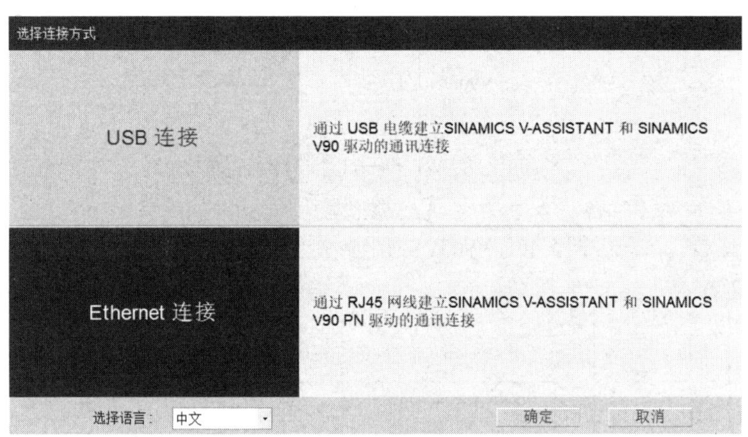

图 5-48　“选择连接方式”对话框

图 5-49 所示为网络视图，显示 V90 PN 伺服驱动器与计算机进行连接，单击“设备信息”按钮，就会出现如图 5-50 所示的“设备信息”对话框，进行设备名和 IP 地址的更改，其中，设备名应与 S7-1200 程序中一致，否则无法联网。

网络视图

设备信息　设备调试

编号		设备类型	名称	IP 地址	LED 闪烁
1		网络适配器	Network adapter 'Realtek Gaming GbE Family Controller'...	192.168.0.100	
2		SINAMICS V90 PN	v90pn	192.168.0.10	☐

图 5-49　网络视图

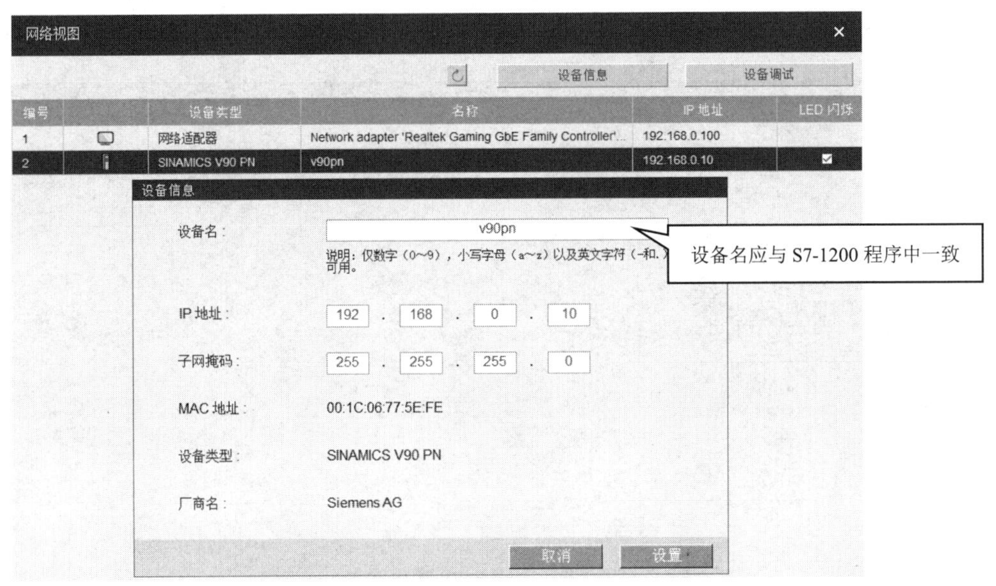

图 5-50　“设备信息”对话框

2．“选择驱动”任务

图 5-51 所示为“选择驱动”任务，包括驱动选择、电机选择和控制模式，前面两个根据西门子的订货号进行选择，而控制模式必须根据任务要求进行选择，本任务选择的是“速度控制（S）”。

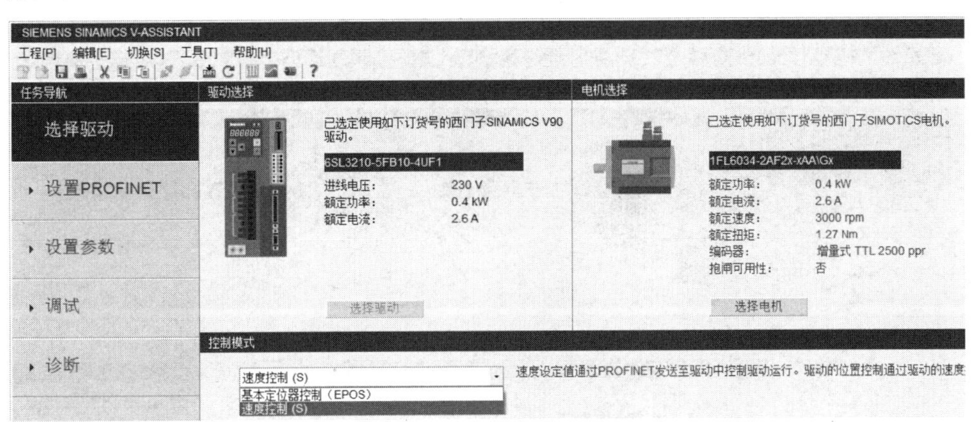

图 5-51　“选择驱动”任务

3．设置参数

根据任务要求设置参数，如图 5-52 所示，包括“配置斜坡功能”“设置极限值”“配置输入/输出”“查看所有参数”选项。

4．测试电机点动

图 5-53 所示为调试菜单，包括监控状态、测试电机和优化驱动。图 5-54 所示为在选择使能选项后进行顺时针点动，其转速为 30rpm，测试出来的实际转速为 30.2624rpm、实际扭矩为 0.0876Nm、实际电流为 0.1776A、实际电机利用率为 0.0110%，符合实际情况。

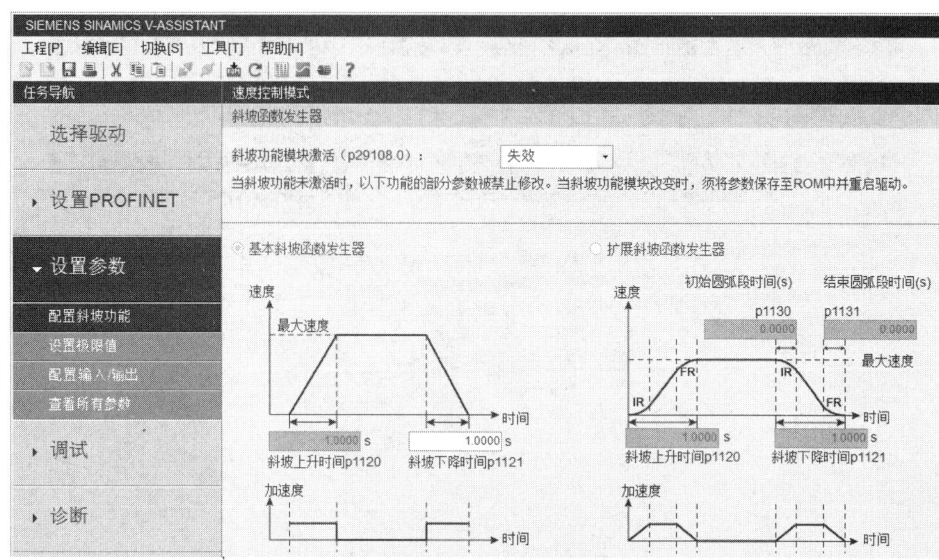

图 5-52　设置参数

图 5-53　调试菜单

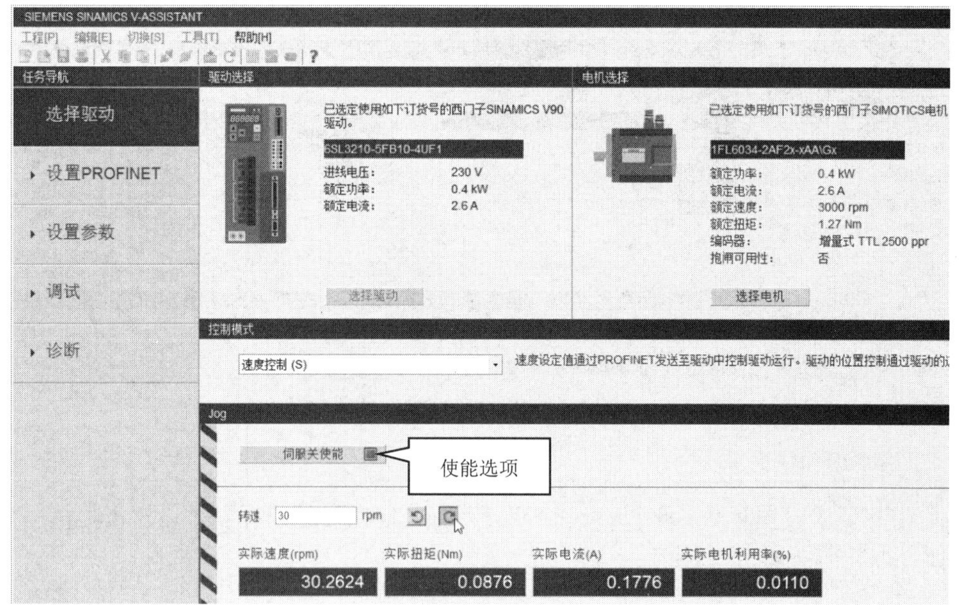

图 5-54　顺时针点动

若调试中出现 F7900 故障，则首先需要检查相序是否正常，再检查负载是否堵转和参数是否正确设置。

5. 选择报文

选择“设置 PROFINET”中的“选择报文”选项，如图 5-55 所示。在“当前报文”下拉列表中选择“3：标准报文 3，PZD-5/9”选项。

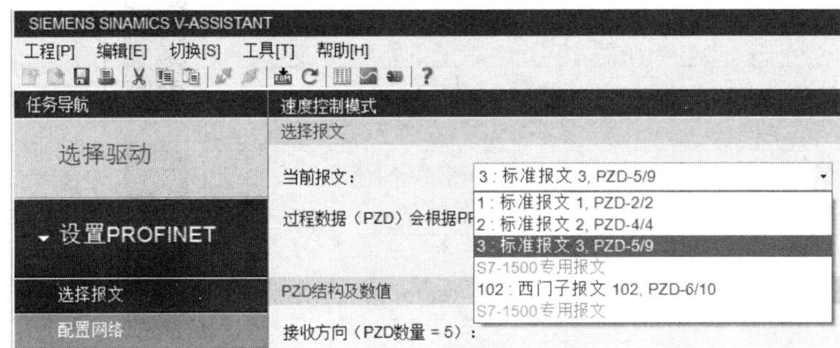

图 5-55　选择报文

表 5-12 所示为控制报文 STW1 的描述，定义了启动、停止、使能、斜坡函数等数字量输入信号。表 5-13 所示为状态报文 ZSW1 的描述，定义了伺服开启准备就绪、运行就绪、存在故障等数字量输出信号。

表 5-12　控制报文 STW1 的描述

信号	描述
STW1.0	↑ = ON（可以使能脉冲） 0=OFF1（通过斜坡函数发生器制动，消除脉冲，准备接通就绪）
STW1.1	1=无 OFF2（允许使能） 0= OFF2（立即消除脉冲并禁止接通）
STW1.2	1=无 OFF3（允许使能） 0= OFF3（通过 OFF3 斜坡 p1135 制动，消除脉冲并禁止接通）
STW1.3	1=允许运行（可以使能脉冲） 0=禁止运行（取消脉冲）
STW1.4	1=运行条件（可以使能斜坡函数发生器） 0=禁用斜坡函数发生器（设置斜坡函数发生器的输出为零）
STW1.5	1=继续斜坡函数发生器 0=冻结斜坡函数发生器（冻结斜坡函数发生器的输出）
STW1.6	1=使能设定值 0=禁止设定值（设置斜坡函数发生器的输入为零）
STW1.7	↑ =1。应答故障
STW1.8	保留
STW1.9	保留
STW1.10	1=通过 PLC 控制
STW1.11	1=设定值取反
STW1.12	保留
STW1.13	保留
STW1.14	保留
STW1.15	保留

表 5-13　状态报文 ZSW1 的描述

信号	描述
ZSW1.0	1=伺服开启准备就绪
ZSW1.1	1=运行就绪
ZSW1.2	1=运行使能
ZSW1.3	1=存在故障
ZSW1.4	1=自由停车无效（OFF2 无效）
ZSW1.5	1=快速停车无效（OFF3 无效）
ZSW1.6	1=禁止接通生效
ZSW1.7	1=存在报警
ZSW1.8	1=速度设定值与实际值的偏差在 t_off（关闭时间）公差内
ZSW1.9	1=控制请求
ZSW1.10	1=达到或超出 f 或 n 的比较值
ZSW1.11	0=达到 I、M 或 P 的限值
ZSW1.12	1=打开抱闸
ZSW1.13	1 =无电机过温报警
ZSW1.14	1=电机正向旋转（n_act≥20） 0=电机反向旋转（n_act<0）
ZSW1.15	1 =功率模块无热过载报警

以上步骤设置完成后，需要重启 V90 PN 伺服驱动器，参数设置才生效。

5.2.5　PLC 配置与运动控制对象组态

1．V90 PN 伺服驱动器的组网与报文选择

新建 PLC_1，选择 CPU1215C DC/DC/DC，设置 IP 地址为 192.168.0.1。

执行“硬件目录”→“Other field devices”→“PROFINET IO”→“Drives”→“SIEMENS AG”→“SINAMICS”→“SINAMICS V90 PN V1.0”命令，如图 5-56 所示。将 SINAMICS V90 PN V1.0 拖入“设备和网络”视图，并选择 PLC_1 为其 I/O 控制器，完成后的“设备和网络”视图如图 5-57 所示。

图 5-56　硬件目录

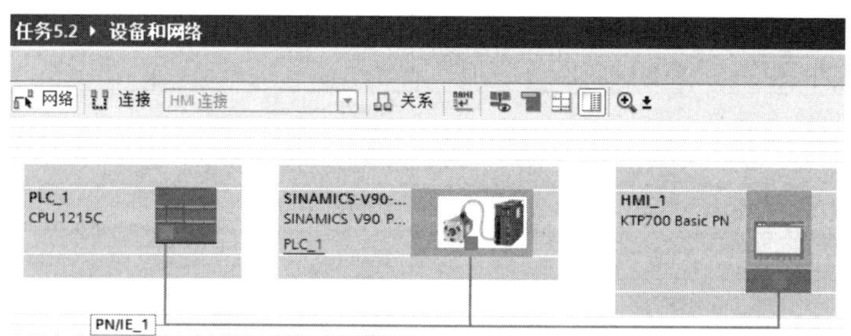

图 5-57　完成后的“设备和网络”视图

如果未出现 V90 PN 伺服驱动器的硬件，那么需要导入 GSD 文件，有以下两种方式：一种是下载 GSD 文件后导入“管理通用站描述文件”；另一种是导入 HSP（Hardware Support Packet）“支持包”（见图 5-58）。

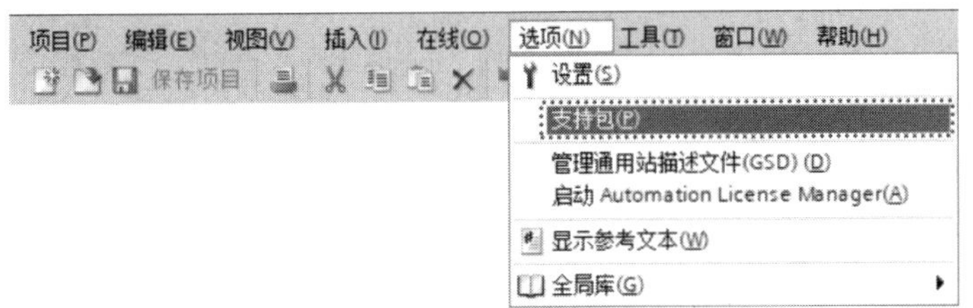

图 5-58　导入 HSP“支持包”

设置 V90 PN 伺服驱动器的 IP 地址为 192.168.0.10，并将“PROFINET 设备名称”设置为 V-ASSISTANT 中的名称“v90pn”，如图 5-59 所示。

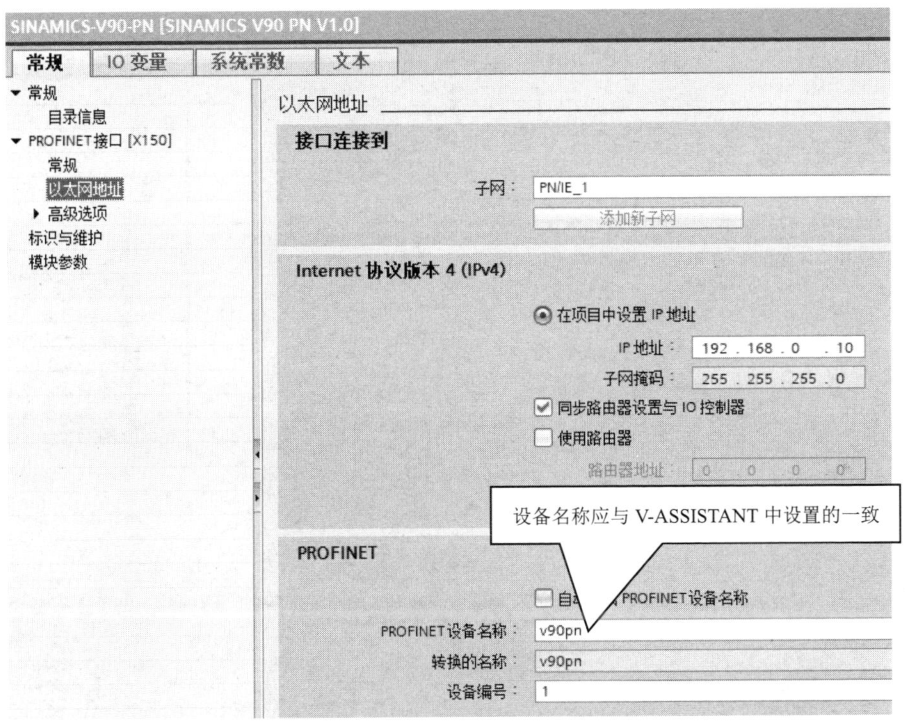

图 5-59　设置 IP 地址和 PROFINET 设备名称

在图 5-57 中双击“V90 PN”后，出现的是未选择报文前的情况［见图 5-60（a）］。执行“Submodules”→“标准报文 3，PZD-5/9”命令，如图 5-60（b）所示，完成后的设备概览如图 5-60（c）所示。

2．运动控制工艺对象组态

图 5-61 所示为运动控制工艺对象组态。跟任务 5.1 不同的是，驱动器选择的是 PROFIdrive（见图 5-62），驱动器设置和驱动器报文设置如图 5-63 和图 5-64 所示。

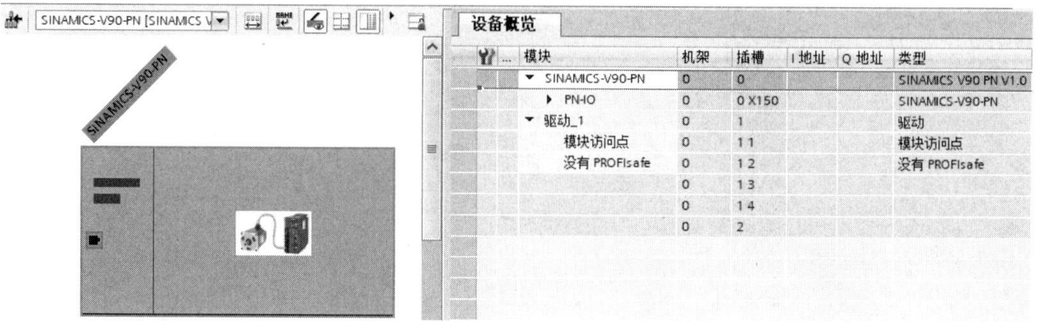

设备概览

模块	机架	插槽	I 地址	Q 地址	类型
SINAMICS-V90-PN	0	0			SINAMICS V90 PN V1.0
PN-IO	0	0 X150			SINAMICS-V90-PN
驱动_1	0	1			驱动
模块访问点	0	1 1			模块访问点
没有 PROFIsafe	0	1 2			没有 PROFIsafe
	0	1 3			
	0	1 4			
	0	2			

（a）未选择报文前

设备概览

模块	机架	插槽	I 地址	Q 地址	类型	订货号
SINAMICS-V90-PN	0	0			SINAMICS V90 PN V1.0	6SL3 210-5Fx...
PN-IO	0	0 X150			SINAMICS-V90-PN	
驱动_1	0	1			驱动	
模块访问点	0	1 1			模块访问点	
没有 PROFIsafe	0	1 2			没有 PROFIsafe	
	0	1 3				
	0	1 4				
	0	2				

目录

<搜索>

过滤　配置文件 <全部>

- Head module
- Module
- Submodules
  - 标准报文1, PZD-2/2
  - 标准报文2, PZD-4/4
  - 标准报文3, PZD-5/9
  - 标准报文7, PZD-2/2
  - 标准报文9, PZD-10/5
  - 附加报文 750, PZD-3/1
  - 空的子模块
  - 西门子报文 102, PZD-6/10
  - 西门子报文 110, PZD-12/7
  - 西门子报文 111, PZD-12/12

（b）选择报文 3

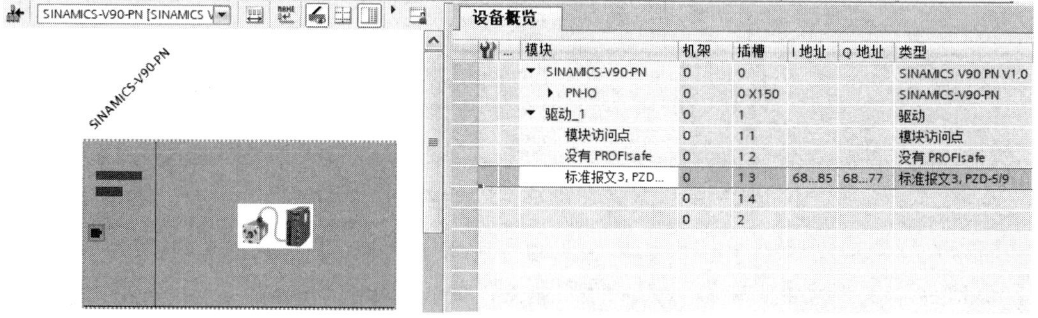

设备概览

模块	机架	插槽	I 地址	Q 地址	类型
SINAMICS-V90-PN	0	0			SINAMICS V90 PN V1.0
PN-IO	0	0 X150			SINAMICS-V90-PN
驱动_1	0	1			驱动
模块访问点	0	1 1			模块访问点
没有 PROFIsafe	0	1 2			没有 PROFIsafe
标准报文3, PZD...	0	1 3	68...85	68...77	标准报文3, PZD-5/9
	0	1 4			
	0	2			

（c）完成后的设备概览

图 5-60　报文选择与设备概览

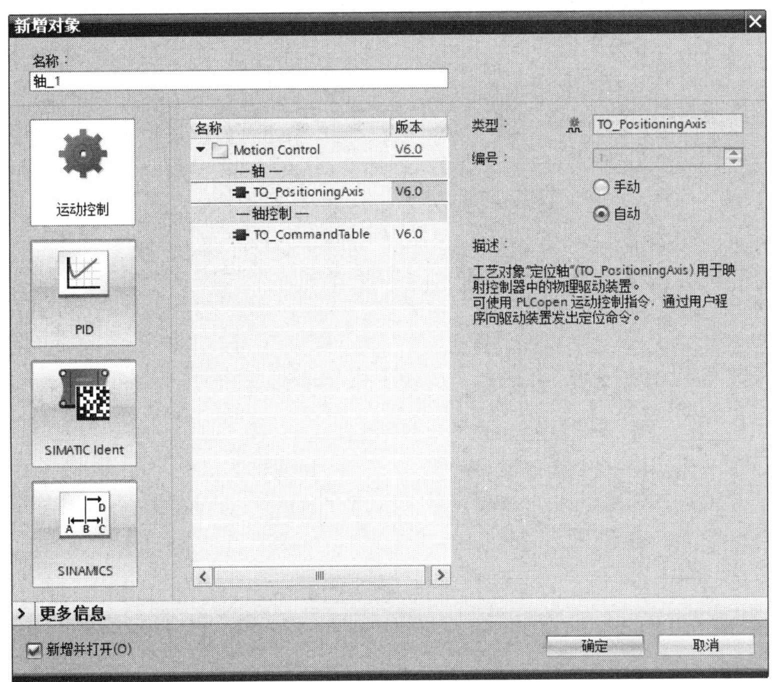

图 5-61　运动控制工艺对象组态

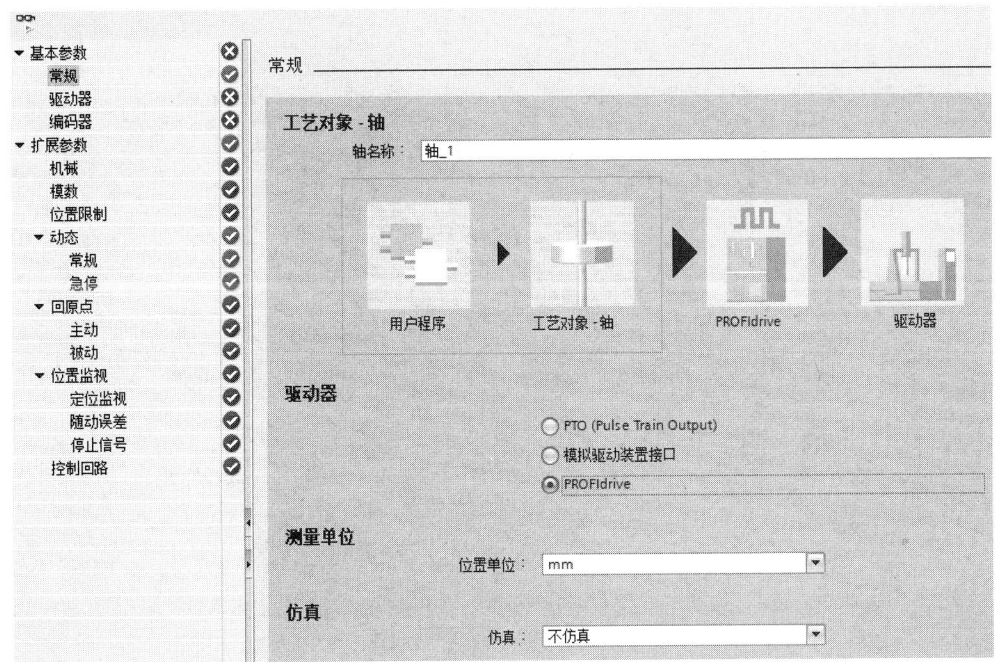

图 5-62　驱动器选择 PROFIdrive

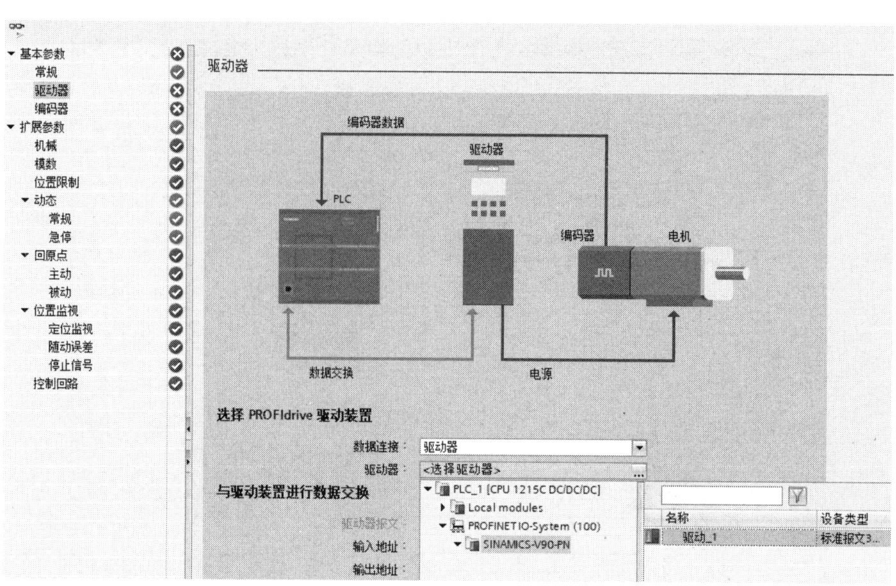

图 5-63　驱动器设置

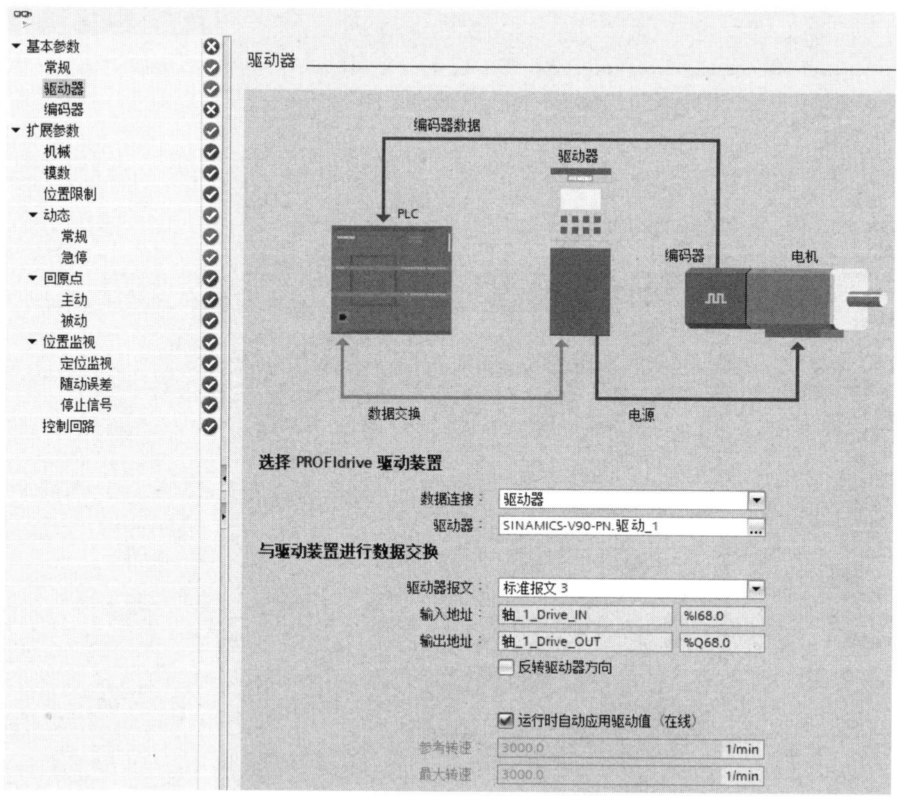

图 5-64　驱动器报文设置

与步进电机不一样的是，伺服驱动器必须设置编码器（见图 5-65），选择 PROFIdrive 编码器，与编码器之间的数据交换也为标准报文 3（见图 5-66）。

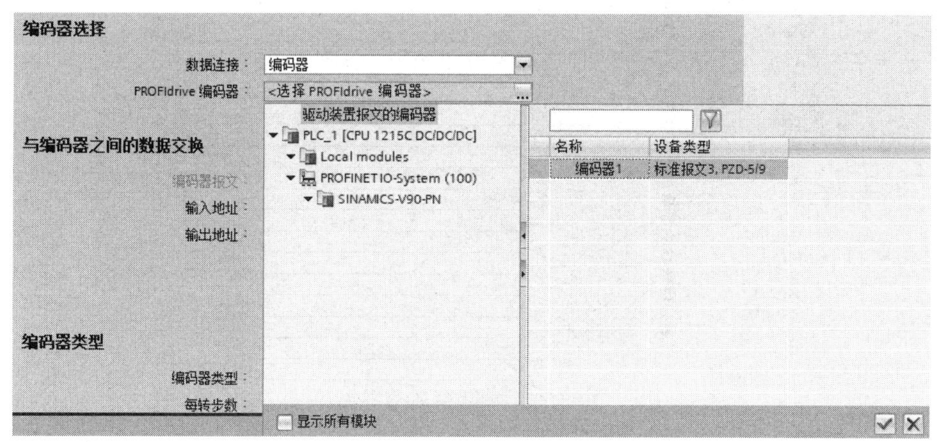

图5-65　编码器设置

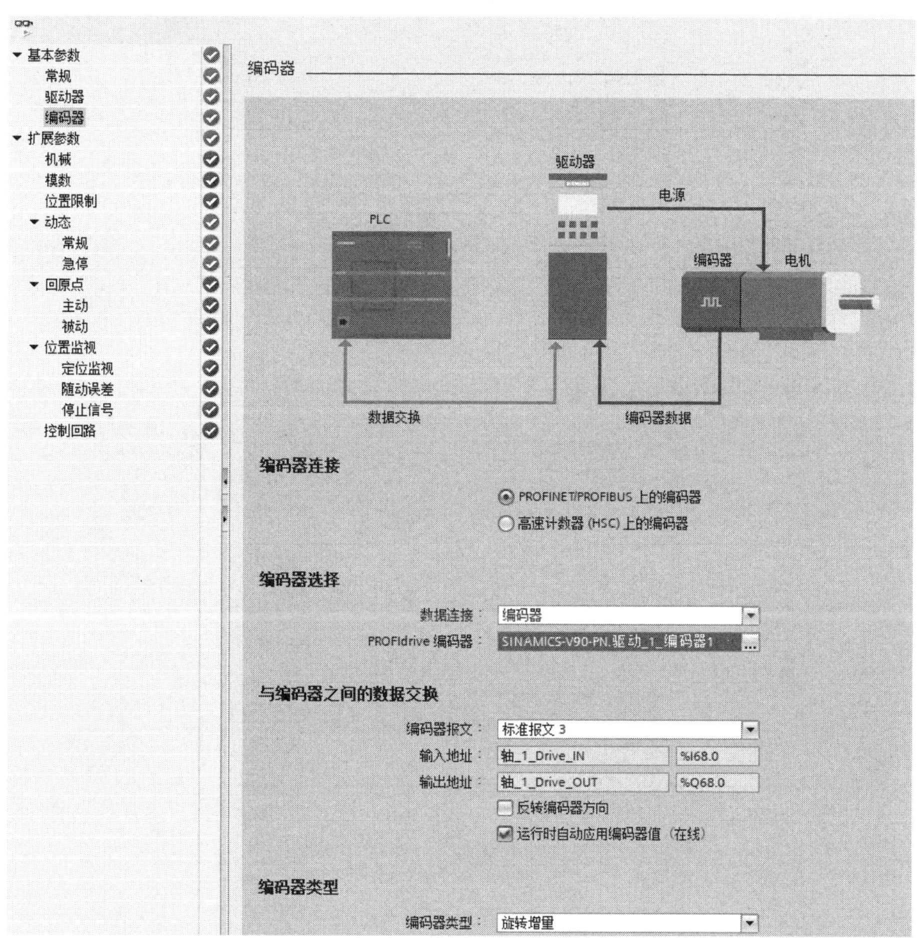

图5-66　完成后的编码器

扩展参数很多，包括编码器安装类型（见图5-67）、位置限制（见图5-68）和主动归位方式（见图5-69）等。

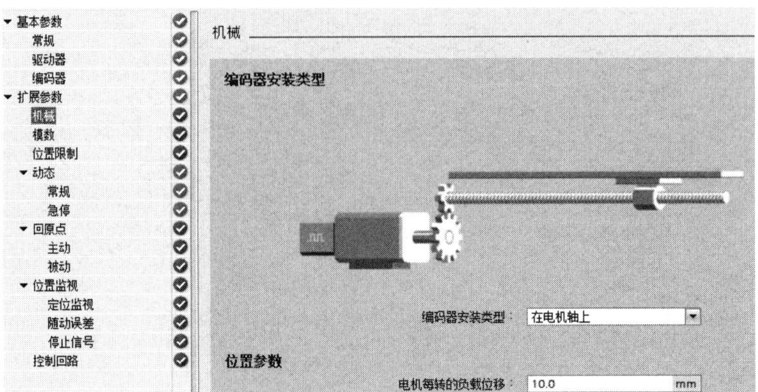

图 5-67　编码器安装类型

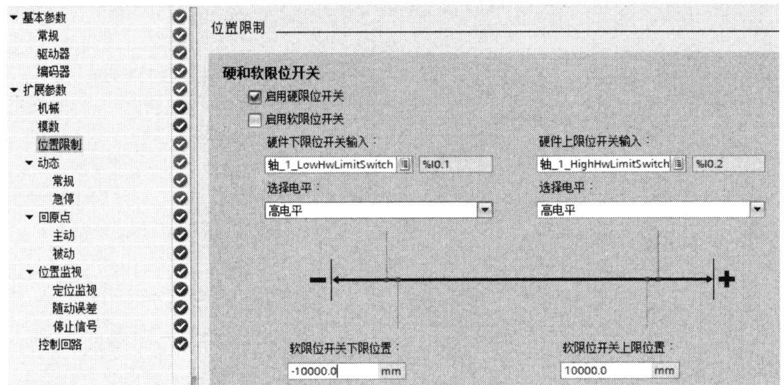

图 5-68　位置限制

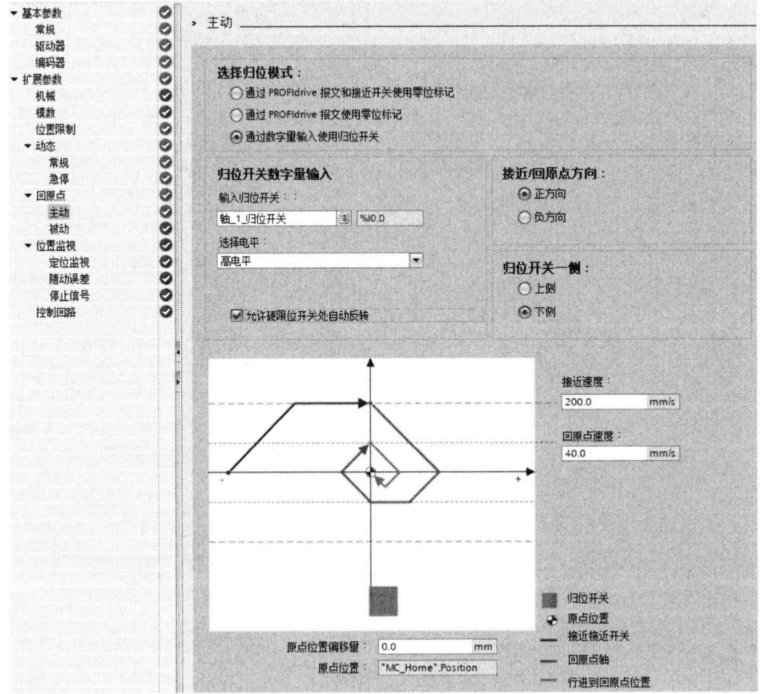

图 5-69　主动归位方式

3. 运动控制工艺对象调试

跟任务 5.1 一样，可以进行如图 5-70 所示的运动控制工艺对象调试。

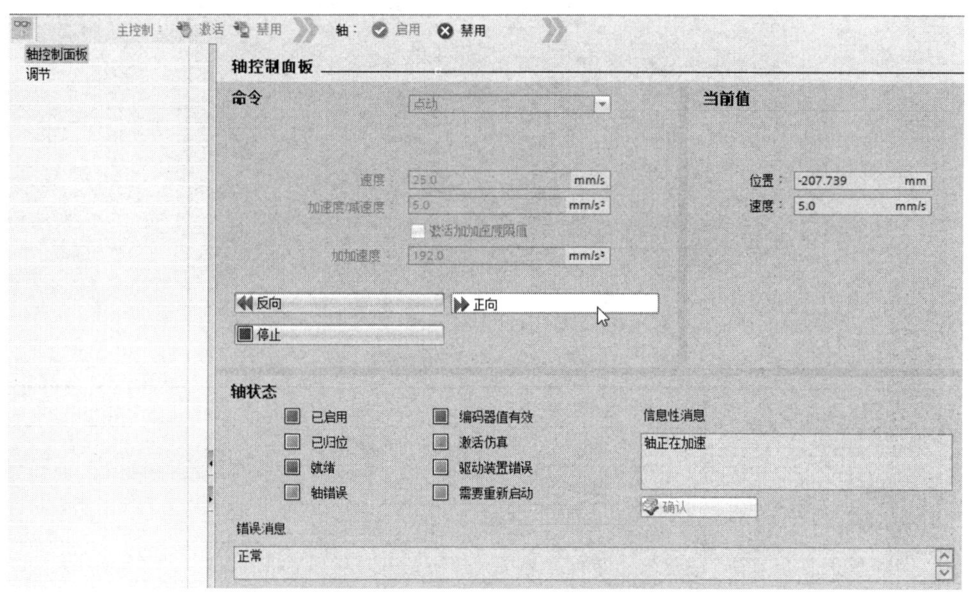

图 5-70　运动控制工艺对象调试

5.2.6　滑台定位控制系统的 PLC 和触摸屏编程

1. 运动控制工艺对象组态和调试后的情况

跟步进电机控制不一样，运动控制工艺对象组态和调试完成后，会主动生成 MC-Interpolator[OB92]和 MC-Servo[OB91]，如图 5-71 所示；同时生成如图 5-72 所示的变量表，包括 I68.0（轴_1_Drive_IN）和 Q68.0（轴_1_Drive_OUT）等。

名称	变量表	数据类型	地址
轴_1_Drive_IN	默认变量表	"PD_TEL3_IN"	%I68.0
轴_1_Drive_OUT	默认变量表	"PD_TEL3_OUT"	%Q68.0
轴_1_LowHwLimitSwitch	默认变量表	Bool	%I0.1
轴_1_HighHwLimitSwitch	默认变量表	Bool	%I0.2
轴_1_归位开关	默认变量表	Bool	%I0.0

图 5-71　程序块结构　　　　图 5-72　变量表

2. 触摸屏画面组态与 PLC 变量表

图 5-73 所示为触摸屏画面组态。表 5-14 所示为 PLC 变量表，包括触摸屏的开关、I/O 域，这里采用开关而不是按钮，是为了简化程序，即该开关手动切换到 ON 后，会根据程序逻辑情况自动回到 OFF。例如，回零开关切换到 ON，当该动作完成后，自动回到 OFF；绝对位移开关切换到 ON，当该动作完成后，自动回到 OFF。

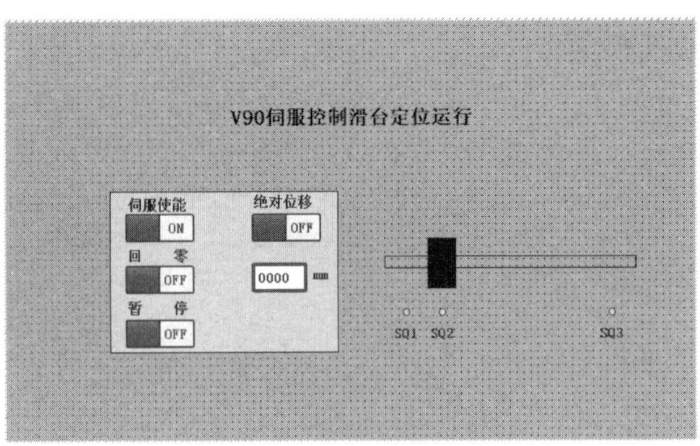

图 5-73　触摸屏画面组态

表 5-14　PLC 变量表

名称	数据类型	地址	备注
HMI 伺服使能	Bool	M10.0	触摸屏的开关
状态变量 1	Bool	M10.1	—
故障变量 1	Bool	M10.2	—
HMI 回零	Bool	M11.0	触摸屏的开关
状态变量 2	Bool	M11.1	—
故障变量 2	Bool	M11.2	—
HMI 绝对位移	Bool	M12.0	触摸屏的开关
状态变量 3	Bool	M12.1	—
故障变量 3	Bool	M12.2	—
上升沿变量	Bool	M12.3	—
HMI 暂停	Bool	M13.0	触摸屏的开关
状态变量 4	Bool	M13.1	—
故障变量 4	Bool	M13.2	—
设定位置值	Real	MD14	—
HMI 位置值	DInt	MD18	触摸屏的 I/O 域

3. PLC 梯形图编程

OB1 梯形图如图 5-74 所示，程序解释如下。

程序段 1：轴使能控制，MC_Power 指令必须在程序里一直调用，并保证在其他运动控制指令的前面调用。其中 StartMode=1，位置控制（默认）；StopMode= 0，紧急停止，按照轴工艺对象参数中的“急停”速度停止轴。

程序段 2：回零程序。使用 MC_Home 指令可将轴坐标与实际物理驱动器位置匹配。轴的绝对定位需要回零。这里采用主动回零（Mode = 3），即自动执行回零步骤，轴的位置值为参数 Position 的值。当 Done 引脚为 ON 时，即完成该指令后，即可复位 HMI 回零信号值。在实际应用中，回零时的方向可以根据组态情况进行更改。

程序段 3：轴绝对位移控制。MC_MoveAbsolute 指令启动轴定位运动，以将轴移动到某个绝对位置。在使能 MC_MoveAbsolute 指令之前，轴必须回零。因此 MC_MoveAbsolute 指令之前必须有 MC_Home 指令。同样，当 Done 引脚为 ON 时，即完成该指令后，即可复位

HMI 绝对位移信号值。

程序段 4：轴暂停控制。使用 MC_Halt 指令执行停止命令。

程序段 5：动画显示位置。当 MC_MoveAbsolute 指令完成后，会将滑台的位置进行水平方向的动画显示。

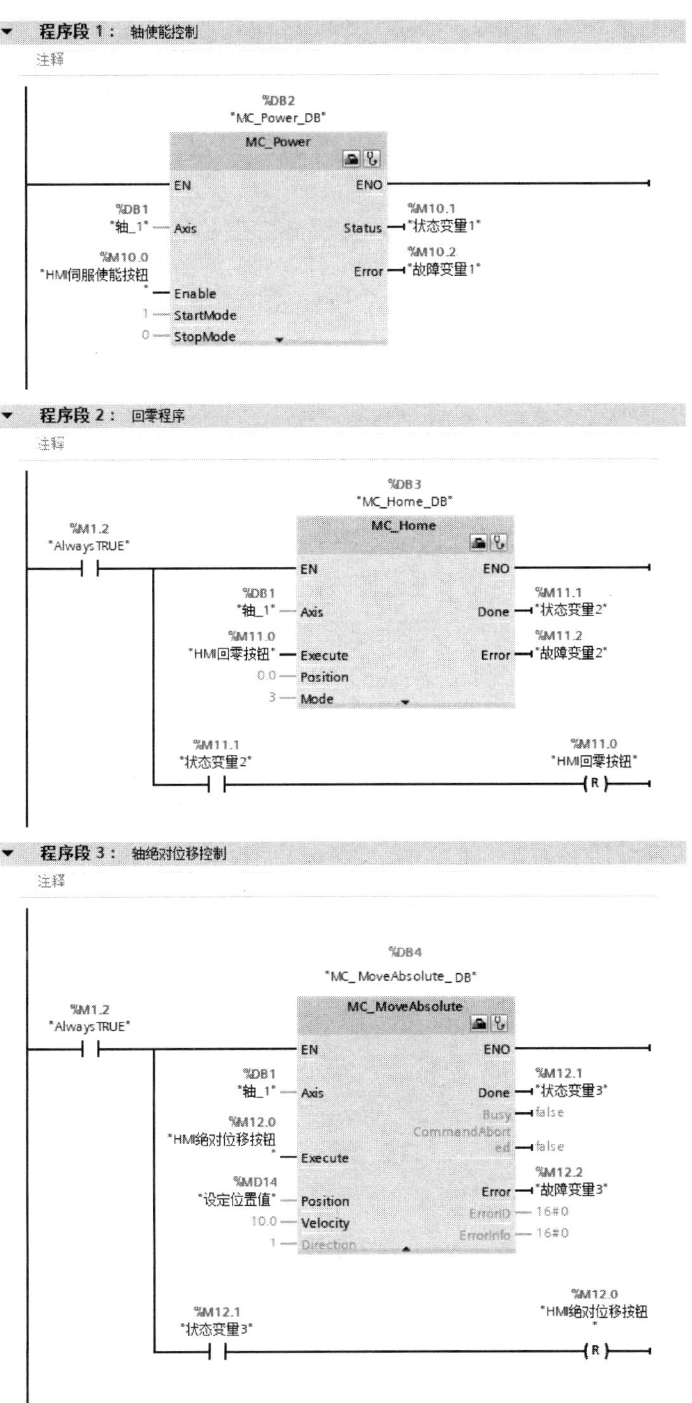

图 5-74　任务 5.2 的 OB1 梯形图

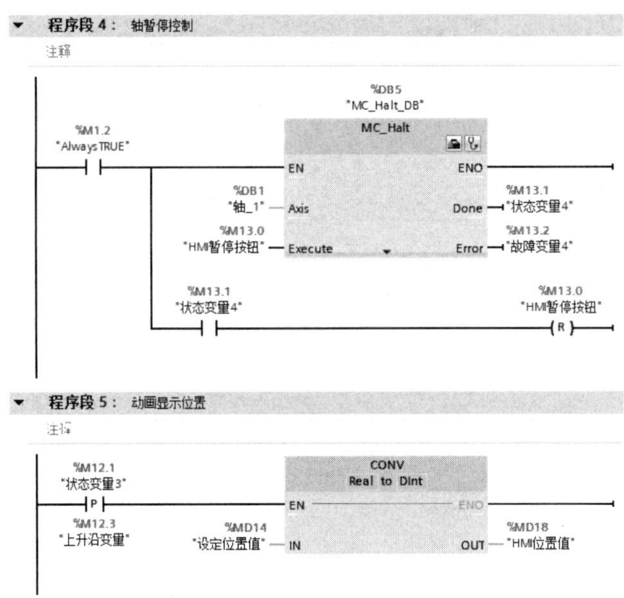

图 5-74　任务 5.2 的 OB1 梯形图（续）

5.2.7　滑台定位控制系统调试总结

1. IO 设备故障

在调试过程中，若 V90 PN 伺服驱动器的 PROFINET 设备名称与实际设置不一样，则会报“IO 设备故障”（见图 5-75）。除了正确填入 PROFINET 设备名称，还可以右击 V90 PN 伺服驱动器，在弹出的快捷菜单中选择“分配设备名称”选项（见图 5-76）。

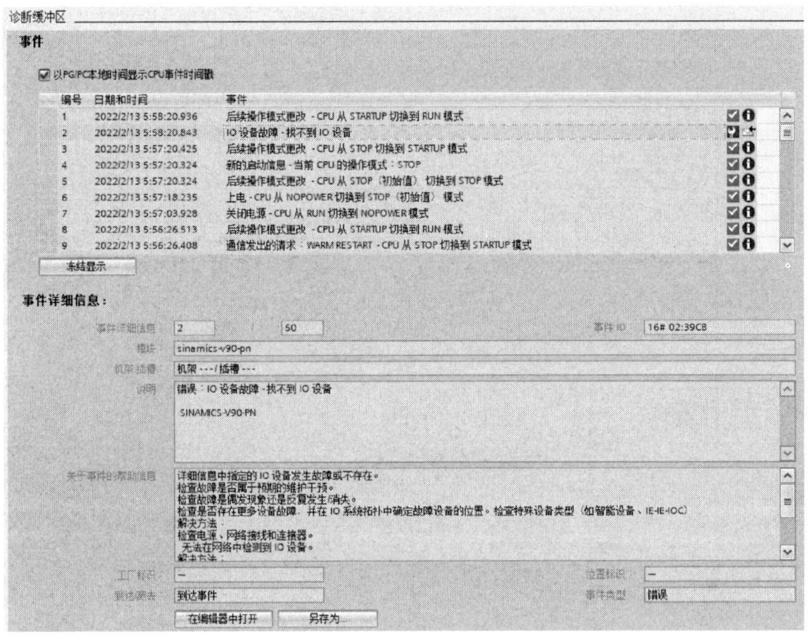

图 5-75　IO 设备故障

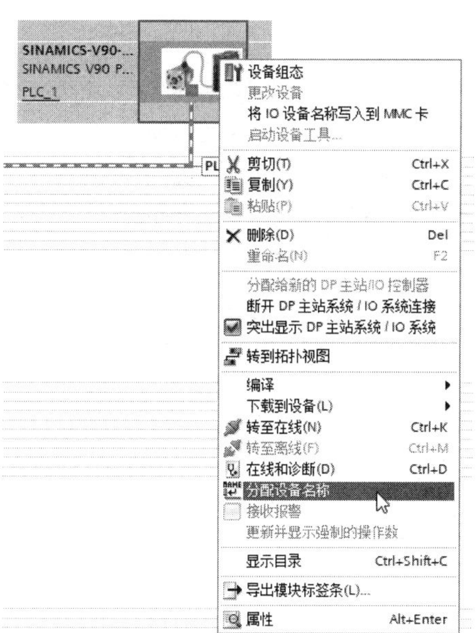

图 5-76　“分配设备名称”选项

2．V90 PN 伺服驱动器 LED 状态指示灯含义

V90 PN 伺服驱动器的操作面板上有 2 个 LED 状态指示灯（RDY 和 COM），可用来显示驱动状态（见图 5-77），2 个 LED 状态指示灯都为三色（绿色/红色/黄色）。具体描述如表 5-15 所示。

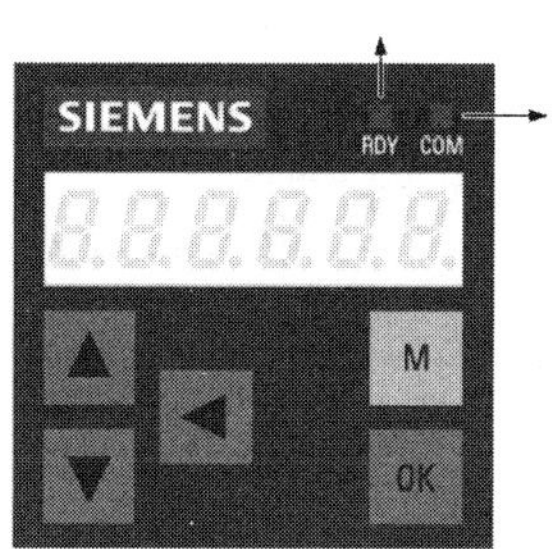

图 5-77　LED 状态指示灯

表 5-15　LED 状态指示灯具体描述

LED 状态指示灯	颜色	状态	描述
RDY	—	灭	控制板无 24V/DC 输入
	绿色	常亮	驱动处于“伺服开启”状态
	红色	常亮	驱动处于“伺服关闭”状态或启动状态
		以 1Hz 频率闪烁	存在报警或故障
	绿色和黄色	以 2Hz 频率交替闪烁	驱动识别
COM	绿色	常亮	PROFINET 通信工作在 IRT 状态
		以 0.5 Hz 频率闪烁	PROFINET 通信工作在 RT 状态
		以 2Hz 频率闪烁	微型 SD 卡/SD 卡正在工作（读取或写入）
	红色	常亮	通信故障（优先考虑 PROFINET 通信故障）

3．实际调试

图 5-78 所示为调试画面。运行前先需要使伺服使能开关为 ON，并进行回零动作；然后设置移动位置为 125mm；最后使绝对位移开关为 ON。

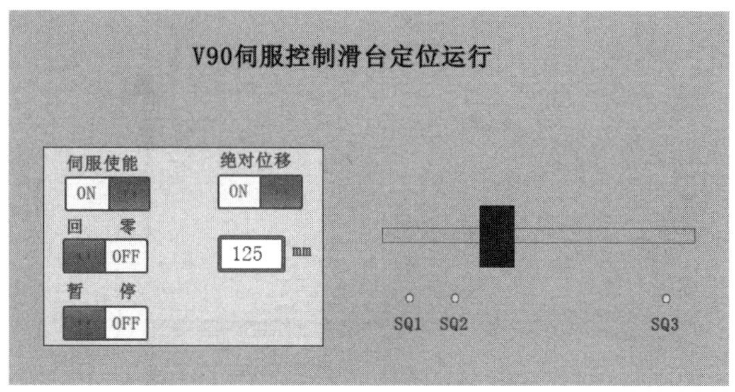

图 5-78　调试画面

任务评价

按要求完成考核任务 5.2，评分标准如表 5-16 所示，具体配分可以根据实际考评情况进行调整。

表 5-16　评分标准

序号	考核项目	考核内容及要求	配分	得分
1	职业道德与课程思政	遵守安全操作规程，设置安全措施； 认真负责，团结合作，对实操任务充满热情； 正确认识我国空间站机械臂的功用	15%	
2	系统方案制定	PLC 控制伺服方案合理	15%	
		PLC 控制伺服电路图正确		
3	编程能力	独立完成 V-ASSISTANT 调试伺服	20%	
		独立完成 PLC 梯形图编程		
4	操作能力	根据电气接线图正确接线，美观且可靠	25%	
		正确输入程序并进行程序调试		
		根据系统功能进行正确操作演示		
5	实践效果	系统工作可靠，满足工作要求	15%	
		按规定的时间完成任务		
6	创新实践	在本任务中有另辟蹊径、独树一帜的实践内容	10%	
合计			100%	

拓展阅读

我国“奋斗者”号万米载人潜水器成功坐底马里亚纳海沟 10909 米的关键技术就是哈尔

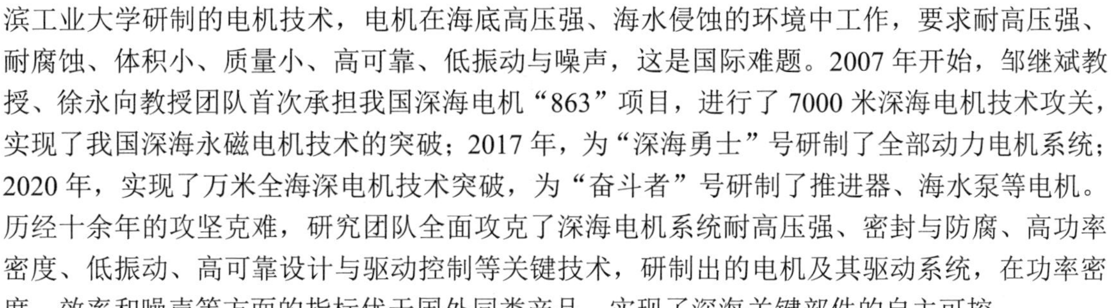

滨工业大学研制的电机技术，电机在海底高压强、海水侵蚀的环境中工作，要求耐高压强、耐腐蚀、体积小、质量小、高可靠、低振动与噪声，这是国际难题。2007 年开始，邹继斌教授、徐永向教授团队首次承担我国深海电机“863”项目，进行了 7000 米深海电机技术攻关，实现了我国深海永磁电机技术的突破；2017 年，为“深海勇士”号研制了全部动力电机系统；2020 年，实现了万米全海深电机技术突破，为“奋斗者”号研制了推进器、海水泵等电机。历经十余年的攻坚克难，研究团队全面攻克了深海电机系统耐高压强、密封与防腐、高功率密度、低振动、高可靠设计与驱动控制等关键技术，研制出的电机及其驱动系统，在功率密度、效率和噪声等方面的指标优于国外同类产品，实现了深海关键部件的自主可控。

思考与练习

习题 5.1　请阐述 PLC 与步进电机构成步进控制系统的工作原理。若 PLC 型号为 S7-1200，则应采用哪种指令来驱动步进电机？

习题 5.2　CPU1215C DC/DC/DC 控制步进电机带动丝杠机构来回运行，如图 5-79 所示。该步进电机为两相电动机，步距角为 1.5°，丝杠螺距为 5mm，现在采用 3 个拨码开关实现 7 个绝对位置定位，分别为 0mm、15mm、20mm、30mm、40mm、50mm、55mm，请正确选择驱动器、配置限位开关，并画出控制系统接线图后进行编程。

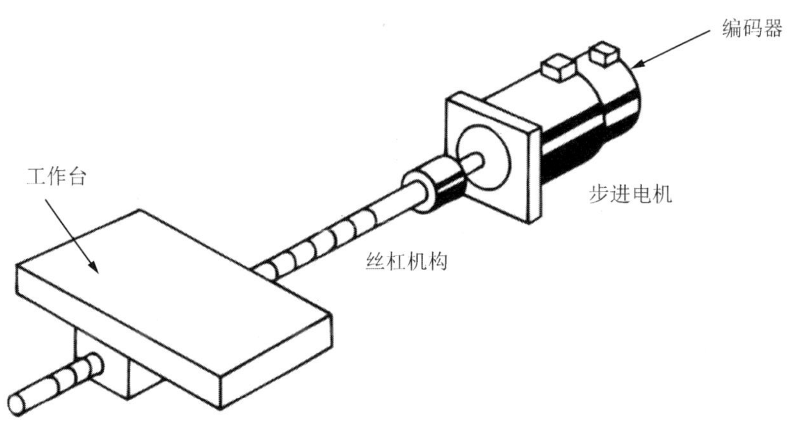

图 5-79　习题 5.2 图

习题 5.3　某双轴步进电机控制工作台（见图 5-80），将固定在该工作台上的待加工件移动至钻头下进行作业，已知需要加工的（1）～（4）位置为正方形的 4 个点，间距为 12000 个脉冲。现采用 S7-1200 PLC 来控制该工艺，请设计电气控制系统并编程。

习题 5.4　某塑料型材定长切割传动采用 S7-1200 与 V90 伺服驱动器组成的控制系统，其位置控制采用丝杠机构，已知该滚珠丝杠螺距为 10mm，机械减速比为 1∶2，定长设置通过按钮设置为 50mm、100mm、200mm 三挡，请画出电气接线图，并编写 PLC 程序。

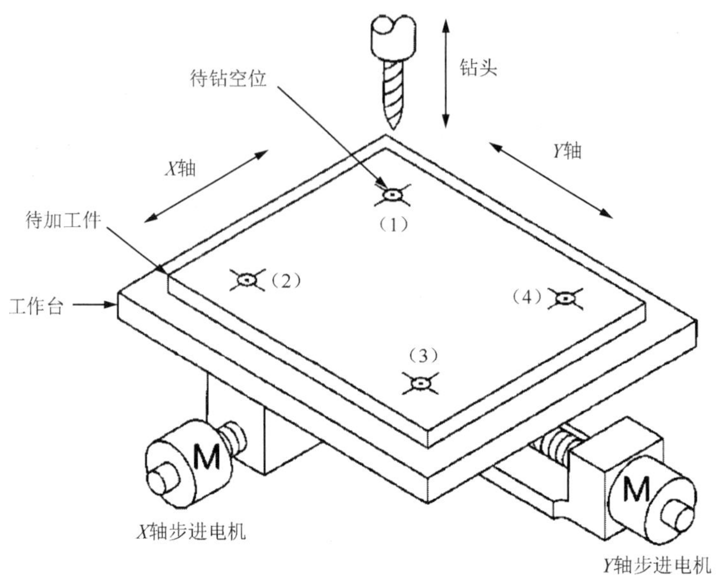

图 5-80　习题 5.2 图

习题 5.5　现用 S7-1200 PLC、V90 伺服驱动器和伺服电机来组成定位控制系统（见图 5-81）。其中 PLC 不外接任何按钮，具体要求如下。

（1）将 PLC、触摸屏和变频器完成 PROFINET 连接，并设置在同一个 IP 频段。

（2）将 PLC 与变频器的通信方式设置为标准报文 3。

（3）在触摸屏上可以设置绝对位置，并进行定位。

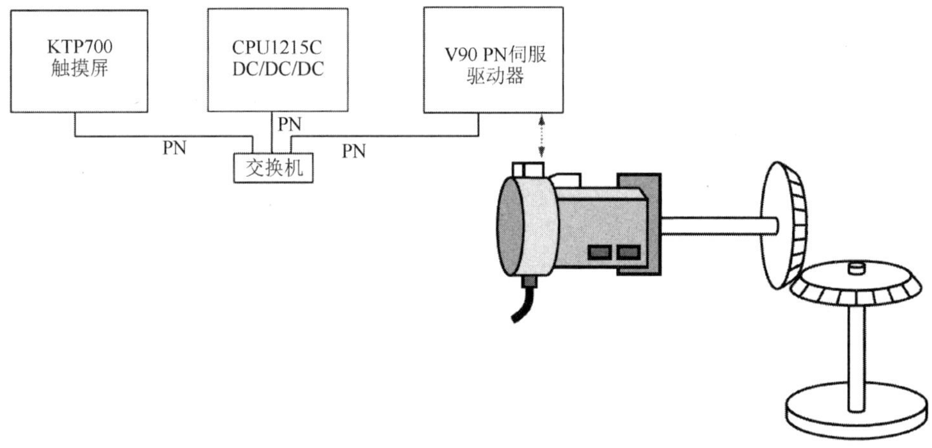

图 5-81　习题 5.5 图

项目6

PLC 控制系统综合应用

项目导读

以 PLC 为中心，加上变频器、触摸屏、步进电机与伺服电机，或者更多的 PLC，就可以组成复杂的 PLC 控制系统。对该类综合应用来说，其设计一般都从工艺过程出发，先分析其控制要求、确定用户的 I/O 元件、选择 PLC 和相应的自动化产品，然后分配 I/O，设计 I/O 连接图；最后就是 PLC 程序设计和触摸屏组态，包括绘制流程图、设计梯形图、编制程序清单、输入程序并检查、调试与修改，同时加上控制台（柜）设计及现场施工。本项目通过电动机变频与工频切换系统、远程提升机控制系统 2 个任务来介绍 PLC 控制系统综合应用。

知识目标：

掌握 PLC 控制系统设计的基本原则及步骤。
掌握 PLC 工程应用中的工频与变频切换原理。
掌握 PLC PROFINET IO 通信常用的理论知识。

能力目标：

能够对生产现场的各类机械设备进行电气控制要求的分析。
能提出 PLC 综合解决方案并进行系统设计与调试。
能够诊断、处理 PLC 各类系统故障并进行触摸屏显示。

素养目标：

弘扬钱学森精神，增强创新图强的精神、技术报国的情怀。
深刻把握“两弹一星”精神新的时代内涵。
弘扬大胆假设、严密求证的科学精神，养成求真务实的品质。

任务 6.1　电动机变频与工频切换系统

一台电动机由 G120 变频器控制运行，当变频器发生故障的时候，可以通过 PLC 自动切换到工频供电，并提示变频器故障时间，这称为变频与工频的切换。当然，除了故障切换，还可以进行手动切换。图 6-1 所示为任务 6.1 控制示意图，根据如下要求进行电气连接并编程。

（1）完成变频器、PLC 和触摸屏的接线。

（2）能在触摸屏上实现手动和自动的切换，其中在手动方式下可以进行工频运行和停止、变频上电和断电、变频运行和停止；在自动方式下可以进行变频故障后自动切换到工频运行。

（3）能在触摸屏上进行状态信息的采集和显示，共保留最近的 5 条信息，包括时间点和信息类型。

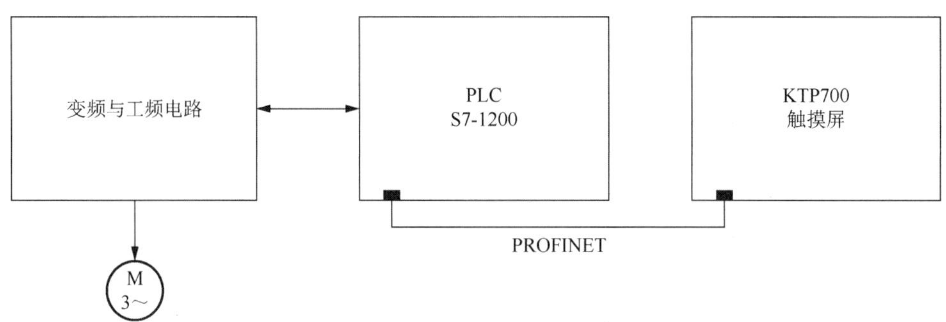

图 6-1　任务 6.1 控制示意图

6.1.1　PLC 控制系统设计的步骤

图 6-2 所示为 PLC 控制系统设计的一般步骤。从工艺过程出发，分析控制要求，确定用户的 I/O 设备，选择 PLC、电气和气动元件（液压），分配 I/O，设计 I/O 连接图。接下来分两路进行，一路是 PLC 程序设计，包括绘制流程图、设计梯形图、编制程序清单、输入程序并检查、调试与修改；另一路是控制台（柜）设计及现场施工，完成现场连接。联机调试并满足用户要求后编制技术文件，直至交付使用。

下面对 PLC 控制系统设计中的关键步骤做如下说明。

1．选择 PLC、电气和气动元件（液压）

PLC 控制系统是由 PLC、用户 I/O 设备、控制对象等连接而成的。需要认真选择用户输入设备（按钮、开关、限位开关和传感器等）和输出设备（继电器、接触器、信号灯、气动

元件、液压元件等执行元件)。要求进行电气元件的选用说明，必要时应设计完成系统的主电路。

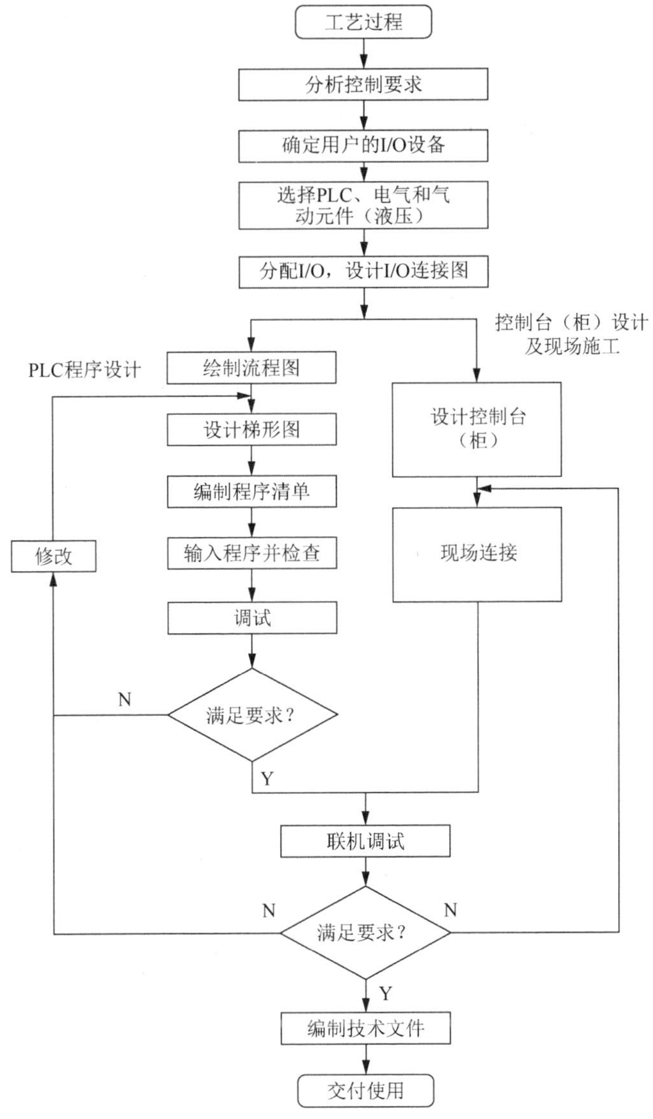

图 6-2 PLC 控制系统设计的一般步骤

根据选用的 I/O 设备的数目和电气特性，选择合适的 PLC。PLC 是控制系统的核心部件，对于保证整个控制系统的技术经济性能指标起着重要作用。选择 PLC 应包括机型、容量、I/O 点数、I/O 模块（类型）、电源模块及特殊功能模块等。

2. 分配 I/O，设计 I/O 连接图

根据选用的 I/O 设备和控制要求，确定 PLC 外部 I/O 分配。

(1) 做 I/O 分配表，对各 I/O 点功能进行说明（I/O 定义）。对输入信号进行常闭或常开说明，对 NPN 或 PNP 传感器要正确区分；对输出信号进行电压等级说明，需要进行中间继电器转换的要特别说明。

（2）绘制 PLC 外部 I/O 接线图，依据 I/O 设备和 I/O 分配关系，绘制 I/O 接线图，接线图中各元件应有代号或编号说明。

（3）必要时列出电气元件明细表，并注明规格、数量等详细信息。

3. 绘制流程图

绘制 PLC 控制系统流程图，完成程序设计过程的分析说明，尤其是步序控制流程图，要列出相关的转移条件和执行条件。

4. 设计梯形图

利用编程软件编写控制系统的梯形图，在满足系统技术要求和工作情况的前提下，应尽量简化程序，按照 IEC61131-3 标准进行编程。同时尽量减少 PLC 的 I/O 点，设计简单、可靠的梯形图。同时注意安全保护，检查自锁和联锁要求、防误操作功能等是否实现。

IEC61131-3 标准推动了 PLC 在软件方面的平台化，进一步发展为工程设计的自动化和智能化，具体体现如下。

（1）编程的标准化，促进了工控编程从语言到工具性平台的开放，同时为工控程序在不同硬件平台间的移植创造了前提条件。

（2）为控制系统创立统一的工程应用软环境打下坚实基础。从应用工程程序设计的管理，到提供逻辑和顺序控制、过程控制、批量控制、运动控制、传动、人机界面等统一的设计平台，甚至调试、投运和投产后的维护等，通通纳入统一的工程平台。

（3）为应用程序提供自动生成工具，并提供仿真功能。

（4）为适应工业 4.0 和智能制造的软件需求，IEC61131-3 标准的第 3 版将纳入面向用户的编程 OOP。

5. 调试

（1）利用在计算机上仿真运行调试 PLC 控制程序。

（2）仅与 PLC 的 I/O 设备联机进行程序调试。调试中对设计的系统工作原理进行分析，审查控制实现的可靠性，检查系统功能，完善控制程序。控制程序必须经过反复调试、修改，直到满意。

6. 编制技术文件

技术文件应有控制要求、系统分析、主电路、流程图、I/O 分配、I/O 接线图、内部元件分配表、系统电气原理图、PLC 程序、程序说明、操作说明、结论等。技术文件要重点突出、图文并茂、文字流畅。

任务实施

6.1.2 I/O 定义和电气接线

根据任务要求，S7-1200 CPU1215C DC/DC/DC、KTP700 触摸屏、G120 变频器 3 个自动化产品构成电动机变频与工频切换系统的硬件。PLC 外接 5 个输入信号，即 3 个接触器触点信号和 2 个故障信号；同时外接 4 个输出信号，即 KM1、KM2、KM3 和 KA。具体 I/O 分配如表 6-1 所示。

表 6-1　任务 6.1 的 I/O 分配

说　明	PLC 软元件	元件符号/名称
输入	I0.0	KM1/接触器触点
	I0.1	KM2/接触器触点
	I0.2	KM3/接触器触点
	I0.3	FR/过热保护
	I0.4	FaFb/变频器故障
输出	Q0.0	KM1/接通电源至变频器
	Q0.1	KM2/电动机接至变频器
	Q0.2	KM3/电源直接接至电动机
	Q0.3	KA/变频器运行

图 6-3 所示为 PLC 电气原理图，包括 I/O 连接、PROFINET 连接。

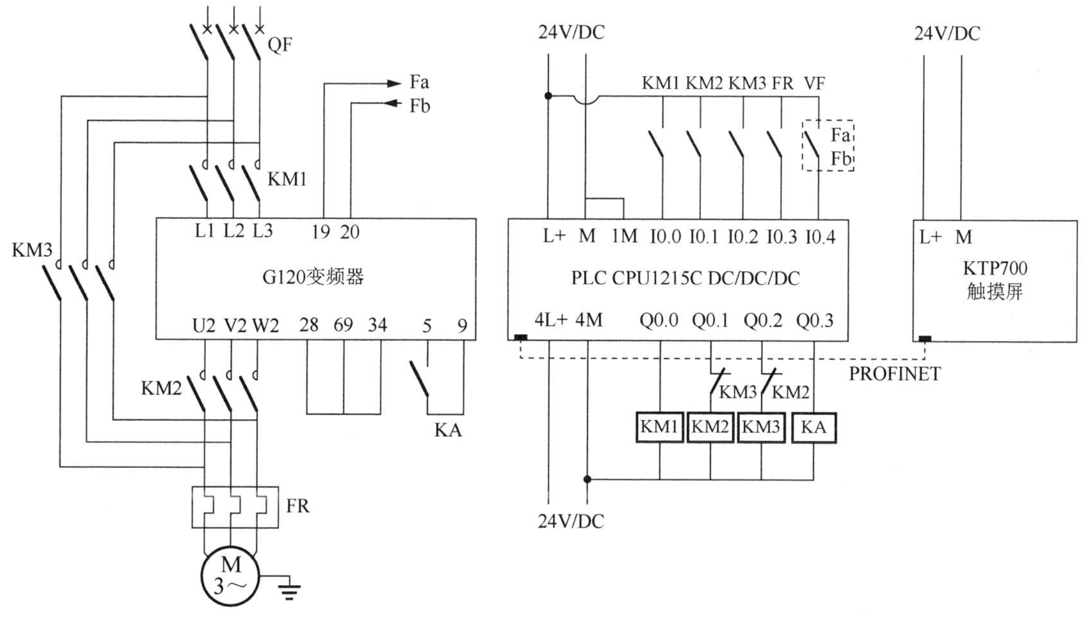

图 6-3　PLC 电气原理图

6.1.3　变频与工频切换的工作原理

1．工频运行

（1）当系统控制处于手动状态时，若此时变频器未上电或未运行，则可以按下工频运行按钮，输出 Q0.2，使得 KM3 闭合；按下工频停止按钮，使得 KM3 断开。

（2）当系统控制处于自动状态时，变频器正常运行，一旦变频器发生故障，即 I0.4 的状

态由 OFF 变为 ON，则系统自动切断 KM2 和 KM1，输出 Q0.2，使得 KM3 闭合。

注意：工频 KM3 和变频 KM2 接触器必须机械互锁和电气互锁。若电动机过载，则热继电器触点 FR 闭合，此时故障信息再次显示。

2. 变频上电

在手动状态下，当 KM3 未闭合时，可以进行变频上电，即输出 Q0.0，使得 KM1 闭合，同时 KM2 闭合。

3. 变频运行

（1）在手动状态下，可以在变频上电后进行变频运行。

（2）从手动状态切换到自动状态时，在满足条件的情况下，应先变频上电，KA 延时 5s 闭合，这是因为变频器上电有缓冲时间。

4. 变频器跳闸

若变频器因故障而跳闸，则输入 I0.4 动作，复位相应接触器和变频启动信号，延时 3s 后进行工频运行。

5. 自动状态切换到手动状态

自动状态切换到手动状态分两种情况：第一种是自动变频运行，先停机，再延时 10s 断开 KM1 和 KM2 接触器；第二种是自动切换故障，直接断开 KM3 接触器。

6.1.4 变频与工频切换系统的触摸屏画面组态

图 6-4 所示为触摸屏主画面。图 6-5 所示为系统使用说明。

图 6-4　触摸屏主画面

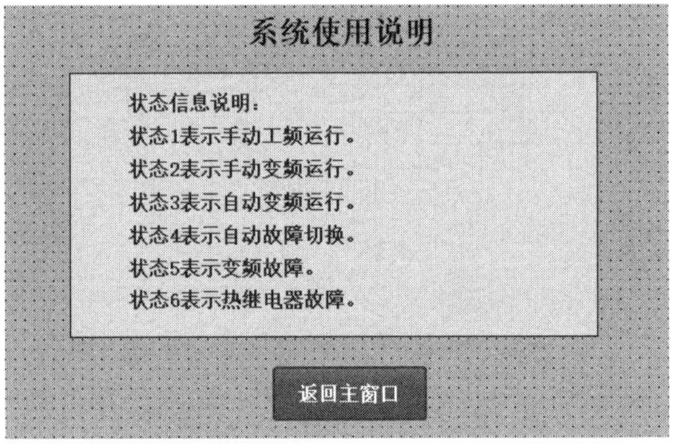

图 6-5　系统使用说明

6.1.5 变频与工频切换系统的 PLC 编程

1. 中间变量与数据块定义

中间变量定义如图 6-6 所示，其中 M10.0～M10.7、M13.4 为触摸屏按钮；M11.1～M11.6

对应状态 1～6；M12.1～M12.6 是状态 1～6 的上升沿触发信号；MW14 和 MW16 是 DTL 时间指令相关变量；其余变量为过程变量。

名称	变量表	数据类型	地址
手动/自动切换开关	默认变量表	Bool	%M10.0
手动工频运行按钮	默认变量表	Bool	%M10.1
手动工频停止按钮	默认变量表	Bool	%M10.2
手动变频上电按钮	默认变量表	Bool	%M10.3
手动变频断电按钮	默认变量表	Bool	%M10.4
手动变频运行按钮	默认变量表	Bool	%M10.5
手动变频停止按钮	默认变量表	Bool	%M10.6
写入时间按钮	默认变量表	Bool	%M10.7
手动工频运行状态	默认变量表	Bool	%M11.1
手动变频运行状态	默认变量表	Bool	%M11.2
自动变频运行状态	默认变量表	Bool	%M11.3
自动故障切换状态	默认变量表	Bool	%M11.4
变频故障状态	默认变量表	Bool	%M11.5
热继故障状态	默认变量表	Bool	%M11.6
状态信息改变1	默认变量表	Bool	%M12.1
状态信息改变2	默认变量表	Bool	%M12.2
状态信息改变3	默认变量表	Bool	%M12.3
状态信息改变4	默认变量表	Bool	%M12.4
状态信息改变5	默认变量表	Bool	%M12.5
状态信息改变6	默认变量表	Bool	%M12.6
上升沿变量1	默认变量表	Bool	%M13.0
上升沿变量2	默认变量表	Bool	%M13.1
变频器故障改变	默认变量表	Bool	%M13.2
清零上升沿	默认变量表	Bool	%M13.3
信息清零按钮	默认变量表	Bool	%M13.4
下降沿变量1	默认变量表	Bool	%M13.5
初始化时间返回值	默认变量表	Int	%MW14
读取时间返回值	默认变量表	Int	%MW16

图 6-6　中间变量定义

图 6-7 所示为状态信息数据块，共有 2 个变量，其中变量 List 为 Array[1..5] of DTL、变量 Mode 为 Array[1..5] of Int，分别用来显示状态信息发生时的时间和状态信息值。其中 DTL 格式如表 6-2 所示。

名称	数据类型	起始值
▼ Static		
▼ List	Array[1..5] of DTL	
▶ List[1]	DTL	DTL#1970-01-01-00:00:00
▶ List[2]	DTL	DTL#1970-01-01-00:00:00
▶ List[3]	DTL	DTL#1970-01-01-00:00:00
▶ List[4]	DTL	DTL#1970-01-01-00:00:00
▶ List[5]	DTL	DTL#1970-01-01-00:00:00
▼ Mode	Array[1..5] of Int	
Mode[1]	Int	0
Mode[2]	Int	0
Mode[3]	Int	0
Mode[4]	Int	0
Mode[5]	Int	0

图 6-7　状态信息数据块

表 6-2　DTL 格式

字节	名称	数据类型	范围
0	年/Year	UInt	1970～2262
1			
2	月/Month	USInt	1～12
3	日/Day	USInt	1～31
4	星期/Week	USInt	1～7（Sunday～Saturday）
5	小时/Hour	USInt	0～23
6	分钟/Minute	USInt	0～59
7	秒/Second	USInt	0～59
8	纳秒/Nanosecond	UDInt	0～999999999
9			
10			
11			

2. FB1 故障记录梯形图编程

FB1 故障记录的 I/O 定义：Input 变量 State 数据类型为 Int，该值为 1～6，即表示状态 1～6；Output 变量 TimeState 数据类型为 Int，即读取时间指令返回值，其梯形图如图 6-8 所示。其中程序段 1～4 采用 FIFO 原则，将前面一个信息相继向后移动一个位置，如"数据块_1".List[5]的值变更为"数据块_1".List[4]的值、"数据块_1".Mode[5]的值变更为"数据块_1". Mode[4]的值。程序段 5 是将当前时间和 State 值写入最前面的信息，读取时间值的指令为 RD_LOC_T（读取本地时间）。

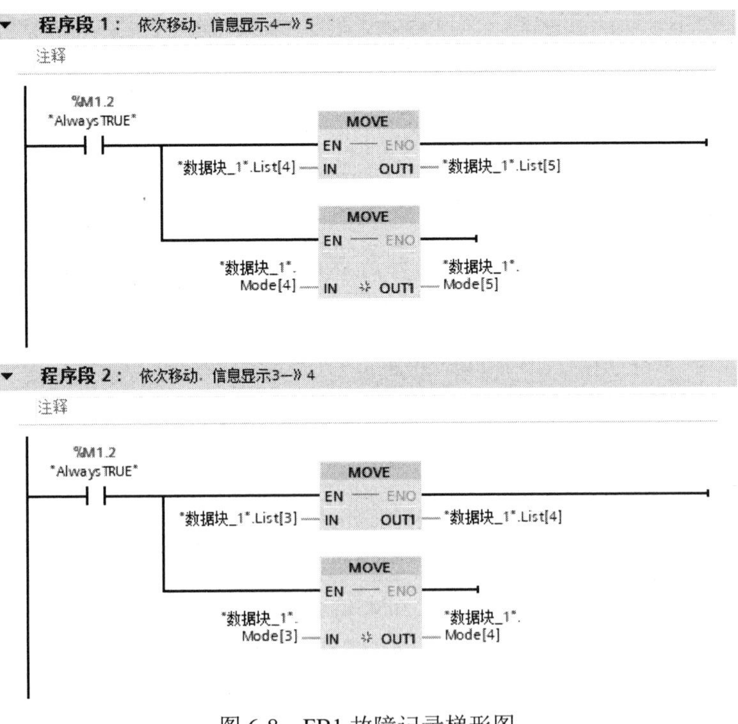

图 6-8　FB1 故障记录梯形图

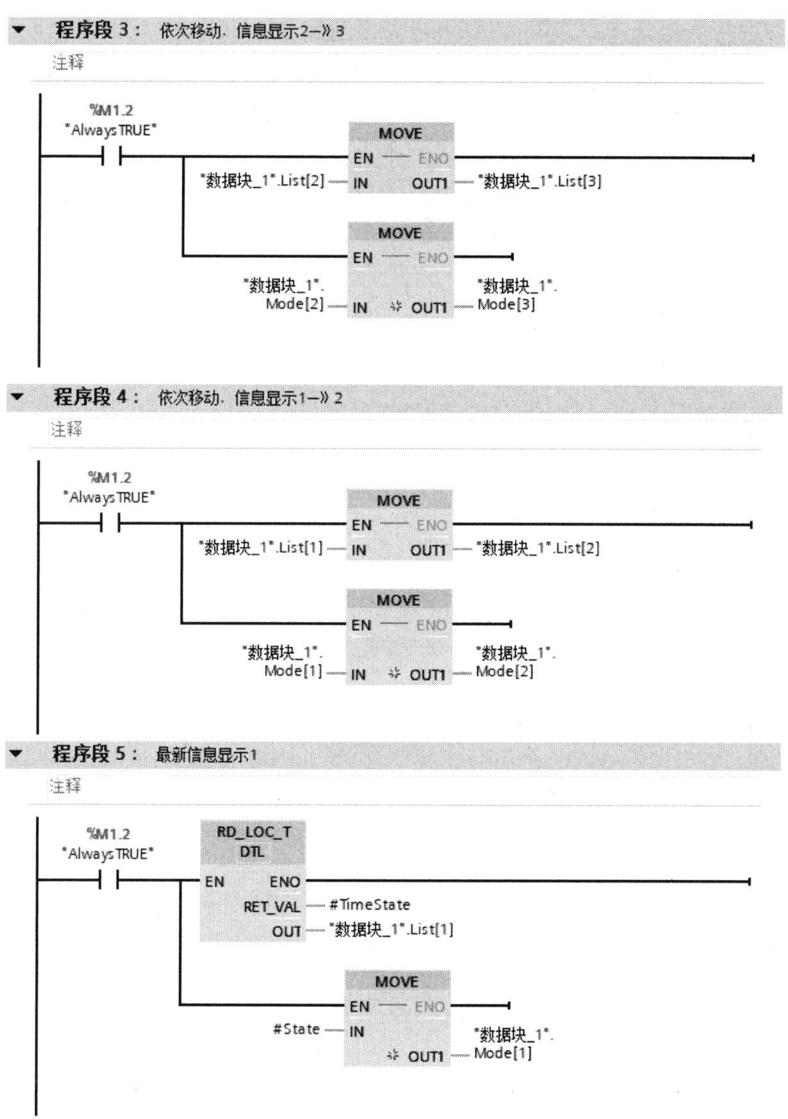

图 6-8　FB1 故障记录梯形图（续）

3．FB2 故障信息清零梯形图编程

FB2 故障信息清零无 I/O 参数定义，其梯形图如图 6-9 所示，其中程序段 1 将默认的时间覆盖到"数据块_1".List[1]～"数据块_1".List[5]中，同时将"数据块_1".List[1]～"数据块_1".List[5]填充为 0。

4．OB1 梯形图编程

图 6-10 所示为主程序 OB1 梯形图，程序解释如下。

程序段 1：初始化时间，即调用 WR_LOC_T 指令（写入本地时间）。

程序段 2：手动状态下，进行工频运行与停止、变频上电与断电、变频运行与停止。

程序段 3：自动状态下，进行变频运行。

程序段 4：进行变频运行，其中 KA 闭合需要延时 5s。

程序段 5：当变频故障时，自动变频运行停止，进入自动故障切换。

程序段 6：自动故障切换，复位相应接触器和变频启动信号，延时 3s 后进行工频运行。

程序段 7：自动状态切换到手动状态分 2 种情况。第一种是自动变频运行，先停机，再延时 10s 断开接触器 KM1 和 KM2；第二种是自动切换故障，直接断开接触器 KM3。

程序段 8：任何情况下，KM1 和 KM2 同步。

程序段 9：状态信息汇集。

程序段 10～15：调用 FB 记录状态 1～6。

程序段 16：故障信息清零。

程序段 1： 依次移动，信息显示4—》5
注释
%M1.2
"AlwaysTRUE"
MOVE
EN ENO
DTL#1970-01-01-00:00:00 IN OUT1 "数据块_1".List[1]
MOVE
EN ENO
"数据块_1".List[1] IN OUT1 "数据块_1".List[2]
MOVE
EN ENO
"数据块_1".List[1] IN OUT1 "数据块_1".List[3]
MOVE
EN ENO
"数据块_1".List[1] IN OUT1 "数据块_1".List[4]
MOVE
EN ENO
"数据块_1".List[1] IN OUT1 "数据块_1".List[5]

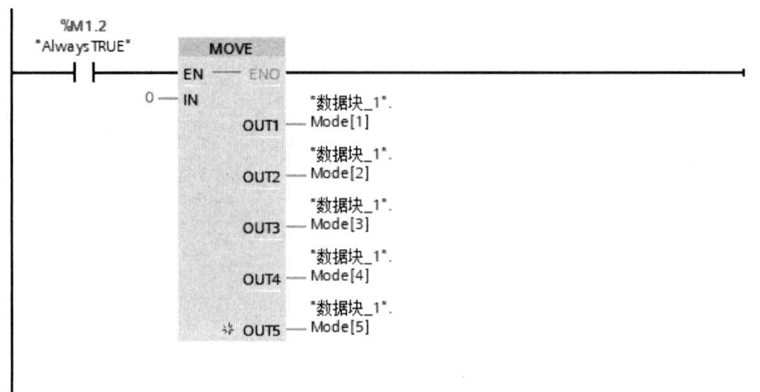

图 6-9 FB2 故障信息清零梯形图

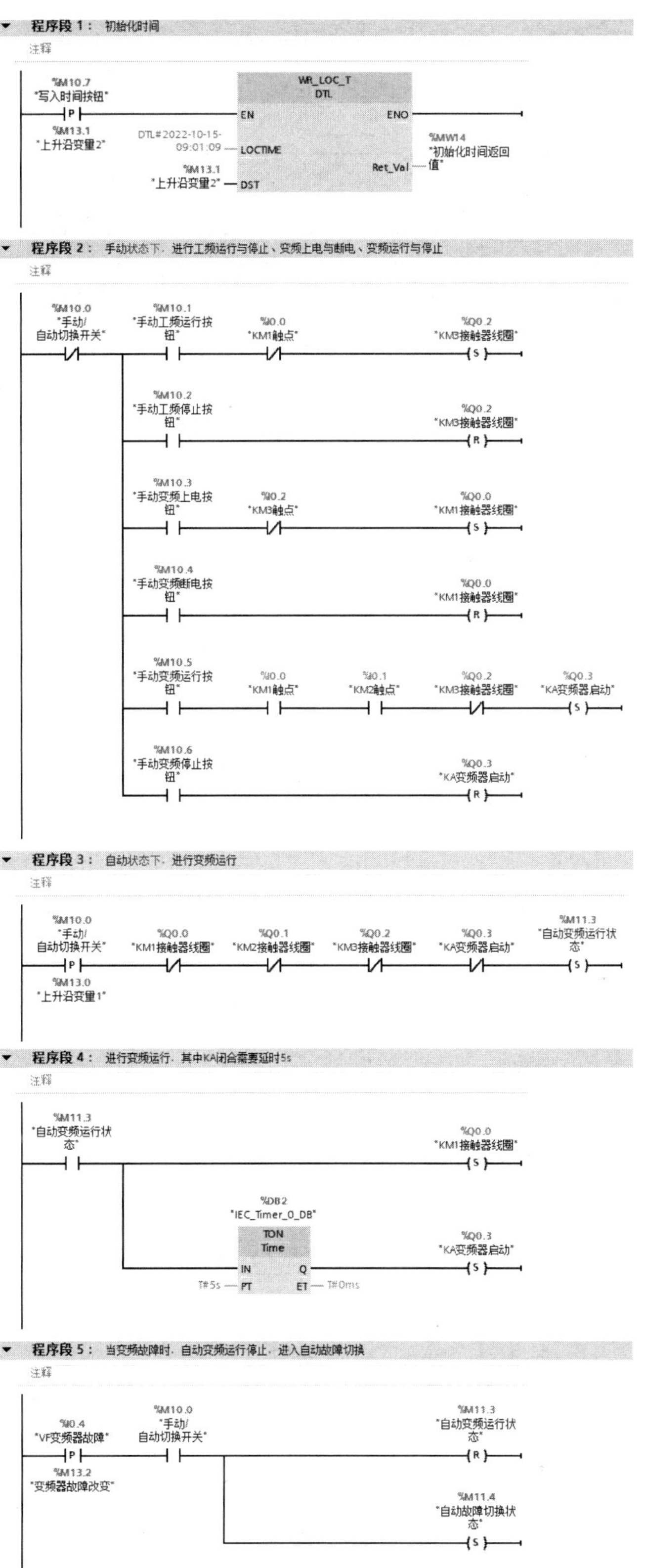

图 6-10　任务 6.1 的主程序 OB1 梯形图

▼ **程序段 6：** 自动故障切换，复位相应接触器和变频启动信号，延时3s后进行工频运行

注释

%M11.4
"自动故障切换状态"

%Q0.0
"KM1接触器线圈"
R

%Q0.1
"KM2接触器线圈"
R

%Q0.3
"KA变频器启动"
R

%DB3
"IEC_Timer_0_DB_1"

TON
Time

IN Q

T#3s — PT ET — T#0ms

%Q0.2
"KM3接触器线圈"
S

▼ **程序段 7：** 自动状态切换到手动状态分2种情况

1.自动变频运行，先停机，再延时10s断开接触器KM1和KM2；2.自动切换故障，直接断开接触器KM3

%M10.0
"手动/自动切换开关"
N
%M13.5
"下降沿变量1"

%M11.3
"自动变频运行状态"

%Q0.3
"KA变频器启动"
R

%DB4
"IEC_Timer_0_DB_2"

TON
Time

IN Q

T#10s — PT ET — T#0ms

%Q0.0
"KM1接触器线圈"
R

%M11.4
"自动故障切换状态"

%Q0.2
"KM3接触器线圈"
R

%M11.4
"自动故障切换状态"
R

▼ **程序段 8：** 任何情况下，KM1和KM2同步

注释

%Q0.0
"KM1接触器线圈"

%Q0.1
"KM2接触器线圈"
( )

▼ **程序段 9：** 状态信息汇集

注释

%M1.2
"AlwaysTRUE"

%M10.0
"手动/自动切换开关"

%Q0.2
"KM3接触器线圈"

%M11.1
"手动工频运行状态"
( )

%Q0.3
"KA变频器启动"

%M11.2
"手动变频运行状态"
( )

%I0.4
"VF变频器故障"

%M11.5
"变频故障状态"
( )

%I0.3
"FR跳闸信号"

%M11.6
"热继故障状态"
( )

图 6-10　任务 6.1 的主程序 OB1 梯形图（续）

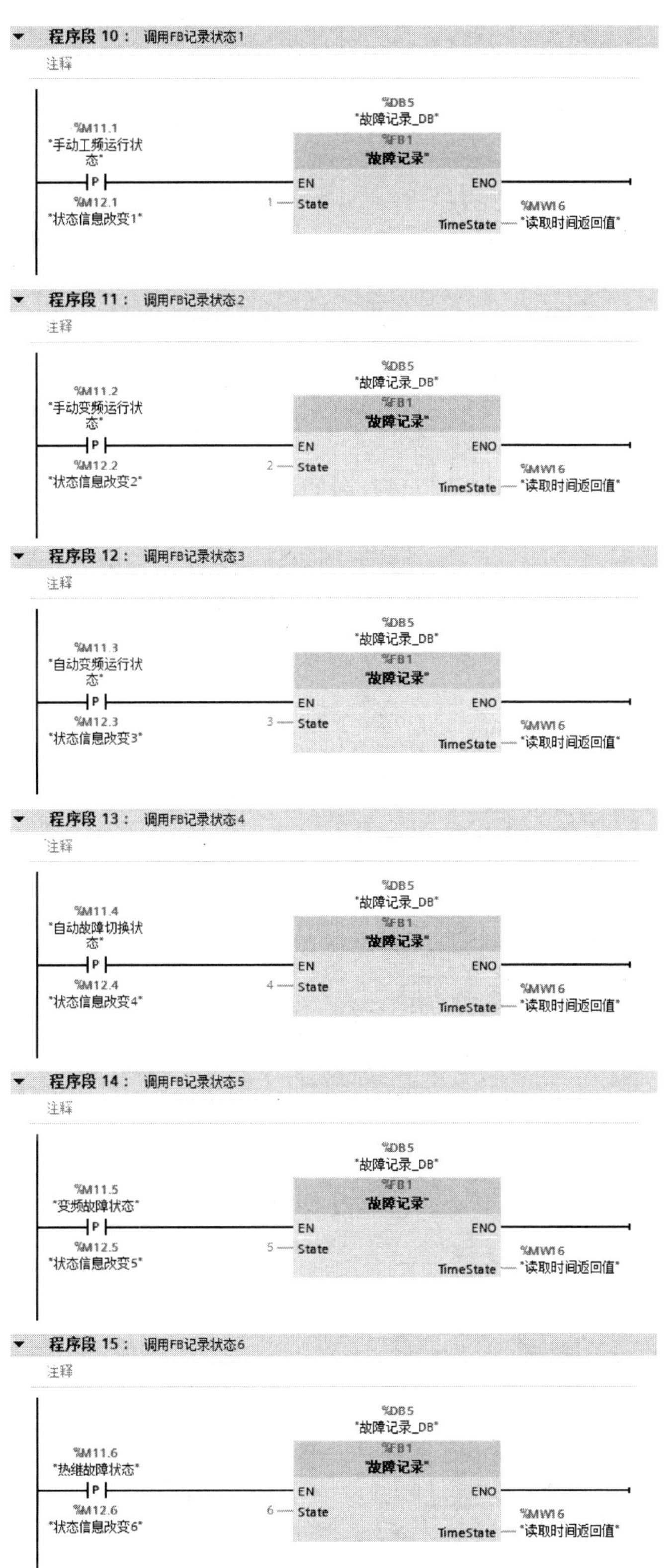

图 6-10　任务 6.1 的主程序 OB1 梯形图（续）

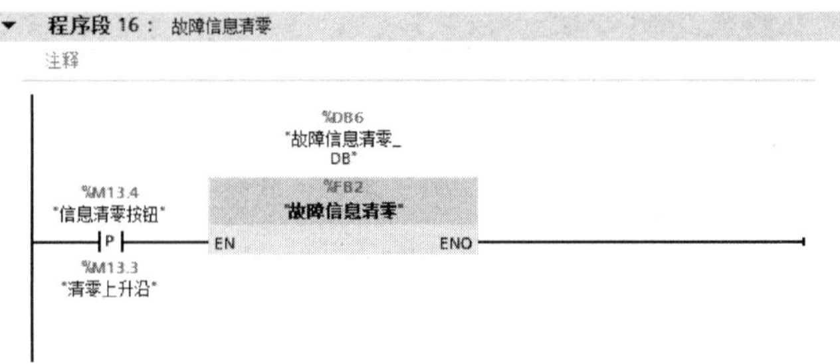

图 6-10　任务 6.1 的主程序 OB1 梯形图（续）

6.1.6　变频与工频切换系统的调试运行

图 6-11（a）所示为初始状态，可以进行时间设置。在手动状态下，可以进行变频上电和变频运行，结果如图 6-11（b）所示，即状态 2 发生；也可以进行工频运行，结果如图 6-11（c）所示；切换到自动状态后，进行自动变频运行，结果如图 6-11（d）所示，触摸屏上的手动按钮自动消失；当发生变频器故障时，进行自动故障切换，结果如图 6-11（e）所示，此时有 2 个同时发生的状态信息，即状态 4 和状态 5。

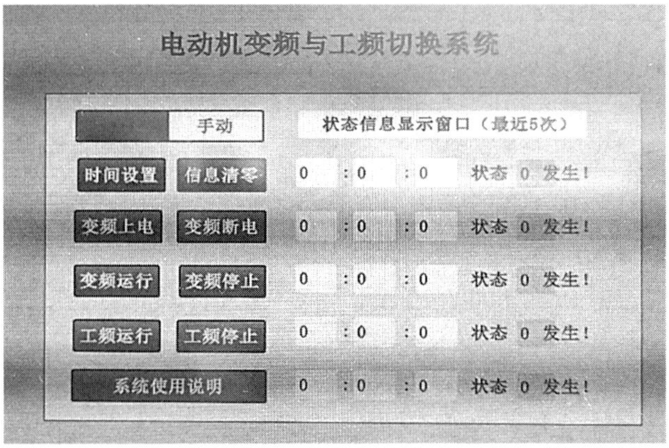

（a）初始状态

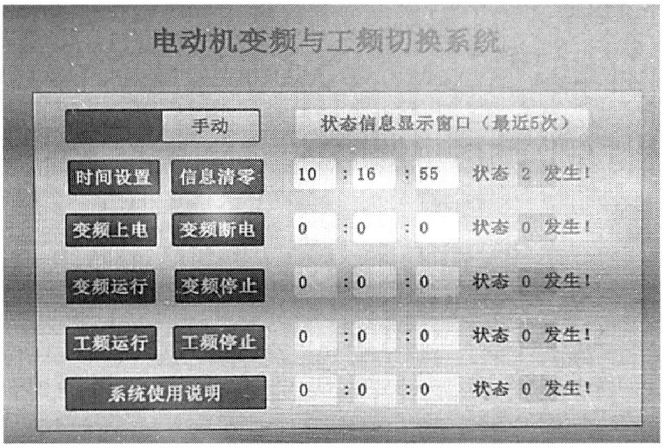

（b）变频运行结果

图 6-11　触摸屏调试画面

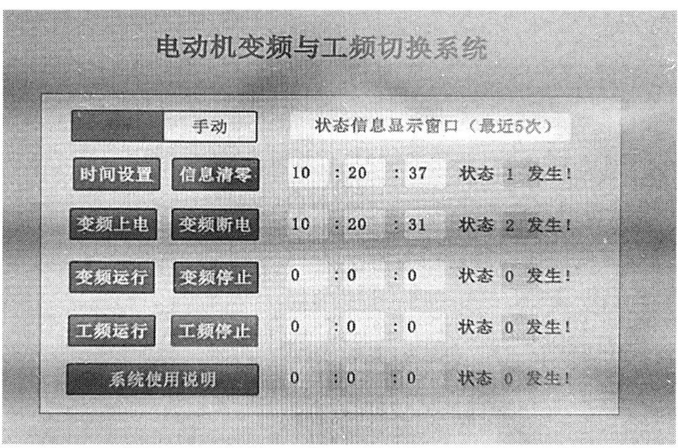

（c）工频运行结果

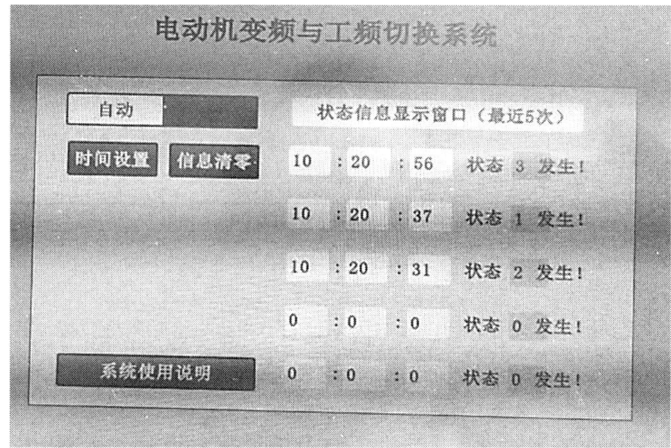

（d）自动变频运行结果

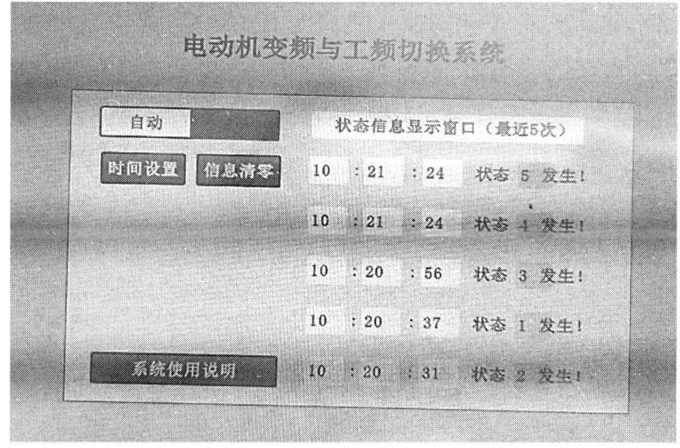

（e）自动故障切换结果

图 6-11　触摸屏调试画面（续）

任务评价

按要求完成考核任务 6.1，评分标准如表 6-3 所示，具体配分可以根据实际考评情况进行调整。

表 6-3　评分标准

序号	考核项目	考核内容及要求	配分	得分
1	职业道德与课程思政	遵守安全操作规程，设置安全措施； 认真负责，团结合作，对实操任务充满热情； 正确理解钱学森工程控制论的巨大影响力	15%	
2	系统方案制定	PLC 控制方案合理	15%	
		变频与工频切换控制电路图正确		
3	编程能力	独立完成 PLC 主程序、FB 程序编程	20%	
		独立完成触摸屏组态		
4	操作能力	根据电气接线图正确接线，美观且可靠	25%	
		正确输入程序并进行程序调试		
		根据系统功能进行正确操作演示		
5	实践效果	系统工作可靠，满足工作要求	15%	
		PLC 变量、FB 参数命名规范		
		按规定的时间完成任务		
6	创新实践	在本任务中有另辟蹊径、独树一帜的实践内容	10%	
合计			100%	

任务 6.2　远程提升机控制系统

任务描述

图 6-12（a）所示为本任务的控制示意图。步进电机由 S7-1200 PLC 和步进驱动器控制。当物品放置在 *A* 处时，由步进电机带动的提升机开始启动，待提升至 *B* 处时，提升机停止运行。所有控制都可以通过相距几百米远的 PLC1 和触摸屏进行。根据如下要求进行电气接线并编程。

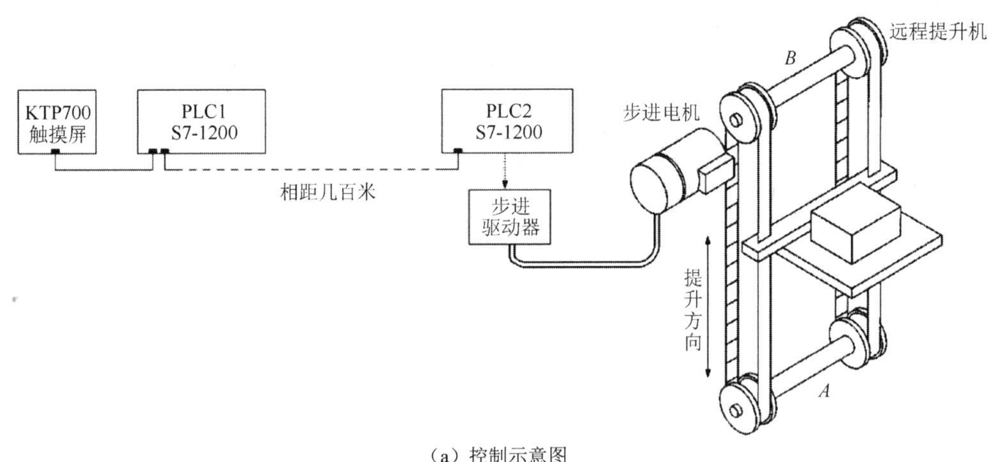

（a）控制示意图

图 6-12　任务 6.2 的控制示意图

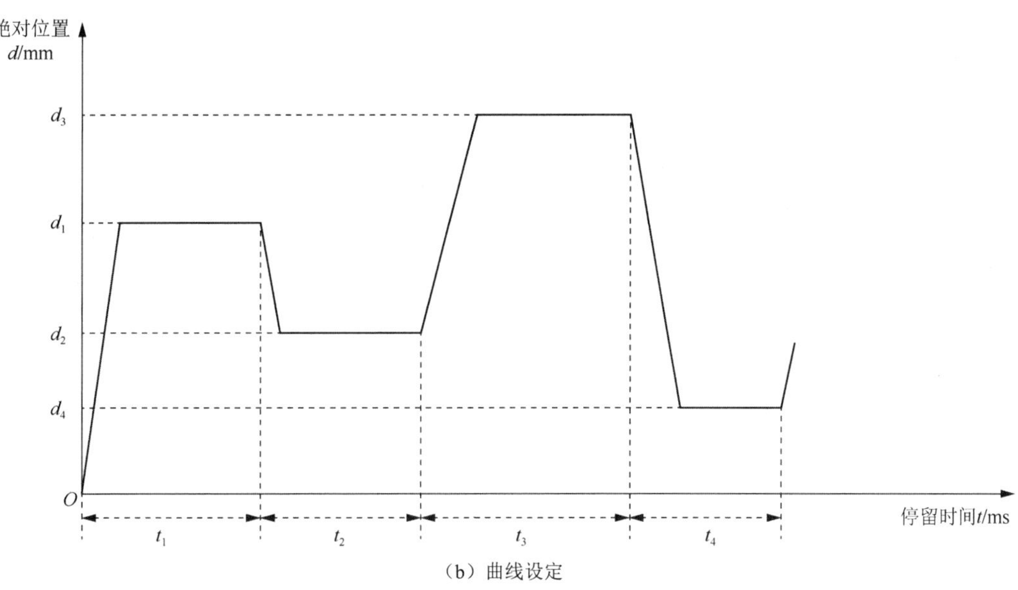

（b）曲线设定

图 6-12　任务 6.2 的控制示意图（续）

（1）实现 2 台 PLC 和触摸屏的 PROFINET 通信设置。

（2）实现远程提升机的触摸屏手动控制。

（3）能在触摸屏上自动实现 8 段曲线设定［见图 6-12（b）］，如包含绝对位置 d_1 和停留时间 t_1 等。

知识探究

6.2.1　PLC 工业通信

1．PLC 通信概述

在工业现场中，通信主要发生在 PLC 与 PLC、触摸屏、变频器、伺服电机、计算机等之间，PLC 站点之间往往需要传递一些联锁信号，同时 HMI 系统需要通过网络控制 PLC 站点的运行并采集过程信号归档，这些都需要通过 PLC 的通信功能实现。

PLC 工业通信，可以更有效地发挥每个独立 PLC 站点、触摸屏、计算机等的优势，填补应用上的不足，扩大整个控制系统的处理能力。没有 PLC 工业通信，就不可能完成诸如控制机器和整个生产线，监视最新运输系统或管理配电等复杂任务。没有强大的通信解决方案，企业的数字化转型也是不可能的。由此可见 PLC 工业通信的重要性。

2．SIMATIC NET 结构

西门子工业通信网络统称 SIMATIC NET，它能提供各种开放的、适用于不同通信要求及安装环境的通信系统。图 6-13 所示为 4 种不同的 SIMATIC NET，从上到下分别为 Industrial Ethernet（工业以太网）、PROFIBUS、InstabusEIB 和 AS-Interface，对应的通信数据量由大到小，实时性由弱到强。

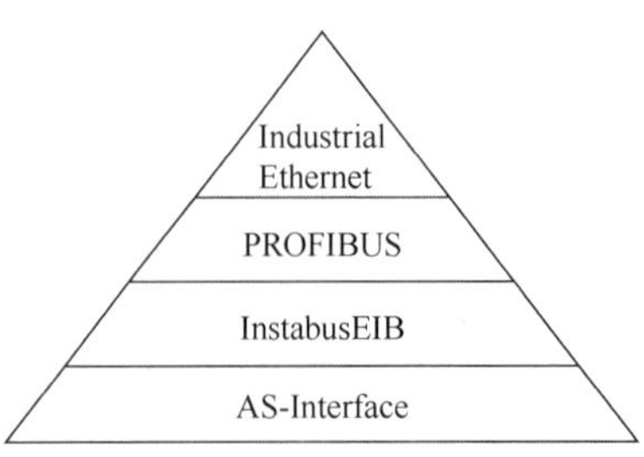

图 6-13　4 种不同的 SIMATIC NET

（1）Industrial Ethernet。Industrial Ethernet 是依据 IEEE 802.3 标准建立的单元级和管理级控制网络，传输数据量大，数据终端传输速率为 100 Mbit/s。通过西门子 SCALANCE X 系列交换机，主干网络传输速率可达到 1000 Mbit/s。典型的协议为 PROFINET。

（2）PROFIBUS。PROFIBUS 作为国际现场总线标准 IEC61158 的组成部分（TYPEⅢ）和国家机械制造业标准 JB/T10308.3-2001，具有标准化的设计和开放的结构，以令牌方式进行主主或主从通信，用于传输中等数据量。

（3）InstabusEIB。InstabusEIB 应用于楼宇自动化，可以采集亮度进行百叶窗控制、温度测量及门控等操作。通过 DP/EIB 网关，可以将数据传输到 PLC 或 HMI 中。

（4）AS-Interface（Actuator-Sensor Interface，AS-I）。AS-I 通过 AS-I 总线电缆连接底层的执行器及传感器，将信号传输至控制器。AS-I 通信数据量小，适合位信号的传输。

需要注意的是，目前 Industrial Ethernet 已经深入到底层，包括小数据量的位控制。以 S7-1200 PLC 为例，标准集成了 PROFINET 接口用于实现通信网络的一网到底，即从上到下都可以使用同一种网络，便于网络的安装、调试和维护。

3．PROFINET IO

PROFINET IO 是 PROFINET 通信的一种协议，主要用于模块化、分布式的控制，通过以太网直接连接现场设备（IO Devices），如图 6-14 所示。

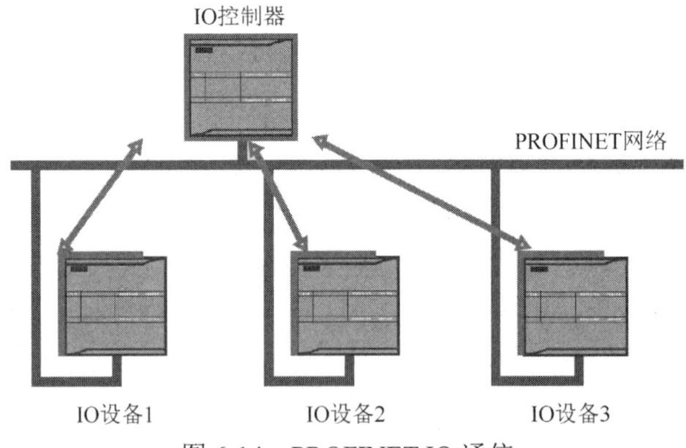

图 6-14　PROFINET IO 通信

PROFINET IO 通信为全双工点到点方式。一个 IO 控制器最多可以和 512 个 IO 设备进行点到点通信，按设定的更新时间，双方对等发送数据。一个 IO 设备的被控对象只能被一个 IO 控制器控制。在共享 IO 设备模式下，一个 IO 站点上不同的 IO 模块、甚至同一 IO 模块中的通道最多可以被 4 个 IO 控制器共享，但是输出模块只能被一个 IO 控制器控制，其他 IO 控制

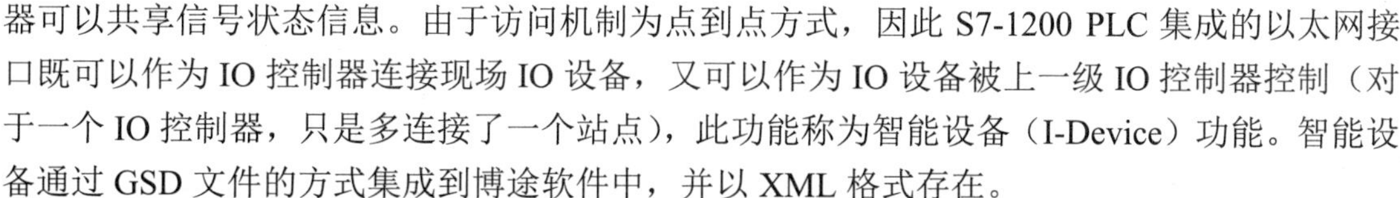

器可以共享信号状态信息。由于访问机制为点到点方式，因此 S7-1200 PLC 集成的以太网接口既可以作为 IO 控制器连接现场 IO 设备，又可以作为 IO 设备被上一级 IO 控制器控制（对于一个 IO 控制器，只是多连接了一个站点），此功能称为智能设备（I-Device）功能。智能设备通过 GSD 文件的方式集成到博途软件中，并以 XML 格式存在。

PROFINET IO 提供了两种通信方式，如图 6-15 所示。

（1）RT（实时通信）：用于要求实时通信的过程数据，通过提高实时数据的优先级和优化数据堆栈（ISO/OSI 模型第一层和第二层），使标准网络元件可以执行高性能的数据传输。典型通信时间为 1～10ms。

（2）IRT（等时实时通信）：确保数据在相等的时间间隔内进行传输，如多轴同步操作。普通交换机不支持等时实时通信。典型通信时间为 0.25～1ms，每次传输的时间偏差小于 1μs。

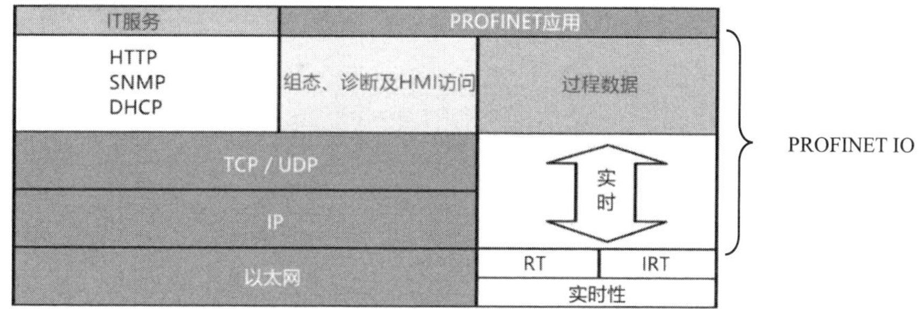

图 6-15　PROFINET IO 提供的通信方式

6.2.2　I/O 定义和远程提升机控制系统电气接线

根据任务要求，PLC1 和 PLC2 均选用 CPU1215C DC/DC/DC，其中 PLC1 与触摸屏相连，PLC2 与步进控制系统相连，构成远程提升机控制系统的硬件。PLC2 外接 3 个输入信号，I/O 分配如表 6-4 所示。

表 6-4　任务 6.2 的 I/O 分配

说　明	PLC 软元件	元件符号/名称
输入	I0.0	LS1/下限位（常开）
	I0.1	LS2/原点（常开）
	I0.2	LS3/上限位（常开）
输出	Q0.0	输出脉冲信号到步进驱动器 PLS+
	Q0.1	输出方向信号到步进驱动器 DIR+

图 6-16 所示为 PLC 电气原理图，包括 I/O 连接、PROFINET 连接。

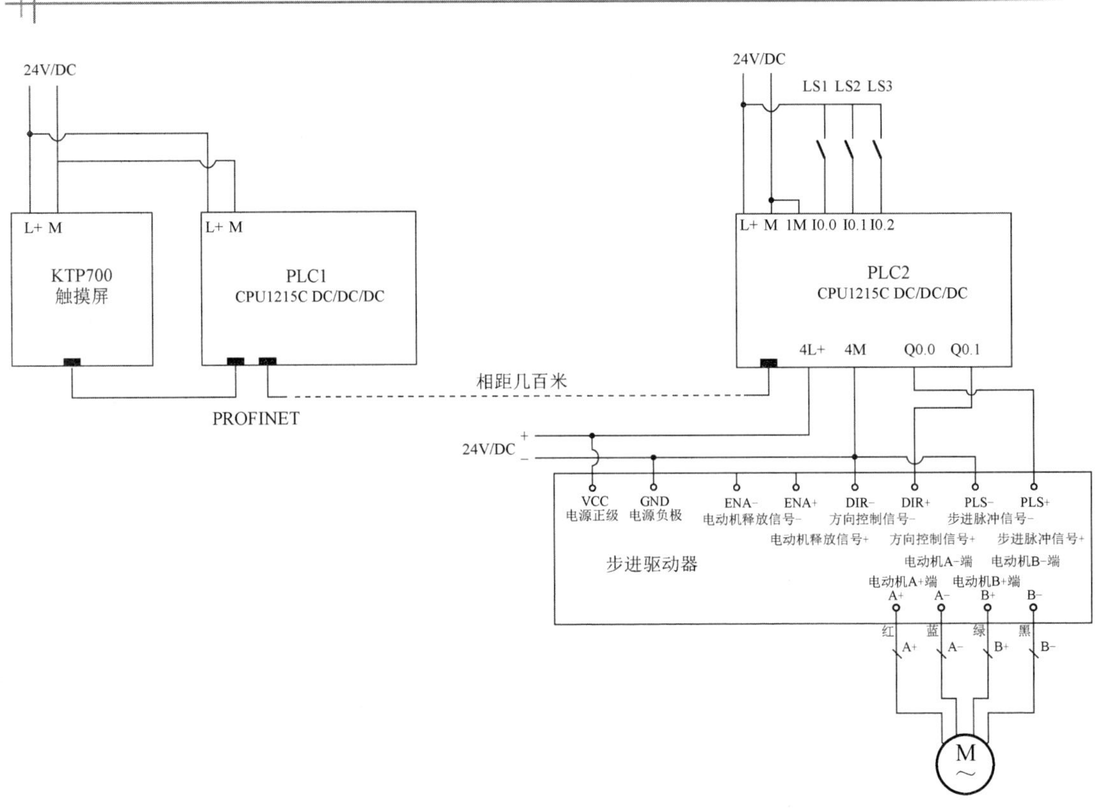

图 6-16　任务 6.2 的 PLC 电气原理图

6.2.3　PROFINET IO 通信方式设置

根据任务要求，PLC1 和 PLC2 的通信方式采用 PROFINET IO，即 PLC1 作为 IO 控制器，PLC2 作为 IO 设备。

1. IO 控制器的通信设置

设定 PLC1 为 IO 控制器，其 IP 地址为 192.168.0.1。打开操作模式设置页，会发现系统将其默认设置为“IO 控制器”（见图 6-17）。

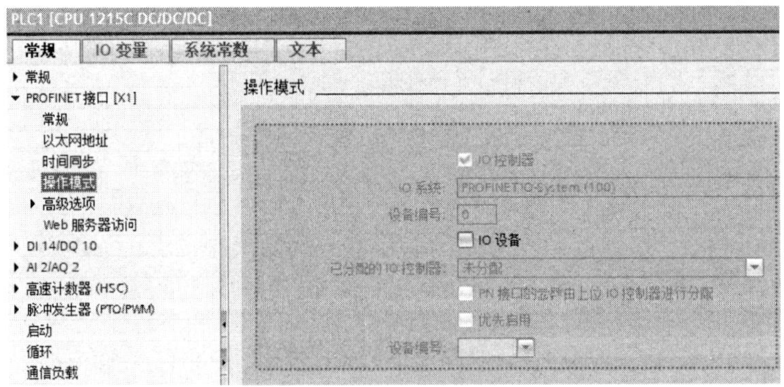

图 6-17　PLC1 操作模式设置

2．IO 设备的通信设置

（1）设定 PROFINET 设备名称。选择添加新设备 PLC2，其 IP 地址为 192.168.0.2。勾选“自动生成 PROFINET 设备名称”复选框，将自动从设备（CPU、CP 或 IM）组态的名称中获取设备名称，如图 6-18 所示。

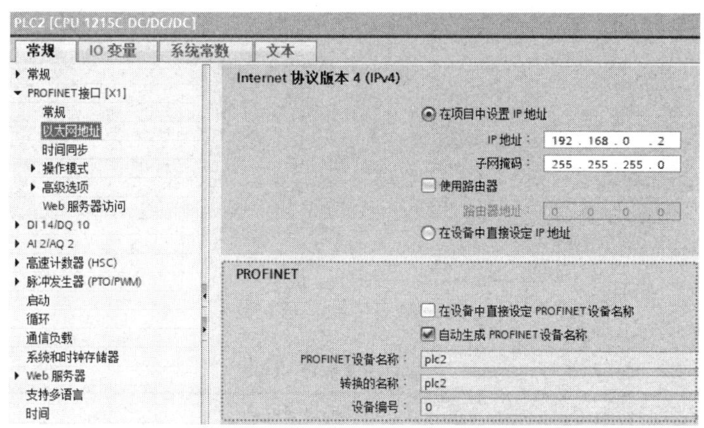

图 6-18　勾选“自动生成 PROFINET 设备名称”复选框

PROFINET 设备名称包含设备名称（如 CPU）、接口名称（仅带有多个 PROFINET 接口时），可能还有 IO 系统的名称。可以通过在模块的常规属性中修改相应的 CPU、CP 或 IM 名称，间接修改 PROFINET 设备名称。如果要单独设置 PROFINET 设备名称而不使用模块名称，那么需要取消勾选“自动生成 PROFINET 设备名称”复选框。

（2）勾选“IO 设备”复选框。在图 6-19 中，勾选“IO 设备”复选框，并在“已分配的 IO 控制器”下拉列表中选择“PLC1.PROFINET 接口_1”选项，完成后的“设备与网络”视图如图 6-20 所示。

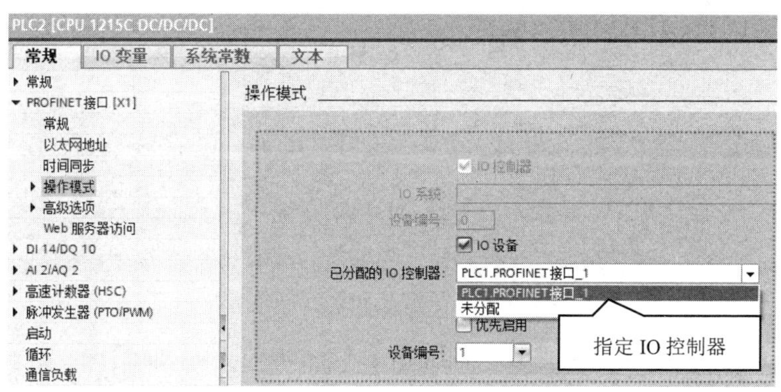

图 6-19　PLC2 操作模式设置

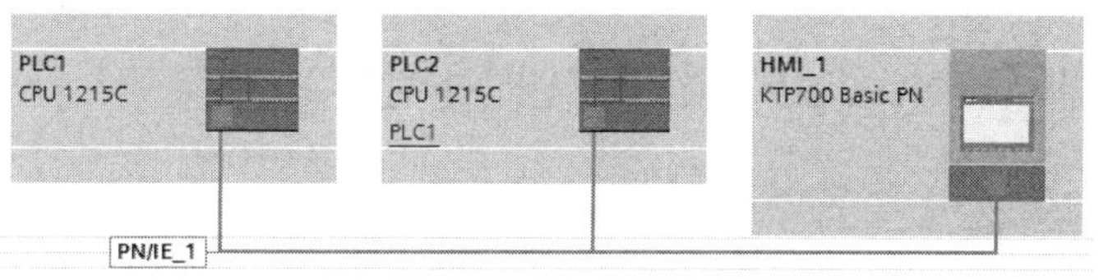

图 6-20　完成后的“设备与网络”视图

（3）设置 PLC2 中的传输区域。单击“操作模式”标签下的“智能设备通信”选项，双击“新增”选项，增加一个传输区，并在其中定义通信双方的通信地址区：使用 Q 区作为数据发送区；使用 I 区作为数据接收区，单击箭头可以更改传输方向，如图 6-21 所示，创建了 3 个传输区，其说明如表 6-5 所示。

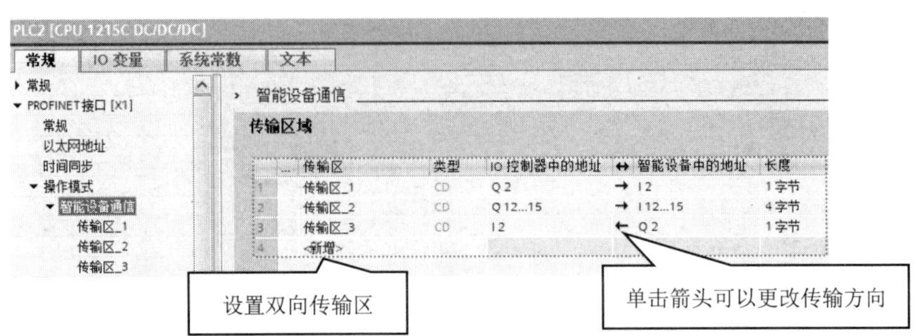

图 6-21　传输区域设置

表 6-5　传输区说明

传输区	IO 控制器中的地址（PLC1）	智能设备中的地址（PLC2）	长度	含义
传输区_1	Q2	I2	1 字节	步进控制命令
传输区_2	Q12…15（QD12）	I12…15（ID12）	4 字节	位置设定值
传输区_3	I2	Q2	1 字节	提升机的限位信号字节

图 6-22 所示为传输区_1 的详细信息，可以形象地看出 IO 控制器（PLC1）和智能设备（PLC2）之间数据交换的设定情况。

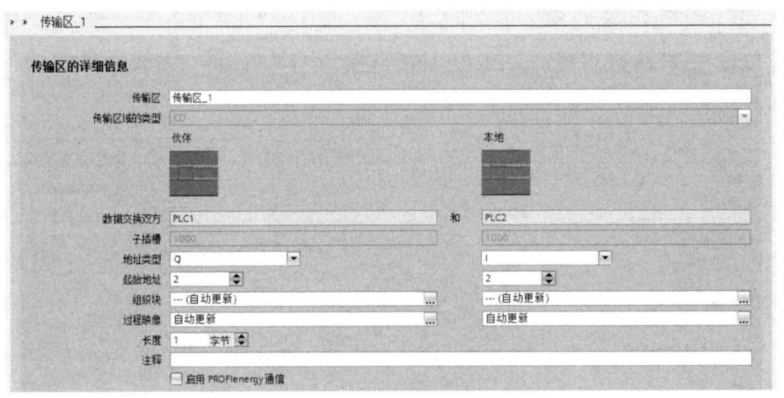

图 6-22　传输区_1 的详细信息

完成以上步骤后，就可以在 2 个不同的 PLC 中使用相关的 IO 站点（无须使用通信指令）进行正常通信了。

6.2.4　远程提升机 PLC 编程与触摸屏组态

1. 触摸屏画面组态

图 6-23 所示为触摸屏主画面组态，包括如下内容。

（1）手动与自动开关，在手动状态下只显示内容（2）相关信息，在自动状态下只显示内

容（3）相关信息。

（2）手动状态下可以动作的按钮，包括故障复位、上行、下行、回零。

（3）自动状态下可以动作的按钮，包括故障复位、自动定位及距离设定、定位曲线。

（4）提升机的上限位、原点和下限位信号。

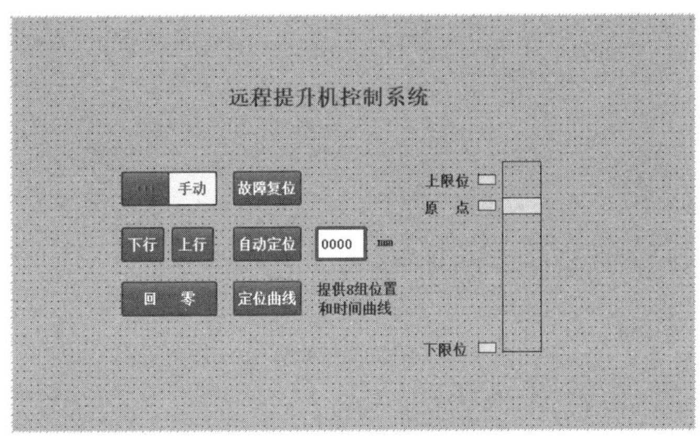

图 6-23　触摸屏主画面组态

按钮的相关可见性动画需要进行设置。

图 6-24 所示为定位曲线设置画面组态，包括如下内容。

（1）启动按钮。

（2）绝对定位距离 I/O 域，变量连接为数据块变量，该变量在 PLC1 中进行定义，如数据块_1_Pos{1}等，共 8 个。

（3）时间 I/O 域，变量连接也为数据块变量，该变量在 PLC1 中进行定义，如数据块_1_Tim{1}等，共 8 个。

（4）浅灰色矩形框，共 8 个，表示当定位曲线动作时，按照动作顺序，依次显示浅灰色背景。

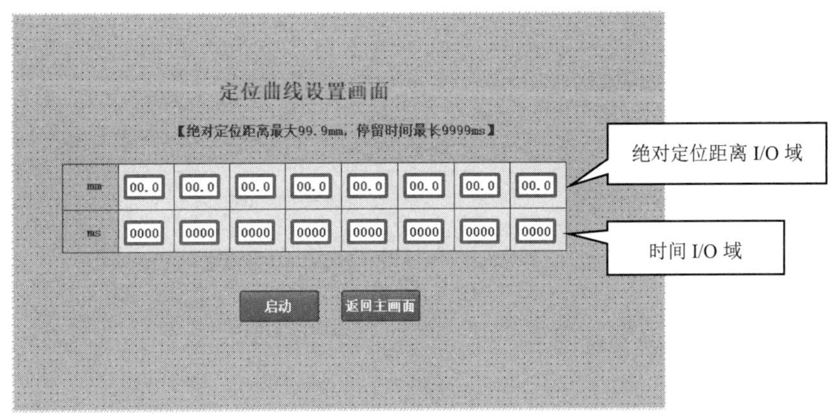

图 6-24　定位曲线设置画面组态

2．IO 控制器 PLC1 编程

（1）定位曲线 FB 编程。图 6-25 所示为定位曲线数据块 DB1，包含 2 个变量，其中位置变量 Pos 为 Array[1..8] of Real、时间变量 Tim 为 Array[1..8] of Time，可以设置相应的起始值。

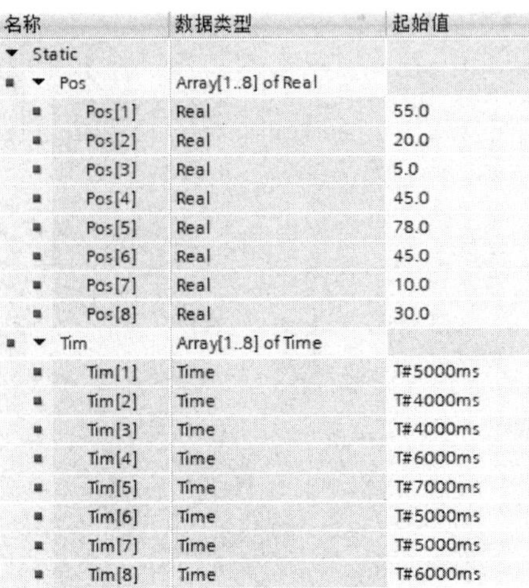

名称	数据类型	起始值
▼ Static		
▼ Pos	Array[1..8] of Real	
Pos[1]	Real	55.0
Pos[2]	Real	20.0
Pos[3]	Real	5.0
Pos[4]	Real	45.0
Pos[5]	Real	78.0
Pos[6]	Real	45.0
Pos[7]	Real	10.0
Pos[8]	Real	30.0
▼ Tim	Array[1..8] of Time	
Tim[1]	Time	T#5000ms
Tim[2]	Time	T#4000ms
Tim[3]	Time	T#4000ms
Tim[4]	Time	T#6000ms
Tim[5]	Time	T#7000ms
Tim[6]	Time	T#5000ms
Tim[7]	Time	T#5000ms
Tim[8]	Time	T#6000ms

图 6-25　定位曲线数据块 DB1

表 6-6 所示为 FB1（定位曲线设置）的 I/O 参数定义。

表 6-6　FB1 的 I/O 参数定义

I/O 参数类型	名称	数据类型
Output	Position	Real
InOut	Index	Int
	State	Bool
Static	IEC_Timer_0_Instance	Array[1..8] of IEC_TIMER

图 6-26 所示为 FB1 的步序控制说明。从步序控制 1→步序控制 2→…→步序控制 8，步序控制转移条件为计时运行时间到（Tim[#index]）。

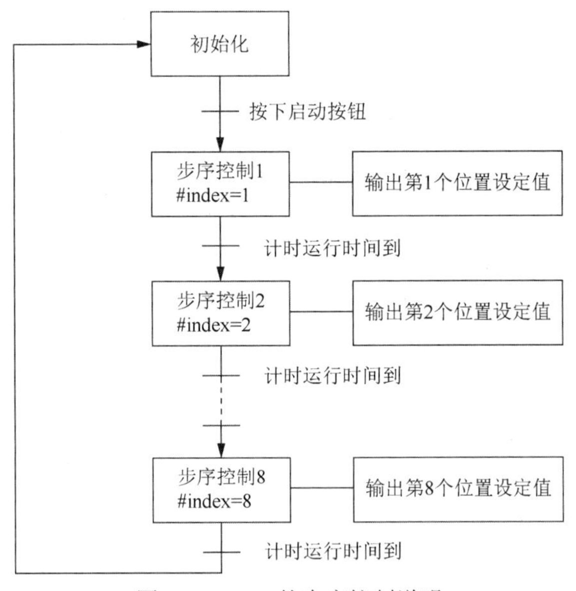

图 6-26　FB1 的步序控制说明

图 6-27 所示为 FB1 梯形图。

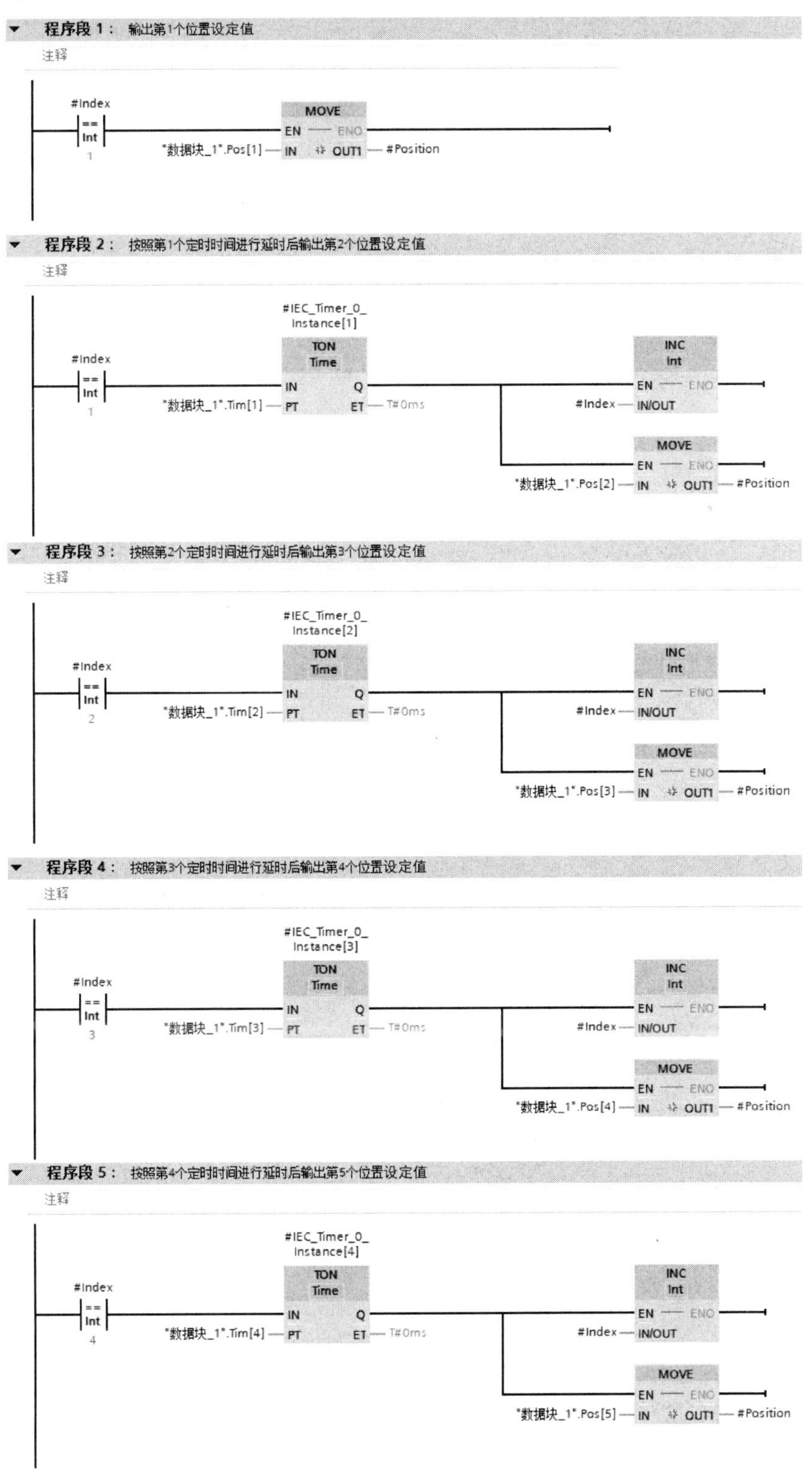

图 6-27　任务 6.2 的 FB1 梯形图

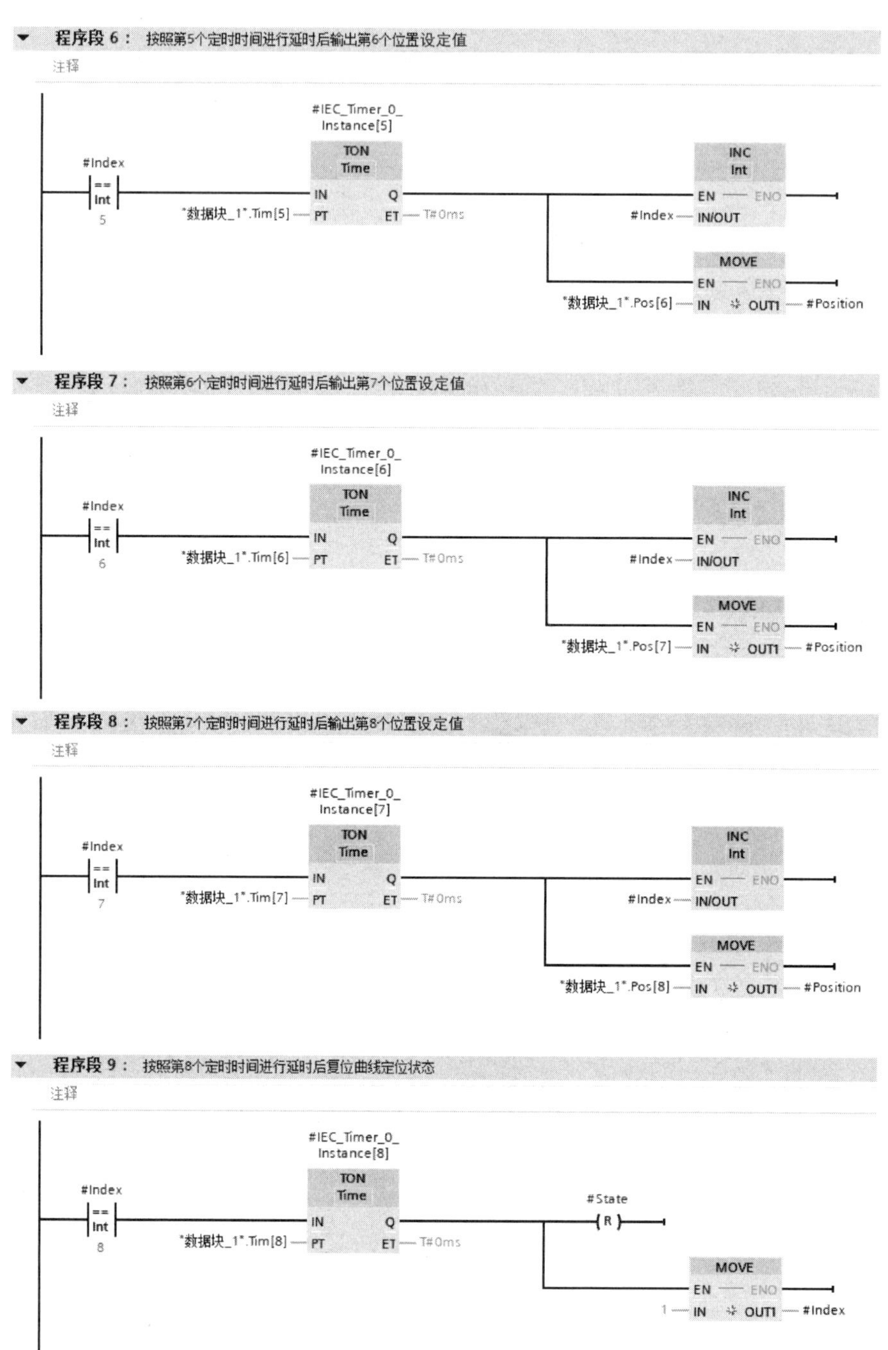

图 6-27 任务 6.2 的 FB1 梯形图（续）

（2）OB1 梯形图编程。图 6-28 所示为变量表，包括从智能设备（PLC2）中读取或输出的 IB2、QB2 和 QD12，以及触摸屏按钮信号等。

名称	变量表	数据类型	地址
从I-Device读取	默认变量表	Byte	%IB2
输出到I-Device	默认变量表	Byte	%QB2
输出位置值	默认变量表	Real	%QD12
命令字节	默认变量表	Byte	%MB10
手动/自动选择开关	默认变量表	Bool	%M10.0
点动上行按钮	默认变量表	Bool	%M10.1
点动下行按钮	默认变量表	Bool	%M10.2
回零按钮	默认变量表	Bool	%M10.3
故障复位按钮	默认变量表	Bool	%M10.4
自动定位按钮	默认变量表	Bool	%M10.5
曲线定位信号	默认变量表	Bool	%M10.6
限位信号字节	默认变量表	Byte	%MB11
上限位	默认变量表	Bool	%M11.0
原点	默认变量表	Bool	%M11.1
下限位	默认变量表	Bool	%M11.2
位置设定值	默认变量表	Real	%MD12
曲线定位启动	默认变量表	Bool	%M16.0
曲线定位中	默认变量表	Bool	%M16.1
上升沿变量	默认变量表	Bool	%M16.2
曲线1状态	默认变量表	Bool	%M16.3
曲线序号值	默认变量表	Int	%MW18

图 6-28　变量表

图 6-29 所示为 OB1 梯形图，程序解释如下。

程序段 1：通过智能设备读取限位信号。

程序段 2：通过智能设备输出位置设定值、命令信号。

程序段 3：进行曲线定位启动。

程序段 4：调用 FB。

程序段 5：在触摸屏上显示曲线 1 状态。

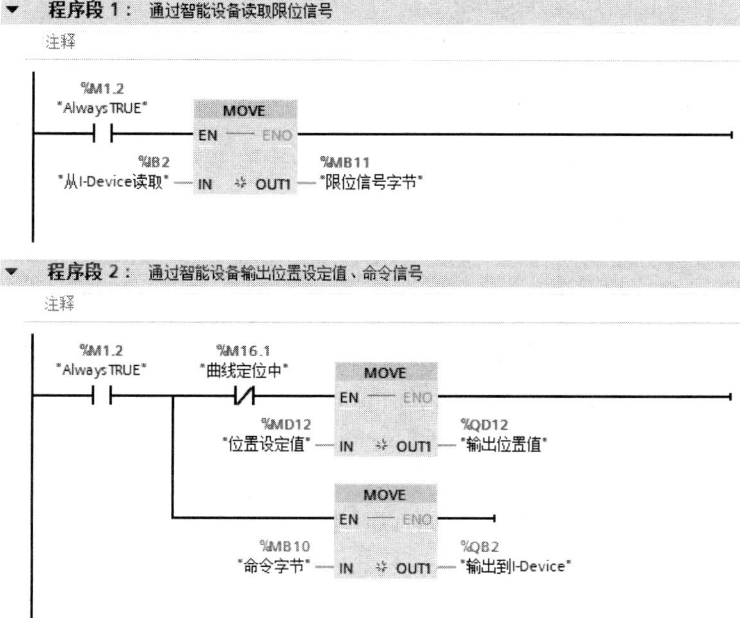

图 6-29　任务 6.2 的 OB1 梯形图

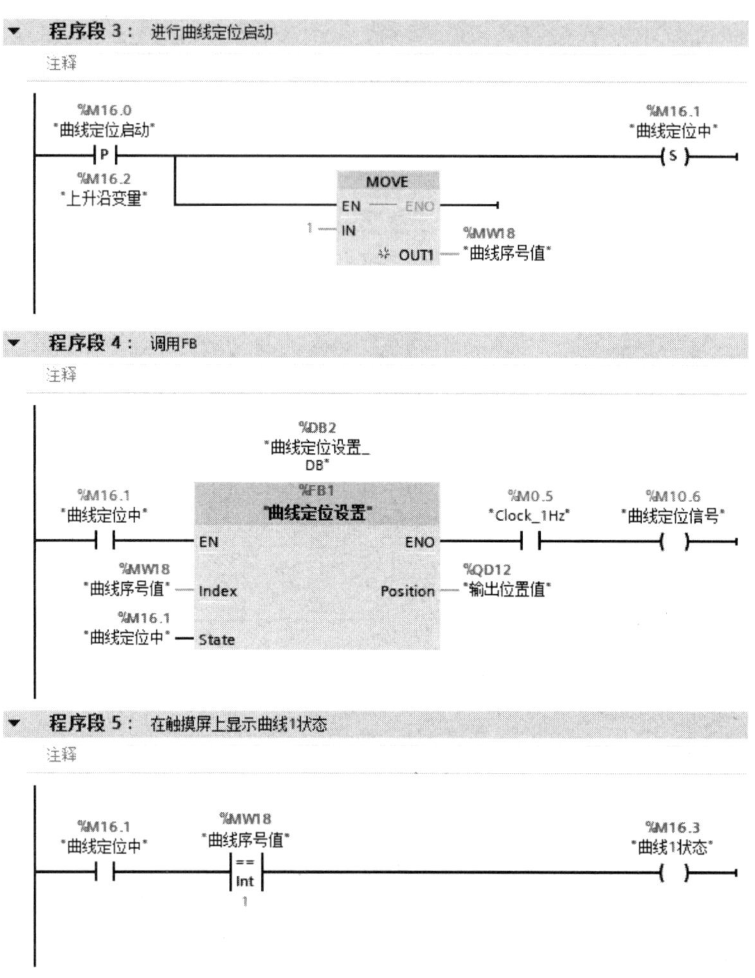

图 6-29　任务 6.2 的 OB1 梯形图（续）

3．IO 设备 PLC2 编程

PLC2 编程是在任务 5.1 的基础上发展而来的，需要进行轴工艺对象的调试和编程，梯形图如图 6-30 所示，程序解释如下。

程序段 1：上电初始化或从自动状态切换到手动状态时，自动复位位置设定值。

程序段 2：轴启用。需要在梯形图编程前完成“新建轴工艺对象”，并调试成功。

程序段 3：手动状态下可以上下行点动。

程序段 4：故障复位功能。

程序段 5：仅在手动状态下达到 LS2 原点时进行回零确认。这里采用 Mode=0，其他方式请参考任务 5.1。

程序段 6：自动状态下进行定位。分 2 种情况，即 I2.5 自动定位按钮（触摸屏主画面的[自动定位]）和 I2.6 曲线定位按钮（触摸屏定位曲线设置画面的[启动]）。

程序段 7：向 PLC1 输出限位信号字节。

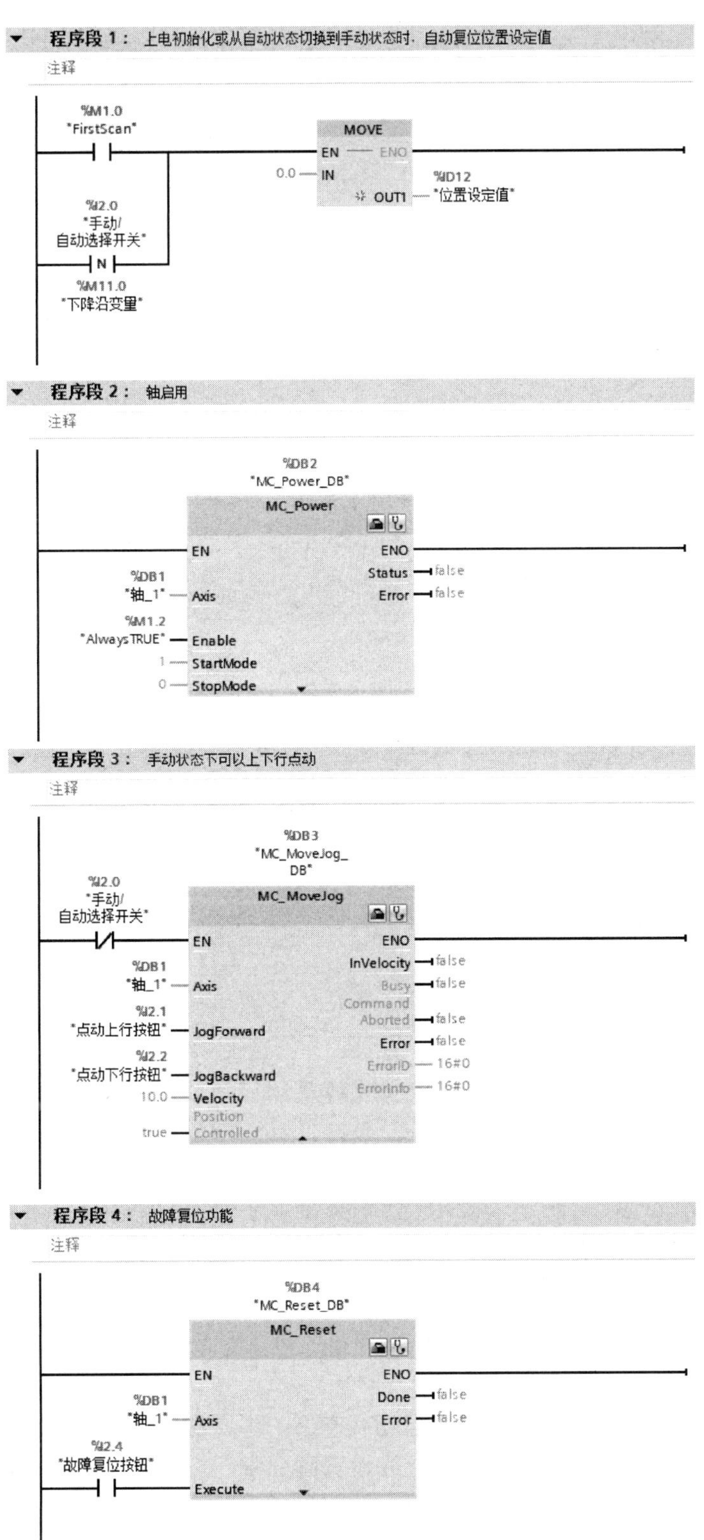

图 6-30　任务 6.2 的 PLC2 梯形图

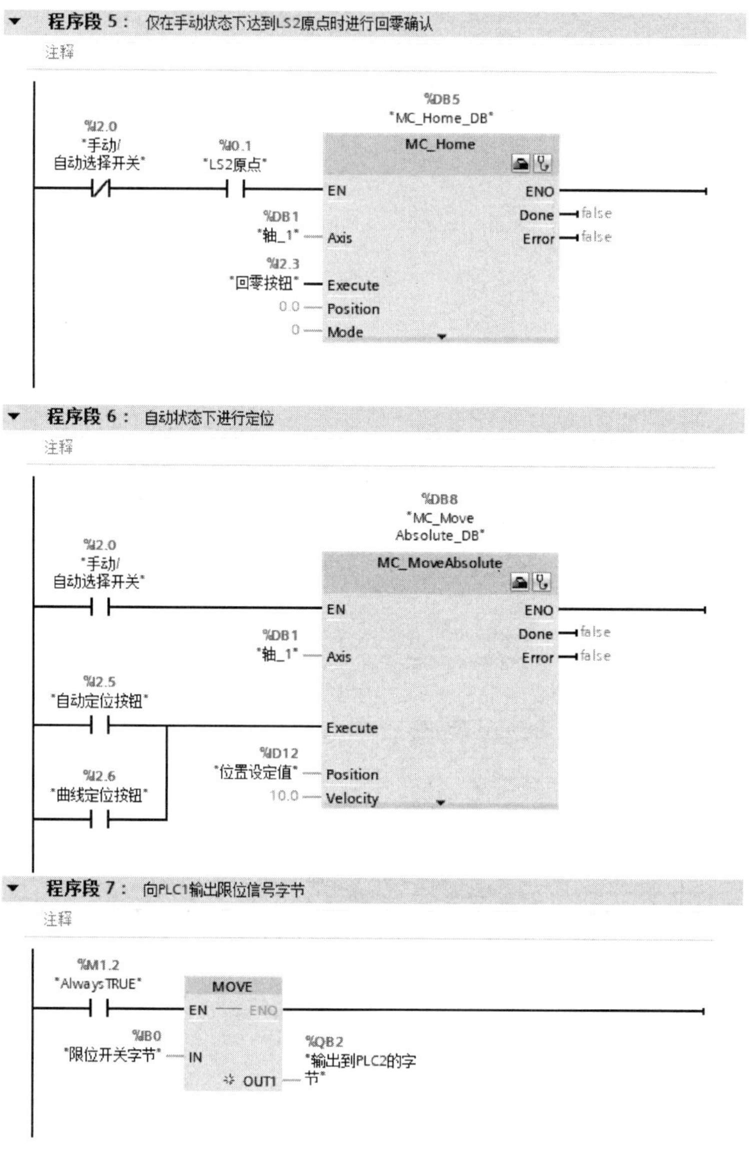

图 6-30 任务 6.2 的 PLC2 梯形图（续）

6.2.5 远程提升机调试与故障诊断

1. 调试运行

图 6-31 所示为运行画面一，显示在自动状态下，主画面输入 25mm 后，自动定位运行。图 6-32 所示为运行画面二，显示在定位曲线设置画面中，按下启动按钮后，依次完成 8 段位置定位。

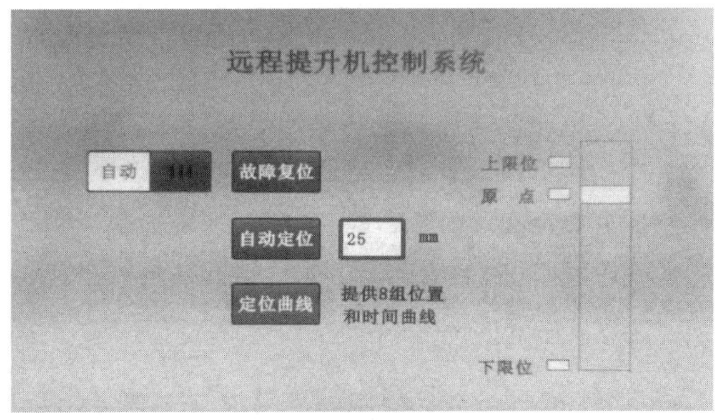

图 6-31　运行画面一

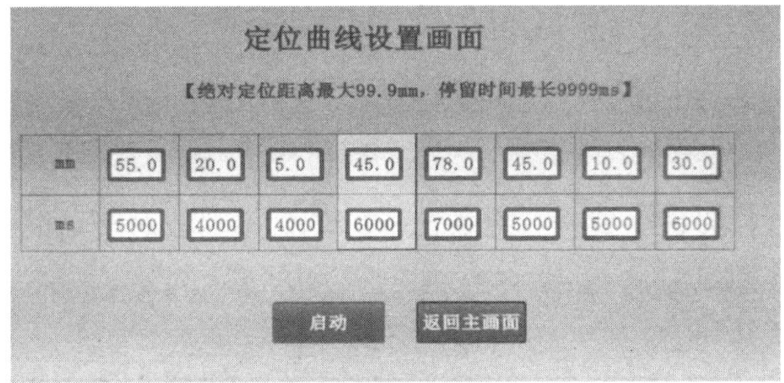

图 6-32　运行画面二

2．IO 设备故障

通过 PROFINET 通信的自动化产品越多，其调试的难度就越大。最常见的就是 IO 设备故障。当智能设备由于异常原因无法与 PLC 联网时，反映到 IO 控制器的 CPU 操作面板，就是 Error 灯闪烁。此时可以打开博途软件进行在线诊断。如图 6-33 所示，诊断缓冲区显示“IO 设备故障-找不到 IO 设备”，事件详细信息如图 6-34 所示。

此时可以检查智能设备的以太网接口是否设置错误，重新进行设定后下载重启即可。

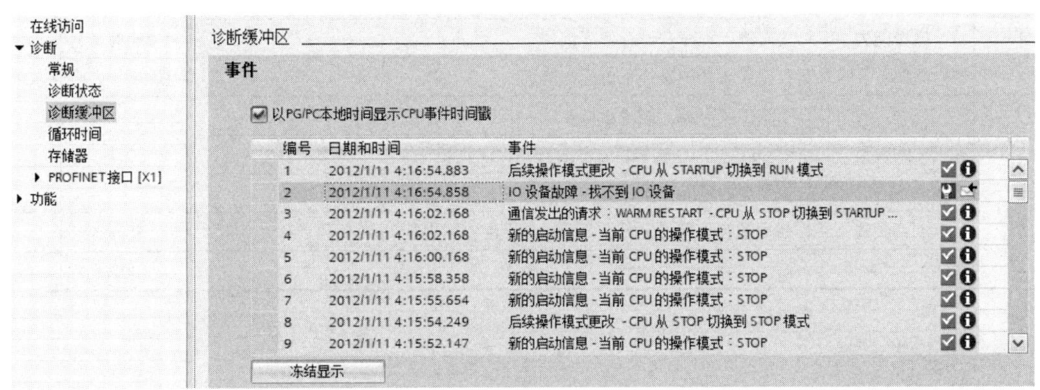

图 6-33　诊断缓冲区

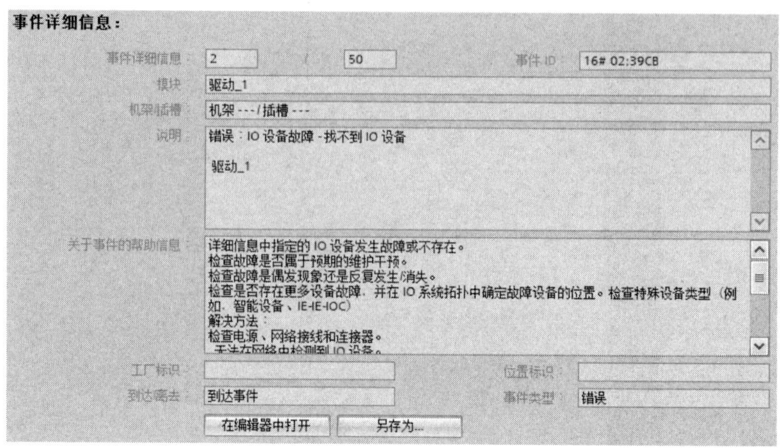

图 6-34　事件详细信息

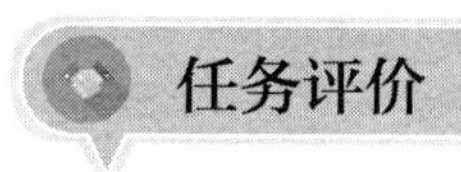

任务评价

按要求完成考核任务 6.2，评分标准如表 6-7 所示，具体配分可以根据实际考评情况进行调整。

表 6-7　评分标准

序号	考核项目	考核内容及要求	配分	得分
1	职业道德与课程思政	遵守安全操作规程，设置安全措施； 认真负责，团结合作，对实操任务充满热情； 深刻把握“两弹一星”精神新的时代内涵	15%	
2	系统方案制定	PLC PROFINET 通信控制方案合理	15%	
		PLC 控制电路图正确		
3	编程能力	独立完成 PLC IO 控制器和 IO 设备的通信设置	20%	
		独立完成 PLC 梯形图编程		
4	操作能力	根据电气接线图正确接线，美观且可靠	20%	
		正确输入程序并进行程序调试		
		根据系统功能进行正确操作演示		
5	实践效果	系统工作可靠，满足工作要求	20%	
		PROFINET IO 传输区设置合理，命名规范		
		按规定的时间完成任务		
6	创新实践	在本任务中有另辟蹊径、独树一帜的实践内容	10%	
合计			100%	

拓展阅读

“两弹一星”元勋钱学森在控制论方面做出了独创性、前瞻性的贡献，特别是他把控制论与系统科学、复杂性探索结合起来考察，给人们提供了理论和方法论的指导。因此，回顾和

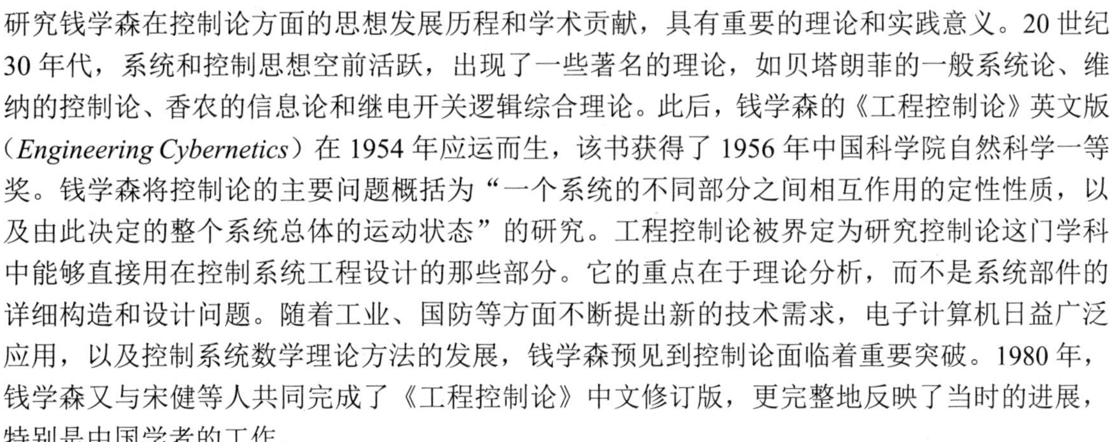

研究钱学森在控制论方面的思想发展历程和学术贡献，具有重要的理论和实践意义。20 世纪 30 年代，系统和控制思想空前活跃，出现了一些著名的理论，如贝塔朗菲的一般系统论、维纳的控制论、香农的信息论和继电开关逻辑综合理论。此后，钱学森的《工程控制论》英文版（*Engineering Cybernetics*）在 1954 年应运而生，该书获得了 1956 年中国科学院自然科学一等奖。钱学森将控制论的主要问题概括为“一个系统的不同部分之间相互作用的定性性质，以及由此决定的整个系统总体的运动状态”的研究。工程控制论被界定为研究控制论这门学科中能够直接用在控制系统工程设计的那些部分。它的重点在于理论分析，而不是系统部件的详细构造和设计问题。随着工业、国防等方面不断提出新的技术需求，电子计算机日益广泛应用，以及控制系统数学理论方法的发展，钱学森预见到控制论面临着重要突破。1980 年，钱学森又与宋健等人共同完成了《工程控制论》中文修订版，更完整地反映了当时的进展，特别是中国学者的工作。

思考与练习

习题 6.1 在图 6-35 中，某风机采用 G120 变频器进行控制，要求采用 S7-1200 PLC 和触摸屏进行二段速度控制，频率固定为 12Hz 和 45Hz，加速时间和减速时间固定，但 A 点和 B 点的停留时间可以在触摸屏上进行任意设定（区间为 0～100s）。请列出 I/O 分配表，绘制电气控制图，并进行 PLC 编程、触摸屏组态和变频器调试。

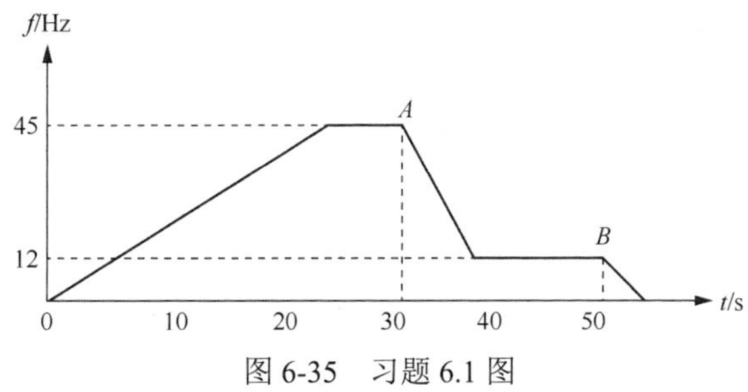

图 6-35 习题 6.1 图

习题 6.2 请用 PLC 和触摸屏来完成三层电梯控制系统的电气系统设计和软件编程，要求实现如下功能。

（1）当轿厢停在一楼或二楼时，若三楼有人呼叫，则轿厢上升到三楼。

（2）当轿厢停在二楼或三楼时，若一楼有人呼叫，则轿厢下降到一楼。

（3）当轿厢停在一楼时，若二楼、三楼均有人呼叫，则先到二楼，停 8s 后继续上升，每层均停 8s，直到三楼。

（4）当轿厢停在三楼时，若一楼、二楼均有人呼叫，则先到二楼，停 8s 后继续下降，每层均停 8s，直到一楼。

（5）在轿厢运行途中，若有多个呼叫，则优先响应与当前运行方向相同的就近楼层，对反方向的呼叫进行记忆，待轿厢返回时就近停车。

（6）在各个楼层之间的运行时间应少于 10s，否则认为发生故障，应发出报警信号。

（7）能指示电梯的运行方向。

（8）在轿厢运行期间不能开门，轿厢不关门不允许运行。

习题 6.3 请用 PLC 和触摸屏来完成五层电梯控制系统的仿真，其中 PLC 不外接任何按钮或限位信号，电梯的控制流程如图 6-36 所示。请进行 PLC 编程、触摸屏组态及调试。

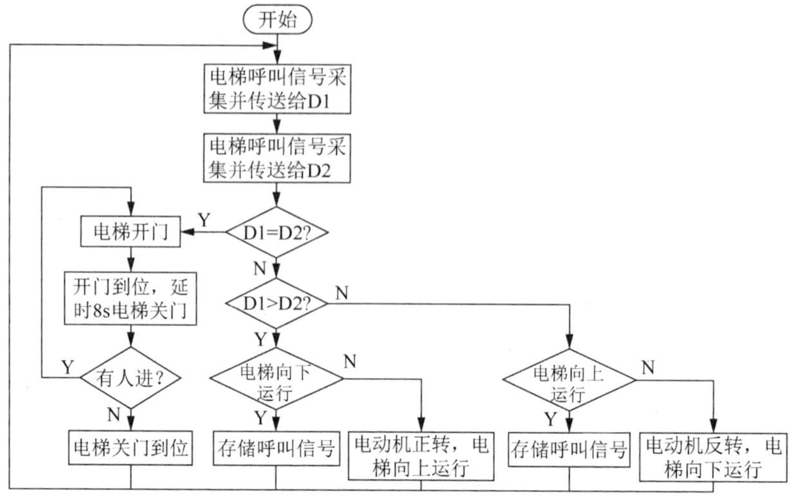

图 6-36　习题 6.3 图

习题 6.4　现有 4 台电动机，按图 6-37 所示进行循环启停，请设计相应的 PLC 和触摸屏控制电路，并进行编程和组态，实现在触摸屏上的动画显示。

一号电动机	ON	ON			ON	ON		
二号电动机			ON	ON			ON	ON
三号电动机	ON	ON	ON	ON			ON	ON
四号电动机			ON	ON	ON	ON		

秒　0　10　20　30　40　50　60　70　80

循环运行

图 6-37　习题 6.4 图

习题 6.5　请用 2 台 PLC 的 PROFINET IO 实现习题 6.1 的要求，其中变频器在远端现场，与 PLC1 相连；控制室是 PLC2 和触摸屏。请设计相应的 PLC 和触摸屏控制电路，并进行编程和组态。

习题 6.6　现用 2 台 S7-1200 PLC 的 PROFINET IO 实现远程自动门的控制，其中远端的自动门由 PLC1 进行控制，控制系统由门内光电探测开关 K1、门外光电探测开关 K2、开门到位限位开关 K3、关门到位限位开关 K4、开门执行机构 KM1（使直流电动机正转）、关门执行机构 KM2（使直流电动机反转）等部件组成；近端的自动门则由 PLC2 负责指令发出和接收，并进行动作指示。控制要求如下。

（1）PLC2 接自动和手动开关。

（2）在手动状态下，可以通过 PLC2 的升降按钮控制开关门动作，且开关门动作受到限位开关 K3 和 K4 的联锁作用。

（3）在自动状态下，当有人由内到外或由外到内通过光电检测开关 K1 或 K2 时，开门执行机构 KM1 动作，电动机正转，到达开门到位限位开关 K3 位置时，电动机停止运行；自动门在开门位置停留 8s 后，自动进入关门过程，关门执行机构 KM2 被启动，电动机反转，当自动门移动到关门到位限位开关 K4 位置时，电动机停止运行；在关门过程中，当有人由外到内或由内到外通过光电检测开关 K2 或 K1 时，应立即停止关门，并自动进入开门过程；在门打开后的 8s 等待时间内，若有人由外到内或由内到外通过光电检测开关 K2 或 K1，则必须重新开始等待 8s，再自动进入关门过程，以保证人员安全通过。